机械产品
虚拟现实设计

王学文　谢嘉成　刘曙光　著

化学工业出版社
·北京·

内容简介

本书以虚拟现实技术与机械产品设计的深度融合为主线，将虚拟现实技术引入机械产品设计的各个流程中，并给出VR模型构建、VR场景构建、VR装配设计、VR运动仿真、VR多设备配套运动仿真、VR虚实双向映射、VR人机交互、VR网络设计等与机械产品虚拟现实设计相关的关键技术，旨在为机械产品设计人员与机械产品生产企业提供一定的指导，使得机械产品设计具备设计网络化、三维可视化和交互操作化的特点，革新传统机械产品设计方法，提升机械产品设计能力，增强机械产品生命力。

本书可作为高等院校机械、计算机等相关专业的研究生和高年级本科生教材，也可供从事机械产品设计、虚拟现实仿真、人机交互、虚实双向映射等技术研发的科研和工程技术人员参考。

图书在版编目（CIP）数据

机械产品虚拟现实设计/王学文，谢嘉成，刘曙光著. —北京：化学工业出版社，2023.10

ISBN 978-7-122-43891-1

Ⅰ.①机… Ⅱ.①王…②谢…③刘… Ⅲ.①机械设计-虚拟现实 Ⅳ.①TH122

中国国家版本馆CIP数据核字（2023）第137291号

责任编辑：邢　涛　　文字编辑：袁　宁

责任校对：王　静　　装帧设计：韩　飞

出版发行：化学工业出版社（北京市东城区青年湖南街13号　邮政编码100011）

印　　刷：北京云浩印刷有限责任公司

装　　订：三河市振勇印装有限公司

710mm×1000mm　1/16　印张16½　字数292千字　2023年11月北京第1版第1次印刷

购书咨询：010-64518888　　售后服务：010-64518899

网　　址：http：//www.cip.com.cn

凡购买本书，如有缺损质量问题，本社销售中心负责调换。

定　　价：98.00元

前言

作为新一代信息技术的重要前沿方向之一，虚拟现实（VR）技术近年来不断取得技术突破并在现代工业领域得到广泛应用。2022年10月，工信部等五部门联合印发《虚拟现实与行业应用融合发展行动计划（2022—2026年）》，支持虚拟现实技术在设计、制造、运维、培训等产品全生命周期重点环节的应用推广，加速工业企业数字化、智能化转型。其中，在机械产品设计领域，虚拟现实技术也有十分广泛的应用前景。

基于以上背景，本书以虚拟现实技术与机械产品设计的深度融合为主线，通过描述VR模型构建、VR场景构建、VR装配设计、VR运动仿真、VR虚实双向映射、VR人机交互、VR网络设计等与机械产品虚拟现实设计相关的若干关键技术，为机械产品设计人员提供帮助，革新传统机械产品设计方法，提升机械产品设计水平，实现设计网络化、三维可视化和交互操作化。

全书共分为9章。第1章对虚拟现实技术、虚拟设计、机械产品设计等基本概念进行了概述，阐明了本书的编写目的与意义，回顾了相关领域的国内外研究动态，概述了主要研究内容与整体结构。

第2章研究了VR模型的构建技术，主要包括模型调研与分析、机械产品虚拟现实模型资源库的构建、不同模型构建方法与技术对比分析等内容。

第3章研究了VR场景构建技术，包括模型修补、模型转换、模型导入、位置布置、场景渲染等关键环节，并进行了模型构建方法与技术对比分析。

第4章研究了VR装配设计技术，给出了虚拟装配技术的概述与功能规划，并介绍了VR装配设计中的多种关键技术。

第5章对VR运动仿真设计技术进行了深入研究，并以煤矿机械中的综采工作面三机为案例介绍了VR运动仿真的具体方法与流程，以及如何规划机械产品的运动仿真。

第6章研究了VR多设备配套运动仿真技术，分别给出了配套运动仿真技术概述与规划以及多设备配套运动的软件实现方法。

第7章以数字孪生理论为基础，研究了VR虚实双向映射技术，包括传感器布置与感知信息获取、实时交互通道接口构建、机械设备虚拟重构与监测以及机械设备反向控制等技术。

第8章是对VR人机交互技术的研究，重点包括基于HTC Vive和Kinect两种硬件设备的人机交互技术。

第9章研究了基于Web的VR网络设计技术，通过网络技术为机械装备企业，特别是中小企业，提供机械产品虚拟现实设计资源共享和技术支持。

本书由王学文、谢嘉成和刘曙光合著，其中王学文著第1、2、3、6章，并负责全书的统稿和审阅工作；谢嘉成著第4、5、9章；刘曙光著第7章和第8章。

本书内容研究与出版得到中央引导地方科技发展资金项目（YDZJSX2022A014）、山西省留学人员科技活动择优资助重点项目（20230008）、山西省科技重大专项计划“揭榜挂帅”项目（202101020101021）、中国学位与研究生教育学会重点课题（2020ZDA12）和中国高等教育学会研究规划重点课题（22SZH0306）等项目的资助。李娟莉、周帅、韩菲娟、李祥、葛星、李素华、沈宏达、温利强、池昱杉、刘怡梦、曹琦等对本书部分内容做出了贡献，向他们表示衷心的感谢。

鉴于著者水平所限，书中不足之处在所难免，敬请读者批评指正。

著者

目录

第6章　VR多设备配套运动仿真技术　116

第7章　VR虚实双向映射技术　163

第 8 章　VR 人机交互技术　201

第9章 基于Web的VR网络设计技术 243

参考文献 251

第1章 概述

1.1 虚拟现实设计简述

1.1.1 虚拟现实技术

1.1.1.1 虚拟现实技术的定义

虚拟现实（Virtual Reality，VR）[1] 是在20世纪80年代提出的概念，该技术以其特有的创造性和沉浸感迅速成为视觉传达数字媒介的高端技术，是一项融合了计算机图形学、多媒体技术、计算机仿真技术、传感器技术等的综合技术。通俗来讲，就是通过各种技术在计算机中创建一个虚拟世界，用户可以沉浸其中，使用视觉、听觉、触觉、嗅觉等感觉来感知这个虚拟世界，并能与其中的场景、物品，甚至虚拟人物等进行交互。

VR并不是真实的世界，也不是现实，而是一种可交替更迭的环境，人们可以通过计算机的各种媒体进入该环境，并与之交互。它是在众多相关技术基础上发展起来的，但它又不是这些技术的简单组合。从技术上看，VR与各相关技术有着或多或少的相似之处，但在思维方式上，VR已经有了质的飞跃。由于VR是一门系统性技术，所以它不能像某一单项技术那样只从一个方面考虑问题，它需要将所有组成部分作为一个整体去追求系统整体性能的最优。

1.1.1.2 虚拟现实技术的特征

1993年，Burdea G在Electro 93国际会议上发表的“Virtual Reality System and Application”一文中，提出了虚拟现实技术三角形，将虚拟现实技术的特征归纳为3I[2]：Immersion（沉浸感）、Interaction（交互性）、Imagination（想象）。如图1-1所示。

沉浸感——又称临场感，指用户感到作为主角存在于模拟环境中的真实程度。虚拟现实技术最主要的技术特征是让用户觉得自己是计算机系统所创建的

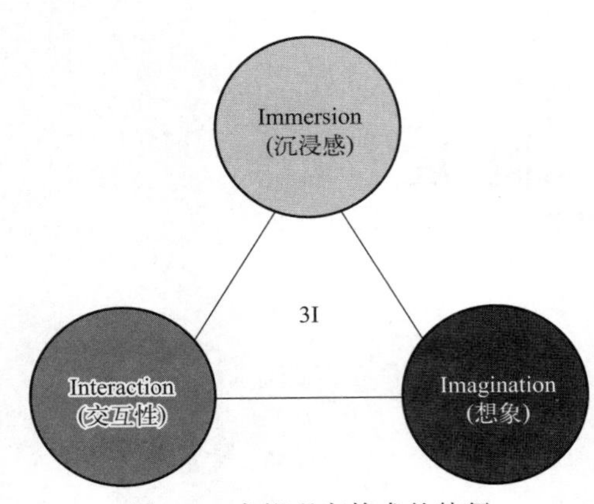

图 1-1 虚拟现实技术的特征

虚拟世界中的一部分，使用户由观察者变成参与者，沉浸其中并参与虚拟世界的活动。理想的模拟环境应该使用户难以分辨真假，全身心地投入计算机创建的三维虚拟环境中。该环境中的一切看上去是真的，听上去是真的，动起来是真的，甚至闻起来、尝起来等一切感觉都是真的，如同在现实世界中的感觉一样，这是 VR 系统的核心。沉浸感来源于对虚拟世界的多感知性，除了常见的视觉感知外，还有听觉感知、力觉感知、触觉感知、运动感知、味觉感知、嗅觉感知等。

交互性——指用户对模拟环境内物体的可操作程度和从环境得到反馈的自然程度。交互性的产生，主要借助于虚拟现实系统中的特殊硬件设备（如数据手套、力反馈装置等），使用户能通过自然的方式，产生同在真实世界中一样的感觉。虚拟现实系统比较强调人与虚拟世界之间进行自然的交互，交互性的另一个方面主要表现了交互的实时性。例如，用户可以用手去直接抓取模拟环境中虚拟的物体，这时手有握着东西的感觉，并可以感觉物体的重量，视野中被抓的物体也能立刻随着手的移动而移动。

想象——指虚拟现实技术应具有广阔的可想象空间，可拓宽人类认知范围，不仅可再现真实存在的环境，也可以构想客观不存在的甚至是不可能发生的环境。虚拟的环境是人想象出来的，同时这种想象体现出设计者相应的思想，因而可以用来实现一定的目标。虚拟现实技术的应用为人类认识世界提供了一种全新的方法和手段，可以使人类跨越时间与空间，去经历和体验世界上早已发生或尚未发生的事件；可以使人类突破生理上的限制，进入宏观或微观世界进行研究和探索；也可以模拟因条件限制等而难以实现的事情。

1.1.1.3 虚拟现实的发展历史

虚拟现实技术有着清晰的发展历程，在漫长的技术成长曲线中，历经概念萌芽期、技术萌芽期、技术积累期、产品迭代期和技术爆发期五个阶段[3]。

1935 年，一本美国科幻小说首次描述了一款特殊的“眼镜”。这副眼镜的功能，囊括了视觉、嗅觉、触觉等全方位的虚拟现实概念，被认为是虚拟现实技术的概念萌芽。

到了1962年，电影行业为一项仿真模拟器技术申请了专利，这就是虚拟现实原型机，标志着技术萌芽期的到来。

再到1973年，首款商业化的虚拟现实硬件产品Eyephone启动研发，并于1984年在美国发布；虽然和理想状态相去甚远，但是开启了关键的虚拟现实技术积累期。

直到1990—2015年间，虚拟现实技术才逐渐在游戏领域中找到落地场景，标志着VR技术实现产品化落地；飞利浦、任天堂都是这个领域的先驱，直到Oculus的出现，才真正将VR带入大众视野。

从2016年开始，随着更好、更轻的硬件设备出现，更多内容、更高带宽等各种基础条件的完善，虚拟现实迎来了技术爆发期。

1.1.1.4 虚拟现实的分类

按照功能和实现方式的不同，可以将虚拟现实分成4类[4]，不同种类的虚拟现实具有不同的特点，详见表1-1。

表1-1 虚拟现实的分类

序号	虚拟现实分类	特点
1	可穿戴式虚拟现实系统	a)让使用者完全沉浸在虚拟环境中； b)硬件设备的价格相对较高，难以普及
2	桌面式虚拟现实系统	a)结构简单、价格低廉、易于普及和推广； b)使用者易受环境干扰，缺乏沉浸体验
3	增强式虚拟现实系统	a)真实环境和虚拟环境信息的叠加； b)具有实时交互性； c)在三维空间的基础上叠加、定位、跟踪虚拟物体； d)包含了多媒体技术、三维建模技术、实时视频显示及控制技术、多传感器融合技术、实时跟踪技术、场景融合技术
4	分布式虚拟现实系统	a)资源共享； b)虚拟行为真实感； c)实时交互的时间和空间； d)与他人共享同一个虚拟空间； e)允许用户自然操作环境中的对象； f)用户之间可以以多种方式通信交流

1.1.1.5 虚拟现实的应用

由于能够再现真实的环境，并且人们可以介入其中参与交互，所以虚拟现实系统可以在许多方面得到广泛应用。随着各种技术的深度融合，相互促进，虚拟现实技术在教育[5]、军事[6]、工业[7]、艺术与娱乐[8]、医疗[9] 等领域的应用都有极大的发展。互联网在不断的发展过程中，与电子政务、电子商务、行业信息化深度融合，产生了“互联网＋”，在促进应用发展的同时，对自身技术也产生了需求。与“互联网＋”一样，VR也是各行业都可以采用并助力自身发展的一项重要技术，“VR＋X（应用领域）”[10] 成为一种新的发展趋势，VR进入了“＋时代”，如图1-2所示。

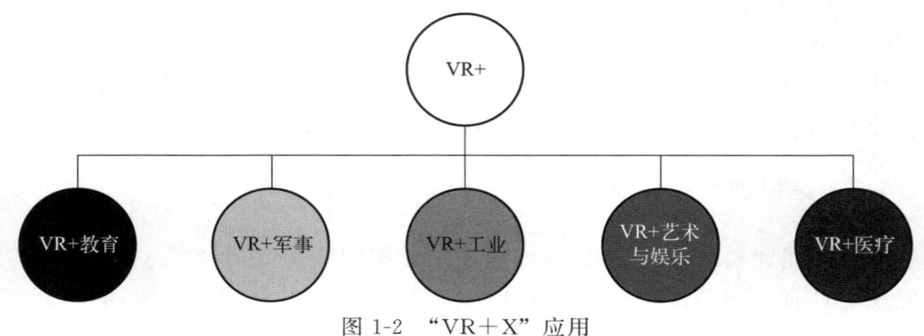

图1-2 “VR＋X”应用

（1）VR＋教育

虚拟现实技术能将三维空间的事物清楚地表达出来，能使学习者直接、自然地与虚拟环境中的各种对象进行交互作用，并通过多种形式参与到事件的发展变化过程中去，从而获得最大的控制和操作整个环境的自由度。这种呈现多维信息的虚拟学习和培训环境，将为学习者掌握一门新知识、新技能提供最直观、最有效的方式。在很多教育与培训领域，诸如虚拟实验室、立体观念、生态教学、特殊教育、仿真实验、专业领域的训练等应用中具有明显的优势和特征。

（2）VR＋军事

在军事上，虚拟现实的最新技术成果往往被率先应用于航天和军事训练，利用虚拟现实技术可以模拟新式武器，如飞机的操纵和训练，以取代危险的实际操作。利用虚拟现实仿真实际环境，可以在虚拟的或者仿真的环境中进行大规模的军事实习的模拟。虚拟现实的模拟场景如同真实战场一样，操作人员可以体验到真实的攻击和被攻击的感觉，这将有利于从虚拟武器及战场顺利地过渡到真实武器和战场环境，这对于各种军事活动的影响将是极为深远、广泛的。迄今，虚拟现实技术在军事中发挥着越来越重要的作用。

（3）VR＋工业

虚拟现实已大量应用于工业领域。对工业而言，虚拟现实技术既是一个最新的技术开发方法，更是一个复杂的仿真工具，它旨在建立一种人工环境，人们可以在这种环境中以一种自然的方式从事操作和设计等实时活动。例如，在产品设计中借助虚拟现实技术建立的三维汽车模型，可显示汽车的悬挂、底盘、内饰直至每个焊接点，设计者可确定每个部件的质量，了解各个部件的运行性能。这种三维模式准确性很高，汽车制造商可按得到的计算机数据直接进行大规模生产。

（4）VR＋艺术与娱乐

由于在娱乐方面对虚拟现实的要求不是太高，故近几年来VR在该方面发展最为迅速。作为显示信息的载体，VR在未来艺术领域所具有的潜在应用能力也不可低估。VR所具有的临场参与感与交互能力可以将静态的艺术（比如油画、雕刻等）转化为动态的，可以使欣赏者更好地欣赏作者的艺术。

（5）VR＋医疗

在医学教育和培训方面，医生见习和实习复杂手术的机会是有限的，而在VR系统中却可以反复实践不同的操作。VR技术能对危险的、不能失误的、缺少或难以提供真实演练的操作反复地进行十分逼真的练习。目前，国外很多医院和医学院已开始用数字模型训练外科医生。其做法是将X射线扫描、超声波探测、核磁共振等手段获得的信息综合起来，建立起非常接近真实人体和器官的仿真模型。

1.1.2 虚拟设计

虚拟设计技术[11] 是由多学科先进知识形成的综合系统技术，其本质是以计算机支持的仿真技术为前提，在产品设计阶段，实时地、并行地模拟出产品开发全过程及其对产品设计的影响，预测产品性能、产品制造成本、产品的可制造性、产品的可维护性和可拆卸性等，从而提高产品设计的一次成功率。虚拟现实辅助设计（VRAD）比传统的CAX设计高出一个层次，在设计的所有阶段提供三维虚拟空间。虚拟设计是以虚拟现实技术为基础、以机械产品为对象的设计手段。虚拟现实技术是基于自然方式的人机交互系统，利用计算机生成一个虚拟环境，并通过多种传感设备，使用户有身临其境的感觉。虚拟设计是将产品从概念设计到投入使用的全过程在由计算机塑造的虚拟环境中虚拟地实现，其目标不仅是对产品的物质形态和制造过程进行模拟和可视化，而且是对产品的性能行为和功能以及在产品实现的各个阶段中的实施方案进行预测、评价和优化。

虚拟设计具有如下几点特征：

① 沉浸性：集成三维图像、声音等多媒体的现代设计方法，用户能身临其境地感受产品的设计过程和性能，从仿真的旁观者成为虚拟环境的组成部分。

② 简便性：自然的人机交互方式“所见即所得”，用临场感支持不同的用户背景，支持并行工程，丰富设计理念，提供设计新方法和激发设计灵感。

③ 多信息通道：用户感受视觉、听觉、触觉和嗅觉等多种信息，发挥人的多种潜能，增加设计的成功性。

④ 多交互手段：摆脱传统的鼠标、键盘输入方式，运用多种交互手段，支持更多的设计。

⑤ 实时性：实时地参与、交互和显示，把人在CAD环境下的活动提升到人机融为一体的积极参与的主动活动，构成融入性的智能化开发系统。

虚拟设计可以在设计的各个阶段发挥其作用，例如：

① 开发：VR提供了一种完全身临其境的体验，设计师可以“置身”于与产品相同的空间，并通过传统产品设计无法提供的手段获得洞察力。VR可以帮助不同的团队沟通和协调他们的任务，准确传达意图，极大地改变产品开发。

② 测试：设计过程嵌入了不确定性，设计团队必须设想当最终产品准备推出时，市场会是什么样子，以及用户是否仍需要该产品及其当前规格。测试可以帮助团队根据对未来的预测调整概念，但预测不是万无一失的，犯错的高昂成本以及不确定性会影响设计的效率。而VR无需物理模型，VR原型可以在同一界面中进行测试和审查，并且可以实施更改，大大节省了时间与金钱。

③ 发布：在完成产品的设计工作后，需要通过虚拟现实技术，获得市场的反馈信息，根据信息进一步优化和完善设计，从而降低企业的投资风险，有效控制生产成本。许多企业在工业设计过程中，将完成设计的产品，利用虚拟现实技术，为用户构建虚拟环境，让用户在虚拟环境中体验产品的性能。用户在虚拟环境中使用产品时，会根据产品的性能完成相关的操作，在操作中用户会发现产品存在的问题，并将问题反馈至工作人员。生产企业掌握产品存在的问题后，及时优化产品，使产品符合市场的需求。

在产品设计中引入虚拟技术，可以带来如下作用：

（1）提高设计的直观性

虚拟设计系统中的设计人员，不必受到外界设备的各种约束，可以通过虚拟设备自由地在虚拟空间内发挥自己的想象力和创造力。它不仅能让设计者（用户）真实地看到设计对象，而且可以感觉到它的存在，并与之进行自然交互。这种设计更符合以人为本的设计原则。

(2) 缩短设计流程，提高设计效率

将虚拟设计应用到设计流程后，可以省去部分步骤，而且所有的步骤都是虚拟完成的，从而缩短产品设计周期，提高效率。国际上许多大的制造厂商都争先在设计中引入虚拟技术，如通用汽车公司、波音公司、英国航空公司等。其中波音777飞机的设计就是采用了虚拟设计技术，开发周期从通常的8年减少到了5年。

(3) 降低设计成本，提高产品竞争力

产品成本的85%是由研究开发阶段决定的。加大对产品设计的投入是降低产品价格，提高产品价值的重要手段。据统计，对设计每投入1美元，可以带来4566美元的收益。在以往的产品设计中，光是实物模型和样机的制作就花去了很多人力、物力、财力，还有对产品的实验更是费时费力。波音公司在设计707客机机舱时，曾出资50万美元，由设计师完成了1∶1的机舱模型。为了对机舱座椅和食品服务舱进行人体工程分析试验，模型被用于“模拟飞行”。虚拟技术可以对虚拟产品建模，也可以对产品的性能进行物理仿真、动力学仿真，测试产品的性能和可靠性等，从而降低产品的成本，提高生产效率。

综上所述，在计算机技术和虚拟现实技术的推动下，虚拟设计技术必将迅速发展起来。这项技术不仅能够提高设计效率，而且可以催生新的思路，提高设计质量，增强产品的竞争力。由此可见，虚拟设计技术对于产品的开发和企业的发展有着非常重要的意义。

1.1.3 机械产品设计

机械产品设计是一种程序，包括创造性的工作、理解方面的工作、交流方面的工作、测试方面的工作和说明的工作，经过长时间的探索和发展，机械产品设计已形成比较规范的流程。机械产品设计是一个逐步细化的过程。在产品设计的初始阶段，产品的结构关系和参数的表达往往是模糊和不完善的。其设计的目的是设计出一种能满足预定功能要求，性能好，成本低，价值最优，能满足市场需求的机械产品。随着设计过程的发展，产品结构与参数之间的关系逐渐清晰。

一般来说，一个机械产品的设计过程大致可以分为五个阶段：计划阶段、方案设计阶段、总体技术设计阶段、零件技术设计阶段、改进设计阶段，如图1-3所示。在设计时可以按顺序依次进行。因此也可以称其为机械产品设计步骤。其中总体技术设计阶段和零件技术设计阶段的联系较为紧密，可以把它们统称为技术设计阶段。

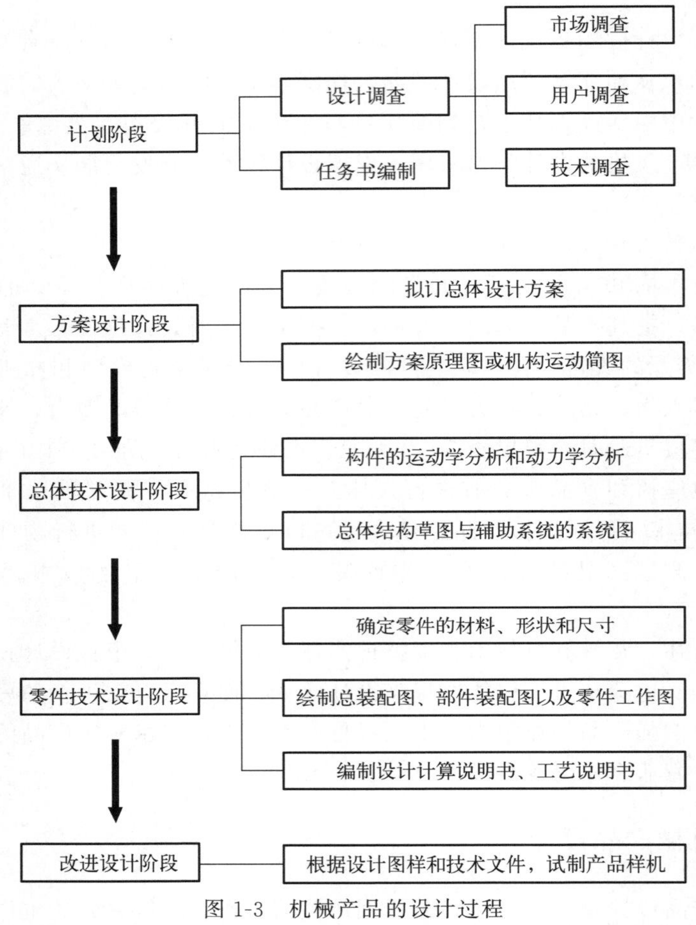

图 1-3　机械产品的设计过程

① 计划阶段：在进行机械产品设计之前，设计师需要进行计划以获得准确的设计定位，从而使开发的产品获得用户的认可。在产品计划中，设计师首先要从三个方面进行调查：一是展开市场调查，通过调查以获得现有市场各品牌产品的特点、功能、外观和目标人群等产品信息以及相关竞争对象的信息；二是展开用户调查，通过调查以获得用户对产品的看法，包括对产品外观、功能、结构、操作方式等方面的看法；三是展开技术调查，通过调查以获得产品研发的相关高新加工技术、材料技术和相关领域的专利信息。根据调查结果，在对相关产品进行可行性分析并对有关技术资料进行研究的基础上确定设计对象的主要性能指标和主要设计参数，编制设计任务书。

② 方案设计阶段：机械产品的方案设计阶段是设计师充分发挥创造力和

想象力的阶段，它是设计师完成对产品原型构建的重要环节。在对设计计划的基础上，确立设计定位并得到产品的功能求解方案，采用多种创意方法进行设计，比如头脑风暴法、灵感启发和逻辑思考等。设计师将创意以草图的形式表现出来，在设计团队之中进行讨论和评价，不断修改以完善产品的概念原型。根据设计对象所要达到的性能指标和主要设计参数，确定它的工作原理，拟订总体设计方案，并绘制该方案的原理图或机构运动简图。

③ 总体技术设计阶段：此阶段是将方案设计阶段发散式的思维进行收敛，对前一阶段所得到的方案进一步比较评价，选出一个或多个最优化的方案进行深入设计。根据设计对象的工作原理和机构运动简图，进行构件的运动学分析和动力学分析。计算其运动参数和动力参数，绘制总体结构草图和控制系统、润滑系统、液压系统等其他辅助系统的系统图。

④ 零件技术设计阶段：根据构件的运动参数和动力参数，对零件进行必要的强度、刚度、抗磨性、耐热性、振动稳定性计算，确定零件的材料、形状和尺寸，最后，绘制出总装配图、部件装配图以及零件工作图，编制出设计计算说明书、工艺说明书等各种技术文件。

⑤ 改进设计阶段：根据设计图样和各种技术文件，试制产品的样机。通过实验对产品样机进行综合评价并反复修改，使设计渐趋完善。最后整理完成各种设计技术文件。

在实际设计过程中，这五个阶段并不是截然分开的，各阶段的工作常常会交叉进行。设计人员在机械的设计中需要积极听取用户和工艺人员的意见，善于把设计信息以图形、文字和语言等各种形式与上级和同事进行沟通，及时发现和解决设计过程中出现的各种问题。

1.2 虚拟现实设计的意义

1.2.1 目的

总体而言，本书的目的是将虚拟现实技术引入机械产品设计的各个流程中，并给出机械产品虚拟现实设计的若干相关关键技术，从而为机械产品设计人员与机械产品生产企业提供一定的指导，使得机械产品设计具备设计网络化、三维可视化和交互操作化的特点。

（1）设计网络化

网络技术是20世纪末发展起来并迅速兴盛的高新技术，它典型的特点是消除了空间距离，改变了传统交流方式，加快了生活和工作节奏。在虚拟现实系统的支持下，设计师可以在网上进行资料的收集、用户的调查，可以将自己的设计发布到网上与大家共同讨论。作为企业来说，也可以收集到用户的个性化需求，了解消费者对现有产品的满意度，并决定新产品的最佳定位和改善现有产品的方向。

（2）三维可视化

传统的产品设计中，设计师都是采用二维的方式来表现设计意图，比如手绘的草图、效果图和工程图等，即便是采用了计算机建模技术，得到的也仅仅是关于产品某个视角的展示，因而导致了设计意图无法得到充分的展示，而观察者也无法进行全面的观察，影响了设计师之间的交流。虚拟现实技术的引入成功地解决了上述问题。因为虚拟现实系统综合了实物虚化、虚物实化和高性能的计算处理技术，因而呈现在观察者面前的始终是实时的运算结果，即根据用户的需要，计算机可以实时渲染某个视角的产品模型，随着用户观察角度的变化，产品模型也会相应地发生变化。所以，上述技术的引入使产品设计具备了三维可视化的特点。

（3）交互操作化

虚拟现实技术的引入给产品设计带来的另一大变化就是使产品模型具备了可操作性。传统的产品设计中，设计师都是应用语言、文字、二维图形和三维模型进行交流，产品的结构、功能和操作方式很难在设计阶段得到诠释，只有在做出产品样机之后才能考察其功能设置是否妥当、界面布局是否合理、操作方式是否便捷等方面的情况，这样既提高了开发成本和开发风险，也增加了产品设计的时间。虚拟现实技术的特点就是交互性，利用虚拟现实技术可以为常规三维模型增加动作属性、物理特征等，可以模拟产品真实使用环境和使用方式，这样就可以在设计阶段对设计方案进行深入评估，提高设计效率。

1.2.2 意义

在传统的机械产品设计方法中，整个设计流程由于缺少先进计算机平台的支持，无法满足协同化产品开发的要求，因而导致设计中信息流动的单向性，整个过程缺乏必要及时的信息反馈。这种信息共享障碍使得设计早期不能全面考虑产品生命周期中的各种因素，直到后期才发现设计问题，造成大量返工。同时，基于图纸的手工设计方式也导致了设计表达存在二义性，传统的产品草图、效果图乃至于计算机模型图都仅能从某个方面展现设计师意图，全方位的产品展示很难通过有效手段得以满足，设计意图难以获得共享和良好的交流，设计概念也不能得到很好的完善。此外，传统的设计方式在设计资料和用户信息的获取上显得效率低下，一手资料的获得往往耗费大量的人力物力，需要极长的时间，这就使得资料和信息的有效性急剧降低。

将虚拟现实技术应用于机械产品设计能革新传统产品设计方法、提升产品设计能力、增强产品生命力。虚拟现实技术的应用为设计人员提供了具有高度真实感和交互性的虚拟模型，有别于传统的产品效果图和一般的数字化模型，这种虚拟样机具备很强的物理特性。采用这种虚拟样机，并配合一定的硬件设备，可以为设计师营造出十分逼真的产品环境。利用这种仿真环境，可以通过让用户进行逼真的操作来获取相关的用户信息；可以让设计师在高度真实的环境下探讨设计方案，并可以迅速修改设计以观察和评估设计的优劣，比如色彩的变化、材料的选择等；配合网络技术的使用，设计师还可以和工程师实时讨论产品的结构和加工工艺等问题，高交互性的虚拟样机可以使工程师观察到产品的各个结构细部，并可以检查产品功能能否正常实现；利用这种仿真环境还可以对产品进行预装配、物理实验和人机试验，以检测其性能和尺寸是否符合要求。另外，虚拟现实技术的应用还增强了机械产品设计各环节的信息反馈速度和深度，让设计师在产品设计的早期阶段全面考虑产品生命周期中的各种因素，从而缩短产品开发周期，提高产品质量，降低产品成本，增强市场竞争能力。

总的来说，引入虚拟现实技术的机械产品设计无论是在产品设计的具体环节上还是在整个流程上都发生了重大变化，相对于传统机械产品设计方法来说优势明显。基于虚拟现实技术的机械产品设计方法是人机接口技术的重大突破，它将设计师的理念和作品以人们所习惯的方式传达，并且通过网络交流设计师、制造者和使用者的信息，使信息交互的深度、广度和速度得到了很大提高，符合现代产品设计技术发展的大趋势[12]。

1.3 国内外相关研究概述

1.3.1 国内外虚拟现实技术研究动态

虚拟现实技术的概念最早源于美国。目前该技术在美国的基础研究主要集中在感知、用户界面、后台软件和硬件四个方面。研究机构则主要集中于航空航天领域及大学实验室，如NASA的Ames实验室研究[13]主要集中在：将数据手套工程化，使其成为可用性较高的产品；在约翰逊空间中心完成空间站操纵的实时仿真；大量运用面向座舱的飞行模拟技术；对哈勃太空望远镜进行仿真。麻省理工学院（MIT）是研究人工智能、机器人和计算机图形学及动画的先锋，这些技术都是虚拟现实技术的基础。其他国家也有不同程度的发展，如英国在分布式并行处理、辅助设备（包括触觉反馈）设计和应用研究方面全球领先；日本主要致力于建立大规模虚拟现实（VR）知识库的研究，在虚拟现实游戏方面的研究也处于领先地位[14]。

我国虚拟现实产业起步较晚[15]，21世纪才逐渐开始相关技术的研究，在经历了2016年的元年火爆、2018年的遇冷期后，虚拟现实产业呈现稳步务实的特点。随着政策不断加码、资本不断投入、应用场景需求不断增长，以及5G、人工智能、超高清视频、云计算、大数据等技术不断突破，近年来我国虚拟现实产业持续高速发展。2020年，我国虚拟现实产业市场规模达到413.5亿元，同比增长46.2%，得益于技术驱动软硬件升级、行业应用场景拓展等因素，预计未来3～5年仍将保持年均30%～40%的高增长率，到2023年将超过千亿元，约占全球虚拟现实市场规模四分之一份额。

北京航空航天大学计算机系是国内最早进行虚拟现实（VR）研究的单位之一[16]，在虚拟环境中物体物理特性的表示与处理、虚拟现实中视觉接口方面软硬件、分布式虚拟环境网络设计方面成果突出；浙江大学CAD&CG国家重点实验室开发出了一套桌面型虚拟建筑环境实时漫游系统[17]，还研制出了在虚拟环境中一种新的快速漫游算法和一种递进网格的快速生成算法；哈尔滨工业大学已经成功地虚拟出人的高级行为中特定人脸图像的合成、表情的合成和唇动的合成等[18]；清华大学计算机科学与技术系对虚拟现实和临场感进行了研究；西安交通大学信息工程研究所对虚拟现实中的关键技术——立体显示技术进行了研究，提出了一种基于JPEG标准压缩编码新方案，获得了较高的压缩比、信噪比以及解压速度。

近年来，国家及地方利好政策不断加码。2016年被称为我国的“VR元年”，也是虚拟现实开始出现在国家级政策中的第一年。2016年3月，全国人大发布《中华人民共和国国民经济和社会发展第十三个五年规划纲要》，首次提到虚拟现实，明确未来将大力扶持虚拟现实技术，使其成为一个重要的经济增长点。同年11月，工信部发布《信息化和工业化融合发展规划（2016—2020）》，支持虚拟现实、人工智能核心技术突破以及产品与应用创新，在各部委的支持下，虚拟（增强）现实进入了国家重点发展项目。同年12月，国务院印发《“十三五”国家信息化规划》，虚拟（增强）现实上升到国家战略。

2019年开始，出台的政策进入更加细化的应用领域，同时支持方向和措施更加具体。2019年初工信部等联合发布《进一步优化供给推动消费平稳增长促进形成强大国内市场的实施方案（2019年）》，提出有条件的地方可对超高清电视、机顶盒、虚拟现实/增强现实设备等产品推广应用予以补贴，扩大超高清视频终端消费。2019年国家发改委发布的《产业结构调整指导目录

(2019年本)》中，将虚拟现实(VR)、增强现实(AR)纳入“鼓励类”产业。2020年11月发布的《关于深化“互联网+旅游”推动旅游业高质量发展的意见》提出，坚持技术赋能，推动5G、大数据、云计算、物联网、人工智能、虚拟现实、增强现实、区块链等信息技术成果应用普及。2022年，工业和信息化部、教育部、文化和旅游部、国家广播电视总局、国家体育总局等五部门联合发布《虚拟现实与行业应用融合发展行动计划(2022—2026年)》。其中提出，到2026年，三维化、虚实融合沉浸影音关键技术重点突破，新一代适人化虚拟现实终端产品不断丰富，产业生态进一步完善，虚拟现实在经济社会重要行业领域实现规模化应用，形成若干具有较强国际竞争力的骨干企业和产业集群，打造技术、产品、服务和应用共同繁荣的产业发展格局。

1.3.2 国内外机械产品虚拟现实设计研究动态

1.3.2.1 国外机械产品虚拟现实设计研究动态

当谈到VR在机械产品设计中的应用时，Ottosson[19]的贡献可以被认为是一个里程碑。Ottosson通过概述VR支持大量设计活动的潜力，强调了在实际案例研究中实施该技术的必要性。VR从20世纪70年代起就应用于军事、航空航天等领域。设计师采用VR技术进行原型设计和制造新设备大大加快了设计和开发过程，并为新产品的开发节省了时间，不仅对机械制造过程产生了积极影响，而且还提高了机械的性能。无缝设计流程、更紧密的集成和虚拟装配线也将促进制造业市场的增长。

目前美国的虚拟现实技术应用在国际上处于领先地位，其他国家如英国、德国、日本基本与其大同小异。纵观各国发展态势，虚拟现实技术的发展已在科学实验、仿真模拟等方面落地生根，并呈现出稳步上升的趋势。英国ARRL公司近期进行了关于远程呈现的虚拟现实研究实验，主要针对虚拟现实远景的动态重构问题和科学可视化计算；德国宝马汽车公司[20]将虚拟现实技术融入汽车零部件设计、内饰设计、空气动力学试验和模拟撞车安全试验等整车的细节工作中；日本则在建立大规模VR知识库和虚拟现实仿真方面有较大成就。

从1999年开始，福特是首批全力投入虚拟技术的汽车制造商之一[21]。2014年，福布斯报道称，该公司聘请了专门的虚拟现实专家，为工程师在虚拟环境中设计和制造包括自动驾驶汽车在内的整车提供指导。如今，福特对所有投入生产的车辆进行了强制性的多功能VR审查。通过使用虚拟现实技术，公司在成本、时间和质量方面取得了显著的进步。借助VR，产品设计师和工程师能够探索过去成本过高或耗费时间过长的设计领域。

西门子打造了制造虚实“孪生”流水线，通过虚拟现实技术远程展现实际流水工况和数据[22]。2016 年初，Rockwell 与美国虚拟现实软件公司 WorldViz 合作开展维修培训器项目。WorldViz 提供虚拟现实“工具集”，该工具集已经被 Rockwell 公司在其先进制造设施中使用了八年。Rockwell 公司负责出版和培训解决方案的主管史蒂夫·肯奈尔说：“当我们要建造一个盒子的时候，我们拿来所有（CAD）图纸，在虚拟世界中建造一个原型，然后送给维护者和工厂操作者，检查公差与配合，以及如何去制造它。我们在这个过程中节省了大量的资金，现在我们要拓展到远程学习的场景。”

德国化工巨头巴斯夫最近制订了一项计划，在 Autodesk Fusion 360 CAD 平台上增加 2000 名用户，主要是为化工厂维护人员实施 VR 风格的协作系统。VR 使工作人员能够使用 Fusion 360 中的可视化管道、接头、结构支撑和其他尚未安装的基础设施。该系统将支持巴斯夫的维护和车间团队与外部合作伙伴合作，例如创建备件或对过时零件进行逆向工程。

法国海军集团（NAVAL GROUP）是欧洲海上防御领域的领导者，主要从事潜艇和水面舰艇的设计、生产和技术支持。早在 2014 年，NAVAL GROUP 就已经开始大量地将虚拟 VR 技术应用于样机评审、潜艇装配焊接模拟和人机工效与安全性方面的审查。而其积极利用前沿 VR 技术的原因就在于，希望借此技术可以预见未来 60 年潜在的安全防御威胁，诸如可能面临的远距离战斗任务、大规模空中攻击等情况。由于面临更多更加复杂的情况，这就导致了在设计过程中需要考虑并验证更多的因素，同时对制造的质量提出了更高的要求，也导致了施工与维护的难度大大提升。为了帮助解决这些困难，NAVAL GROUP 不断加强了对 VR 技术的应用。

2017 年 4 月，俄罗斯火箭航天集团公司建立的俄首个航天飞船与模块舱虚拟设计中心正式启动。该中心 2016 年 10 月开始筹建，利用先进的虚拟现实技术，使设计人员通过佩戴 VR 设备“进入”飞船或模块舱内部，在虚拟的数字空间内开展特殊或复杂结构设计工作。该中心能模拟多种任务的解决方案，如模拟舱内复杂机械设备的集成、大量设备连接线缆的铺设任务等，并能迅速将解决方案转化为设计文件。该中心目前配备 3 个图形工作站、3D 投影仪及屏幕、VR 头戴显示设备和 15 台 3D 眼镜，可同时容纳 16 名专家进入其中工作，该中心的投入使用将加速俄新型火箭航天装备的建造进程。

洛克希德马丁公司目前正在使用虚拟现实来制造他们的 F-35[23]。这项技术意味着工程师可以更快地工作，并将准确性提高到约 96%。同时，公司可以提前测试不同设计的性能，确保每个创作的安全性和弹性。

BAE系统公司利用头戴式虚拟现实显示设备设计和测试新零部件，消除了制造测试组件的缓慢和昂贵的过程，从而能够减少设计迭代，加快新零部件的设计进程。BAE系统公司研究人员表示，以往每次想升级车辆，甚至只是设计一个简单的新零部件，都很难预测它是如何工作的，以及是否会影响用户体验，而且一旦需要制作零部件并把它安装在车辆上进行观察和测试，就会经过数小时至数周的时间。而在虚拟现实场景中将一个新零部件安装到车辆上，就可以清楚地看到其工作过程，而且研究人员可以虚拟成为一名车内乘员，可以实时进入到虚拟场景"触摸"到车，从而全面观察该零部件对车辆性能的影响。BAE系统公司还在VR环境下与士兵合作对改动进行测试，并借助他们的反馈意见，对设计进行实时改进。

雷神公司目前在应用的两个大尺寸虚拟现实系统被称作沉浸式设计中心（IDC），每个IDC都采用了最新的全自动虚拟环境（CAVE）技术，在IDC CAVE中可以同时有超过20名成员对模型、仿真结果、数据包等进行评审。通过这种新型协同工作方式，可对产品生命周期内几乎所有的问题进行评估、确定，并创建相应解决方案。采用三维可视化技术，研究人员无需掌握技术图纸以及其他一些技术规范，而且可以通过通用可视化语言进行交流，使每个团队成员都能平等地进行研讨。随着雷神公司持续推动基于模型的定义（MBD）实践，沉浸式虚拟环境的作用也将持续扩大，能够使团队成员更好地权衡CAD模型的价值。通过使工程师、操作者、供应商、用户沉浸在虚拟环境中，雷神公司能够更好地提高团队协作、信息获取能力，尽早生成通用虚拟样机，推动产品创新，加速产品上市时间。

1.3.2.2 国内机械产品虚拟现实设计研究动态

我国虽然将虚拟现实技术引入机械产品设计的时间较晚，但厚积薄发，发展迅猛，在食品机械[24]、筑路机械[25]、军用机械[26]、石油机械[27]等的设计中均能看到虚拟现实技术的身影。其中最为典型的是农业机械设计、车辆机械设计、航空航天机械设计、煤矿机械设计以及机器人设计。

（1）农业机械虚拟现实设计

在农业机械设计领域，王凯湛等[28]分析了虚拟现实技术的特点，以及基于虚拟现实技术的产品开发的流程，回顾了虚拟现实技术在农业机械设计中的应用，在此基础上提出了一种基于虚拟现实技术的农机设计流程。

苑严伟等[29]设计了农业机械虚拟试验系统，建立了田间工况模拟与虚拟交互控制试验平台。根据耕作区域的数字地图及农田作物图像信息，设计农业机械虚拟试验场，实现人和农业机械在虚拟环境内的漫游。建立四自由度模拟试验台，实现对拖拉机在田间行走时姿态的模拟仿真。从虚拟场景中提取作物行的位置信息，根据这些信息给出控制信号，进行拖拉机行驶速度、方向和平衡控制，使拖拉机沿作物行行驶。

王建祥等[30] 针对玉米收获装备在研发设计过程中存在研发周期长、成本高、易受环境因素影响且需要进行大量田间试验等缺陷，开展基于 Unity-3D 的玉米果穗收获机虚拟仿真设计与收获试验。首先，完成玉米果穗收获机虚拟仿真系统的总体设计、虚拟仿真系统关键模块的设计以及玉米果穗收获机和植株的物理组件的设计。其次，以漏果率为响应指标，以玉米果穗收获机行进速度、割台高度和玉米种植密度为响应因素进行虚拟的单因素试验和正交试验。最后，利用最优参数开展田间验证试验。

（2）车辆机械虚拟现实设计

在车辆机械设计领域，赵波等[31] 基于虚拟现实技术建立汽车转向系统的虚拟装配，对转向系统进行运动学仿真分析，并使用封装选项功能进行测量、跟踪、干涉检查。

张林�等[32] 提出了一个面向汽车产品设计的虚拟现实服务平台系统，旨在帮助汽车设计开发人员直观评价产品设计效果、提高产品设计质量。给出了平台系统的总体功能结构，介绍了已搭建的 VR 开发和应用支撑环境，以及正在研发的 4 个 VR 应用服务工具系统（即汽车配置 DIY、汽车虚拟驾驶、360 车展和数字汽车产业园）。设计了一种基于云计算模式的应用服务架构，给出了其服务模型和逻辑架构，它们为 VR 应用资源的灵活部署和动态调整、应用服务的便捷发布和快速定制提供有效支撑。

王建华等[33] 针对传统的汽车零部件拆装实习的教学方法在拆装的便利性、效率、安全等方面存在的一些问题，开发了一款面向汽车构造教学的虚拟拆装教学平台的解决方案。平台由软件与硬件两部分搭建，以汽车发动机为模型，在 Unity-3D 中进行软件部分的开发，继而将软件部分与虚拟现实头戴设备等硬件部分进行交互连接，实现人机交互，将汽车零部件拆装过程虚拟化。平台基于虚拟现实技术，通过虚拟现实设备呈现发动机拆装的整个流程，极大优化了人机交互体验，实现了将理论知识的教学和实际拆装过程有机结合成一套完备的虚拟现实教学体系的设计初衷。

（3）航空航天机械虚拟现实设计

虚拟现实技术在我国航空航天机械设计中也得到了较为广泛的应用。韩流等[34] 利用虚拟现实技术的优势和特点，成功研制大型航空燃气涡轮风扇发动机仿真系统。系统采用了多种虚拟现实的关键技术，创造了一个具有强烈沉浸感和真实感的虚拟实验环境，并利用此环境结合航空发动机的专业知识成功开发了三大功能模块，直观生动地揭示了发动机原理、发动机构造、发动机试车等航空燃气涡轮风扇发动机的主要部分专业理论知识，为航空发动机领域相关从业人员带来了一种全新的学习研究工具。

罗熊等[35] 针对高超声速飞行器X-38，基于Java和虚拟现实建模语言(VRML)，提出并具体实现了一个基于客户机/服务器模型的分布式虚拟仿真系统，重点讨论了其中的三维场景建立与动作事件建模、分布式网络结构设计与数据库管理、场景接口实现等关键技术。虚拟仿真系统实际运行效果良好。该系统具有良好的可移植性和可扩展性，易于大规模部署，也可方便地进行二次开发。

曾伟明等[36] 针对飞机座舱显控交互的设计验证问题，开展了面向任务过程的虚拟座舱原型系统设计与研究，进行了虚拟显控交互界面设计及软件开发，基于VR头显、手势识别设备等硬件环境的虚拟座舱系统集成等工作，形成了一套面向任务过程的虚拟座舱原型系统。经过任务仿真验证表明，该原型系统具有开发效率高、成本低、快速迭代等优点，为未来航空智能座舱的人机交互系统设计提供了研究方法和工具，并为面向任务过程的飞行训练提供了技术原型。

(4) 煤矿机械虚拟现实设计

在煤矿机械设计领域，太原理工大学煤矿综采装备山西省重点实验室研究团队将虚拟现实技术与煤机装备设计深度融合，取得了一系列研究成果。谢嘉成等[37] 针对国内外煤矿领域虚拟现实研究大多是局部或单向性研究，整合各阶段、各领域、各环节进行综合性研究且获重大突破极其缺乏的实际情况，在概述国内外虚拟现实技术在煤矿虚拟场景仿真、虚拟现实监测监控、虚拟规划方法和“VR＋AR”技术融合设计等应用领域的研究现状基础上，剖析了其在应用中存在的困难和问题，明确提出了虚拟现实技术应整合多技术手段进行融合设计。

谢嘉成等[38] 针对煤机装备从设计、制造再到实际工作环境各环节相脱离问题，以采煤机、刮板输送机、掘进机和提升机为研究对象，以集成化双通道柱幕系统作为硬件支持，以Visual Studio和Open Scene Graph作为系统软件平台，集成了力反馈器、数据手套等人机交互设备，实现了由虚拟装配子系统、场景仿真与漫游子系统等四部分组成的虚拟装配与仿真系统，虚拟再现了煤炭生产过程中设备的运行状态，为产品设计提供了直接形象的现场感和全新设计模式。该系统具有良好的沉浸性和交互性，提高了产品的可装配性和研发效率，降低了设计成本，实际运用效果显著。

孙晓存等[39] 为了整合利用网络煤机资源，共享虚拟拆装资源，设计集成了煤矿机械装备虚拟拆装公共服务平台，介绍了平台的体系结构、功能结构、虚拟拆装现实资源库创建过程和关键技术。以平台中虚拟拆装模块刮板输送机中部槽、知识资源模块掘进机为例进行分析，为校企用户快速全面地了解煤机结构、运行状态，研发新品，提供了可靠的平台技术支持。

(5) 机器人虚拟现实设计

罗陆锋等[40] 为开展采摘机器人智能防碰损作业行为及规划算法的仿真试验与验证，设计了一种基于虚拟现实的采摘机器人仿真试验系统。以葡萄采摘机器人为对象，先构建虚拟现实环境下采摘机器人及其作业场景模型，用于模拟设施果园试验环境；然后对虚拟采摘机器人进行运动学建模，运用 D-H 参数法解算机械臂运动学正解和逆解；再依据葡萄串形状等特性设计一种夹-托-剪式的采摘机器人末端执行器及其采摘过程控制模型；建立机械臂末端连杆与执行器之间的空间位姿变换关系，并对机械臂运动进行轨迹规划；设计并定义仿真系统各模块间的数据接口，最终基于虚拟现实平台 EON 开发出采摘机器人虚拟仿真系统。

高国雪等[41] 以一个六自由度关节型焊接机器人为对象，对其进行了虚拟现实仿真技术的研究，提出了一种基于 Unity-3D 引擎、使用 C# 语言开发的虚拟现实仿真系统的设计。研究内容包括：三维建模和优化处理、模型及场景的实时加载、人机交互界面的设计、运动仿真、虚拟机器人与实际机器人的运动同步和位姿同步、简单临场感的实现、碰撞检测功能。对焊接机器人虚拟现实技术的研究，可以有效降低焊接过程中操作人员的作业风险，对焊接机器人工作过程中的远程监控具有较大的研究意义。

杜豪等[42] 根据末端牵引式和外骨骼式上肢康复机器人的特性，研制了一种新型的柔性上肢康复机器人。机器人的康复训练系统结合了主动和被动模式的要素，将虚拟现实（VR）技术引入上肢康复机器人，通过现实环境中的光学 3D 位置捕获以及 VR 环境中的 3D 位置感知，设计了虚拟动态模型交互性节点和碰撞检测实验，实现虚拟现实交互，提高虚拟模型运动实时效果和上肢康复训练精度。VR 和新颖的康复机器人的集成为具有特定任务的患者提供了有效的训练。

1.4 主要研究内容与结构

本书在分析国内外基于虚拟现实技术的机械产品设计研究现状，查阅和消化了大量与之相关文献的基础上，结合在机械产品虚拟现实设计方面的研究与开发经验，给出了机械产品虚拟现实设计的诸多关键技术，并进行了详细讲解与讨论。本书的主要研究内容如下：

第 2 章针对机械产品虚拟设计中的机械产品模型构建需求，介绍了 VR 模型的构建技术，主要包括模型调研与分析、机械产品虚拟现实模型资源库的构建、不同模型构建方法与技术对比分析等内容。

第 3 章介绍了 VR 场景构建技术，这是进行 VR 装配设计、VR 运动仿真设计等设计过程的基础。重点介绍了 VR 场景构建中的模型修补、模型转换、模型导入、位置布置、场景渲染等关键环节，并进行了模型构建方法与技术对比分析。

第 4 章介绍了 VR 装配设计技术。虚拟装配技术是虚拟现实技术在工程领域的一个重要应用，也是本书需要掌握的关键知识之一。给出了虚拟装配技术的概述与功能规划，并介绍了 VR 装配设计中的多种关键技术。

第 5 章针对存在运动的复杂机械产品，对 VR 运动仿真设计技术进行了详细介绍，首先介绍了机械产品运动仿真的总体思路，然后以综采工作面三机为案例介绍了 VR 运动仿真的具体方法与流程，最后讲述了如何规划产品的运动仿真。

在机械产品的运动仿真设计中，多个机械产品可能存在耦合与配套关系，因此第 6 章讨论了 VR 多设备配套运动仿真技术。分别给出了配套运动仿真技术概述与规划以及多设备配套运动的软件实现方法，并以综采工作面三机为例进行了详细阐述。

第 7 章介绍了 VR 虚实双向映射技术，基于数字孪生理论，介绍了传感器布置与感知信息获取、实时交互通道接口构建、机械设备虚拟重构与监测以及机械设备反向控制等技术。

人机交互技术是 VR 的关键使能技术之一，也是工程设计人员进行机械产品 VR 设计的接口。第 8 章介绍了 VR 人机交互技术，重点包括基于 HTC Vive 和 Kinect 等硬件设备的人机交互技术。

第 9 章介绍了基于 Web 的 VR 网络设计技术，通过网络化共享为机械装备企业，特别是中小企业，提供机械产品虚拟现实设计中的资源共享和技术支持。

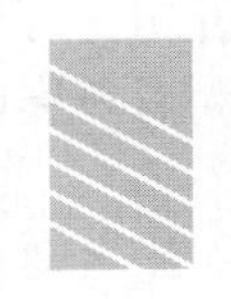

第2章 VR模型构建技术

2.1 模型调研与分析

为使机械装备模型能够逼真地表现出来，首先要对进行的项目进行评估，根据所需要构建的模型的特点，将建模分为三个步骤：第一步为几何建模，主要建立所需装配模型的几何形状；第二步为物理建模，主要对几何模型进行颜色、材质贴图、光照等处理；第三步是行为建模，主要处理虚拟模型的运动和行为描述。

几何建模：主要研究物体的具体形状与轮廓，包括人物、设备、巷道的建模渲染以及装配。

物理建模：集中研究事物的物理属性，典型的是形态技术和粒子技术。其中形态技术用于环境中的物体，如树木、花草、建筑物、不运行的设备等；粒子技术多用于环境中的动态事物，如巷道中的石块、煤壁上掉落的煤渣、发生事故时的火焰、烟雾和水。

行为建模：在创建虚拟系统时，静态的三维模型与动态的三维模型需要相互配合，如位置的改变、物体的运动、变形、缩放、碰撞等，在系统中主要通过后台编程或动画系统实现；还有在系统的三维建模基本完成后，涉及用户与系统之间的交互使用，需要通过后台编程或者引入交互系统进行编辑建立，体现用户控制系统的自主性与选择性，是虚拟现实场景中用户自主性的体现，例如设备信息的展示、设备操作的教学与第一、第三人称的漫游设置等。

现在的几何建模工具一般有工程类和艺术类之分，几何形状主要由UG、Pro/E等工程类建模软件构造，而外观、环境、运动交互等建模操作则需要用到3DSMAX、Unity-3D等艺术类建模软件。3DSMAX等艺术类软件建立的模型一般精度不高，不利于虚拟原型数据信息的提取，该类软件也不适合对采煤机这种大型机械设备进行建模；而UG等工程类软件无法直接转换成虚拟现实模型，需要一定的方式进行转换。此外，对于煤机装备等大型机械，在众多商业软件中，3DSMAX、Maya等软件建立的模型虽然效果好，但由于模型数量庞大，对人力和时间的耗费较大。因此，为了弥补UG和3DSMAX的不足，充分利用它们的优势，在CAD建模软件中建立精确模型后利用3DSMAX作为过渡软件，对模型进行转换和修改，生成高质量的虚拟模型，这样既能体现其原始数据关系，也能加快建模效率，并且减少工程费用。

2.2 基于CAD软件的建模

目前，CAD建模软件种类多样，包括AutoCAD、Pro/E、UG、Maya、Solidworks、Catia、3DSMAX、RHINO、Zbrush等。

① AutoCAD：Autodesk公司的主导产品，功能强大，可以用于工程二维绘图，也可以用于产品三维建模，在工业绘图、城市规划制图布景、室内设计效果图制作等方面都具有众多设计师用户。AutoCAD具有良好的用户界面，通过交互菜单或命令方式便可以进行各种操作。

② Pro/E：Pro/Engineer（简称Pro/E）是一款由设计至生产的机械自动化软件与工业产品结构外观设计软件，其低耗能、高效率的工作方式受到许多中小设计机构与制造业企业的青睐。

③ UG：一款为工程师提供产品数字化造型以及参数化设计的三维建模软件。其具有高精确性与完美的设备装配功能，还具有软件内仿真动画制作等多种强大的功能。

④ Maya：Maya与3DSMAX同属Audodesk公司出品的三维制作软件，与3DSMAX不同的是其在三维雕刻与动画制作方面功能更强大，可以用于制作CG以及电影级动画，而3DSMAX更偏重工业产品等方向的造型设计。

⑤ Solidworks：一款高精度的参数化建模软件，专门用于研发与设计机械类大型产品。其高度精确的参数性与装配性受到广大大型机械设计研发师的喜爱。

⑥ Catia：一款CAD/CAE/CAM一体化软件。其优势在于可以在参数化的环境下建立高精度曲面。目前广泛应用于汽车结构与汽车白车身工程设计。

⑦ 3DSMAX：3D Studio MAX，简称3DSMAX，是一款功能强大的三维建模、动画及渲染软件，其拥有的众多插件以及高插件兼容性是其最大优势。

⑧ RHINO：也叫犀牛软件，大部分用于工业设计领域，是一款易学习、操作简单、容易上手的三维建模工具。其优点在于犀牛是非参数化软件，可以

对三维产品造型进行相对自由地调整，大范围用于汽车、文创等领域。

⑨ Zbrush：一款三维数字雕刻和绘画软件，在三维数字雕刻方面可以称为最强大。Zbrush 直观的工作流程可以让设计师以极高的效率完成工作任务。目前广泛应用于游戏设计、动画电影 CG 设计。

由于该系统建模的复杂与多样性，需要保证模型的精准与美观，同时确保装配正确，但尽量少地占用计算机资源，所以最终决定由多种建模软件相互配合完成。对于几何物理模型以及运动关系的建模使用 UG、Pro/E 等工程类 CAD 建模软件，而对于颜色、渲染、环境或者没有复杂运动关系的模型则采用 3DSMAX 等艺术类 CAD 建模软件。

根据系统的设计要求，需要部件与零件内部结构的展示、人机交互虚拟操作，以及采掘运场景仿真，因此要求建立非常精密的模型，从而采用 UG、Pro/E 等软件进行建模，这样既能体现其部件、零件的特征以及数据关系，也能非常清晰快速地建立足以达到虚拟装配与场景仿真要求的原始零件模型。图 2-1 展示了由合作企业提供的二维图纸所建立的煤机装备的 CAD 模型，其中采煤机、掘进机与提升机三种机型的模型是通过 UG 建立，而刮板输送机的模型是通过 Pro/E 建立。

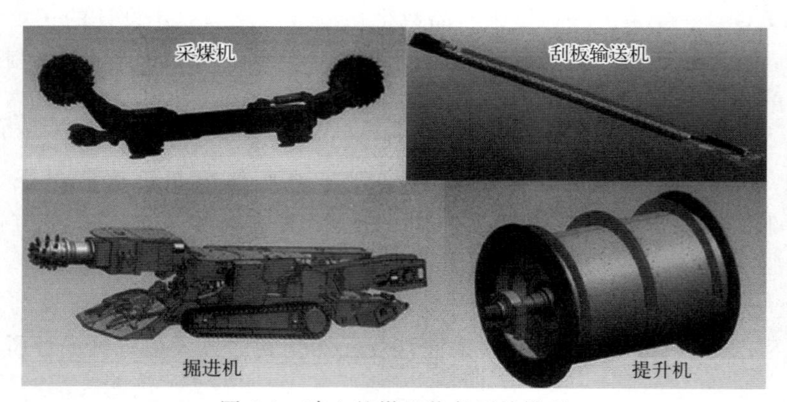

图 2-1　建立的煤机装备原始模型

不论是 UG 还是 Pro/E，都采用装配树状结构自下而上进行建模，如图 2-2 所示为刮板输送机模型构成图，该图既表达了实际煤机装备的组成以及装配顺序，也体现出装配体和装配单元之间的相互关系。

根据以上模型构成图，这里用 UG 对采煤机以及用 Pro/E 对刮板输送机在原有部分模型的基础上进行补充建模，构成二者的完整模型以及二者相互配合模型。具体 CAD 模型如图 2-3、图 2-4 所示。

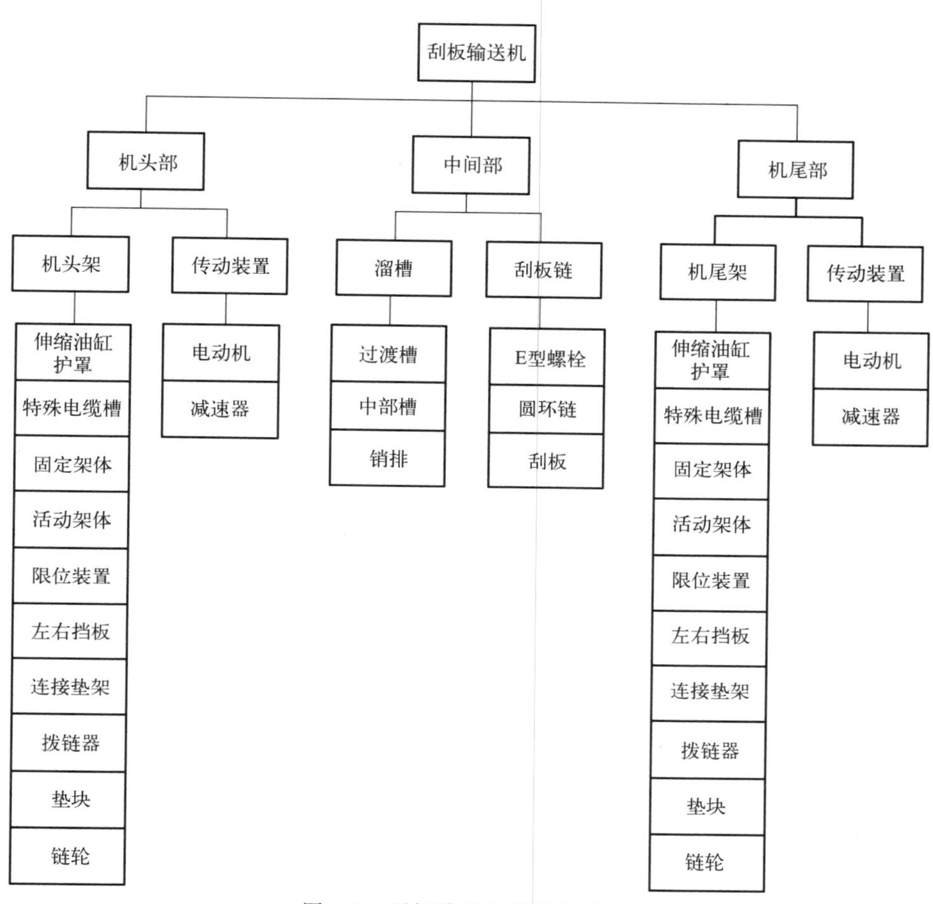

图 2-2 刮板输送机模型构成图

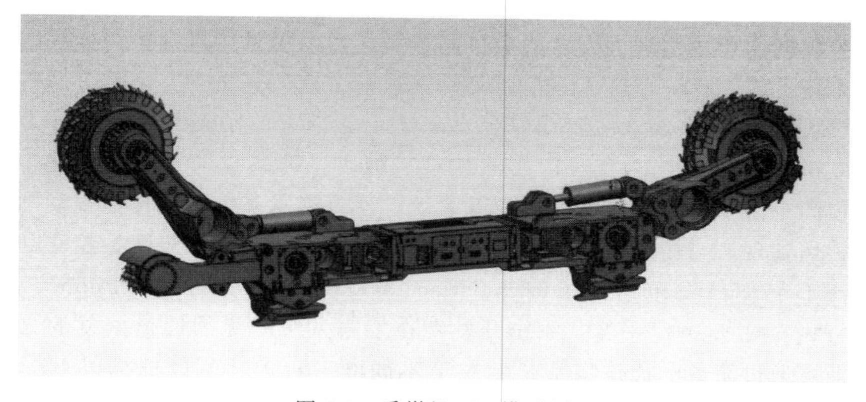

图 2-3 采煤机 UG 模型图

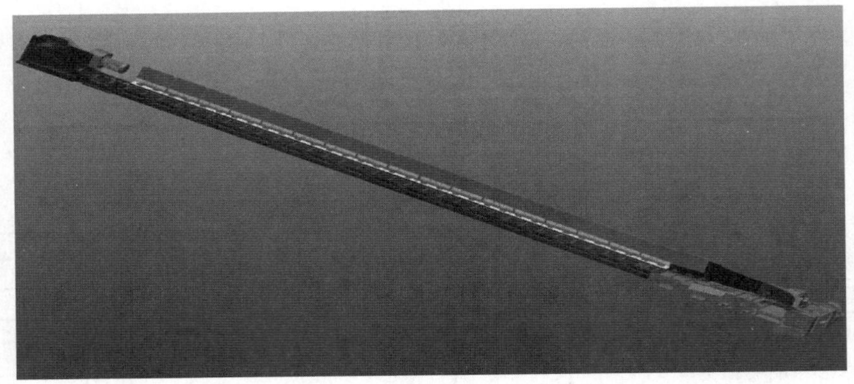

图 2-4 刮板输送机 Pro/E 模型图

2.3 基于艺术设计软件的建模

在利用不同的建模软件对系统进行几何建模与物理建模后，通过3DSMAX等艺术类建模软件完成环境、任务、贴图与渲染等工作。3DSMAX作为一种具有强大功能的3D设计软件，集建模、动画制作、渲染等为一体，同时它在本系统中也起到了一个枢纽的作用。

① 文件格式转换。从UG、Pro/E等CAD建模软件导入虚拟现实环境需要通过3DSMAX软件进行转换。

② 文件效果制作。需要在3DSMAX中进行材质的设定，本系统设置的大多是具有金属质感的材质，以便日后导入虚拟现实环境中有一个较好的效果。

③ 动画制作技术。在3DSMAX中通过对导入的模型按照需求进行动画制作，利用软件提供的帧动画、样条线IK解算器进行制作。具体的方式是通过虚拟装配模块按照拆卸等方式的最佳路径制作，而场景仿真则按照真实的煤机装备工作流程制作。

再进一步利用Unity-3D引擎建立系统中各部分的动态关系，最后为系统建立人机交互模块。Unity-3D是一款集二维、三维系统于一身的，设计者可以通过简单的学习创建三维二维交互系统、建筑展示系统、动作捕捉动画系统等多种虚拟现实与游戏开发系统的高集成化设计平台。系统开发者可以通过Unity-3D将作品发布到Windows、Mac、iOS Phone、Android Phone、Windows Phone、Web等平台，系统开发者在发布系统时无须通过繁复的二次移植，即可通过简单的操作将系统发布至不同的平台上，所以选择以Unity-3D为搭建平台。

在大多数 3D 系统中，首先映入眼帘的通常是整个系统场景，不论是系统还是虚拟现实都会使用到各种类型的地形效果，地形作为系统场景中必不可少的元素，作用非常重要。例如，构建一个全面仿真的综采工作面井下系统，需要完整的地形系统，设计者需要绘制出工作面完整的地理信息，利用 Unity-3D 中的地形编辑器（Terrain）功能，根据矿山的外部特征使用笔刷雕刻山川、河流、平原、低谷。在基本的山体形状完成之后，绘制草木、石头，使场景更加真实、精细，再放入由 3DSMAX 建模生成的巷道模型，加以贴图展现井下的仿真场景。

系统利用 Unity-3D 中的地形编辑器 Terrain 功能，加入矿山平面图，根据矿山平面图绘制矿山高度图。在高度图绘制完毕之后，导入 Unity-3D 中反向生成矿山模型，加以贴图展现矿山的仿真场景。地形建模效果如图 2-5 所示。

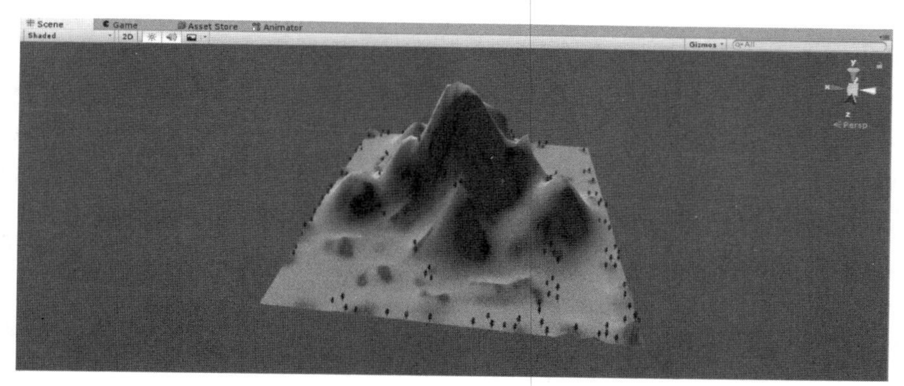

图 2-5　矿山地形制作示意图

2.4 模型资源库下载和导入模型

为了使虚拟装配能够真实地表达零部件完整的拆装，可以在 3DSOURCE 网站进行下载并装配。同样适用于一些零部件缺失和修补的问题，如轴承、电机、螺钉等一系列零部件的下载均来源于此。这样就完成了零部件的修补功能，修补效果如图 2-6 所示。

虚拟现实资源库有时包括很多建筑物，涉及建筑板块，学习这些建筑物的建模需要很多的时间和精力，如果能利用现有网上的 3D 资源进行一些场景的制作，就十分关键。Google 3DWarehouse 模型库现在已非常成功，拥有大量的 3D 模型可以供用户下载。用户下载完成后，导入下载好的模型，并注意前

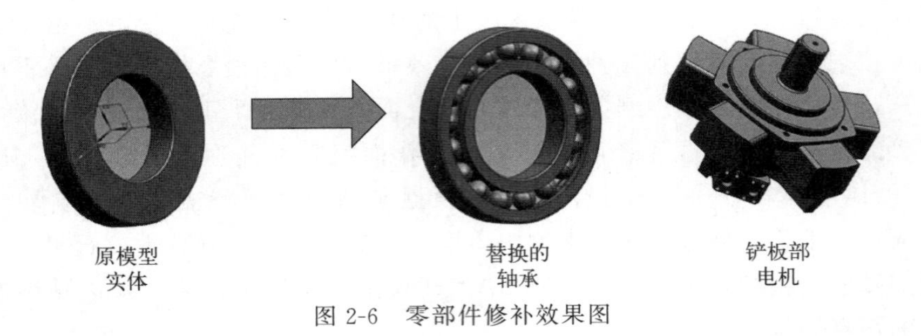

图 2-6 零部件修补效果图

后文件格式的转换（有时软件不能直接导入某格式的模型，需要进行格式上的转换）。

经过对各种格式的转换特性进行分析，可以得出，在中间格式模型大小上，由同一模型转换而来的 IGS 格式和 WRL 格式的模型所占内存较大，能够间接导致系统的运行速度减慢，而 STL 适中，DWG 最小；在转换时间上，IGS 格式的转换需要消耗的时间较多，而其他三种格式转换时间都较短；从转换出来的 OSG、IVE 格式文件大小看，DWG 和 IGS 转换出来的 OSG 格式大小明显大于 WRL 和 STL 转换出来的格式大小，而 WRL 和 DWG 格式的模型较为失真。一般来说，选择 STL 格式进行转换较为合适，该格式转换时间较快，模型所占内存较小，且转换后能够保持原有模型的真实感官，适应虚拟装配与场景仿真的基本需求。整个模型技术处理的流程如下：

UG、Pro/E→3DSMAX→VR

PRT→STL→OSG、IVE

2.5 机械产品虚拟现实模型资源库

虚拟现实模型资源库是建立面向机械装备虚拟现实装配系统的基础。针对机械产品结构和实际工作的不同特点，对其结构进行详细划分，建立虚拟现实模型资源库，在后续工作中进一步通过编程实现，完成所设计的功能。

虚拟现实模型资源库最终是按照一定分类方式进行排列的一系列的 OSG 或 IVE 文件，以便在后续工作中，通过编程方式实现相对应的功能，分为虚拟拆装资源库和场景仿真资源库。如图 2-7 所示为煤机装备的虚拟现实模型资源库框架图。

① 虚拟拆装资源库分为两部分，第一部分是一个场景中单个零件的模型，第二部分是整个自动装配与拆卸场景，分别为制作相应的操作场景和自动演示场景提供条件。

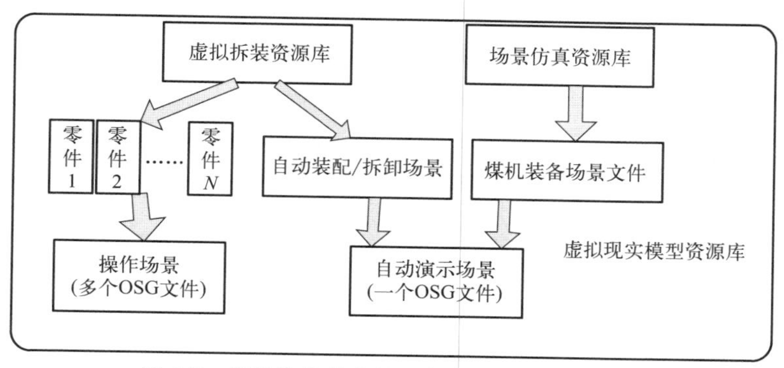

图 2-7 煤机装备的虚拟现实模型资源库框架图

② 场景仿真资源库就是单个制作好的煤机装备场景文件，在后面通过编程方式完成相应的功能。

虚拟现实模型资源库制作技术主要包括结构层次划分技术、CAD 建模技术、CAD 模型转换与优化技术、CAD 模型修复技术、Google 3DWarehouse 资源下载技术和场景与动画制作技术，这些技术环环相扣，构成了虚拟现实模型资源库制作技术的主要内容，如图 2-8 所示。

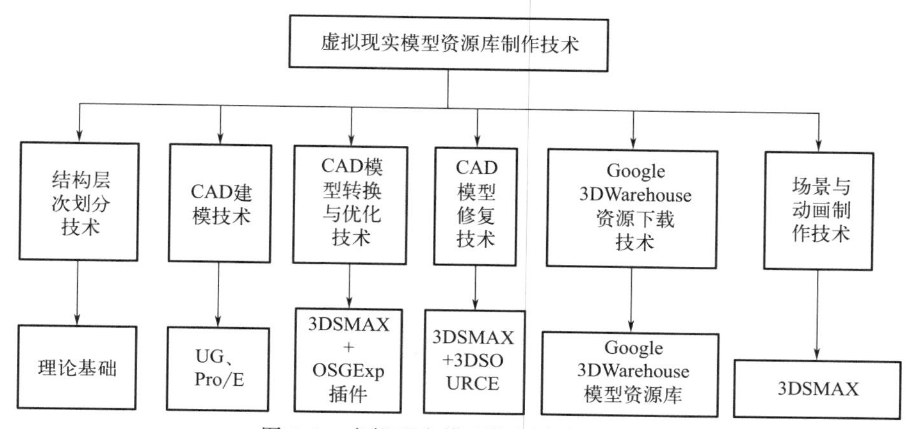

图 2-8 虚拟现实模型资源库制作技术

虚拟拆装资源库以掘进机为例进行介绍。掘进机虚拟装配主要包括掘进机截割部、铲板部、运输部、本体部、行走部、后支撑部、液压系统和整机八大部分。图 2-9 是掘进机虚拟装配层次结构图，图 2-10 是在 3DSMAX 软件中制作好的掘进机各部分的分散和装配图。

场景仿真资源库以矿井运输和提升场景库为例进行介绍。图 2-11 为建立的立井箕斗提升系统，通过翻车机-井底煤仓-给煤机-装载设备，使煤炭进入箕斗内，箕斗就在钢丝绳、天轮、提升机的作用下，由箕斗装载硐室处提升至井口煤仓，这样就完成了煤炭的运输提升过程，基本可以较为真实地反映设备在整个立井箕斗提升系统中所处的整体及局部运行状态。

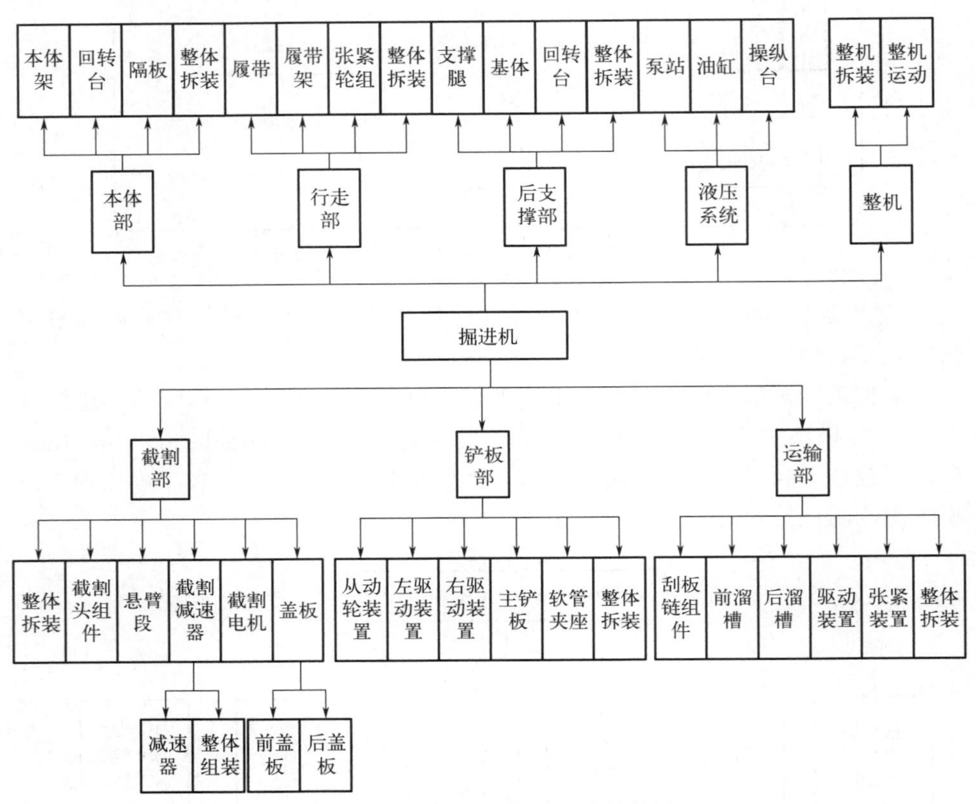

图 2-9　掘进机虚拟装配层次结构图

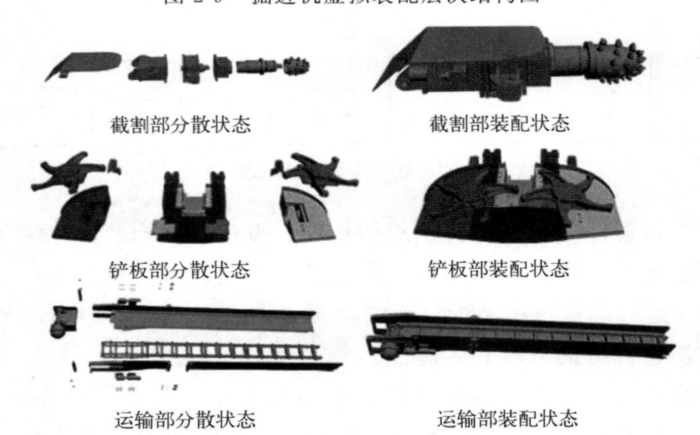

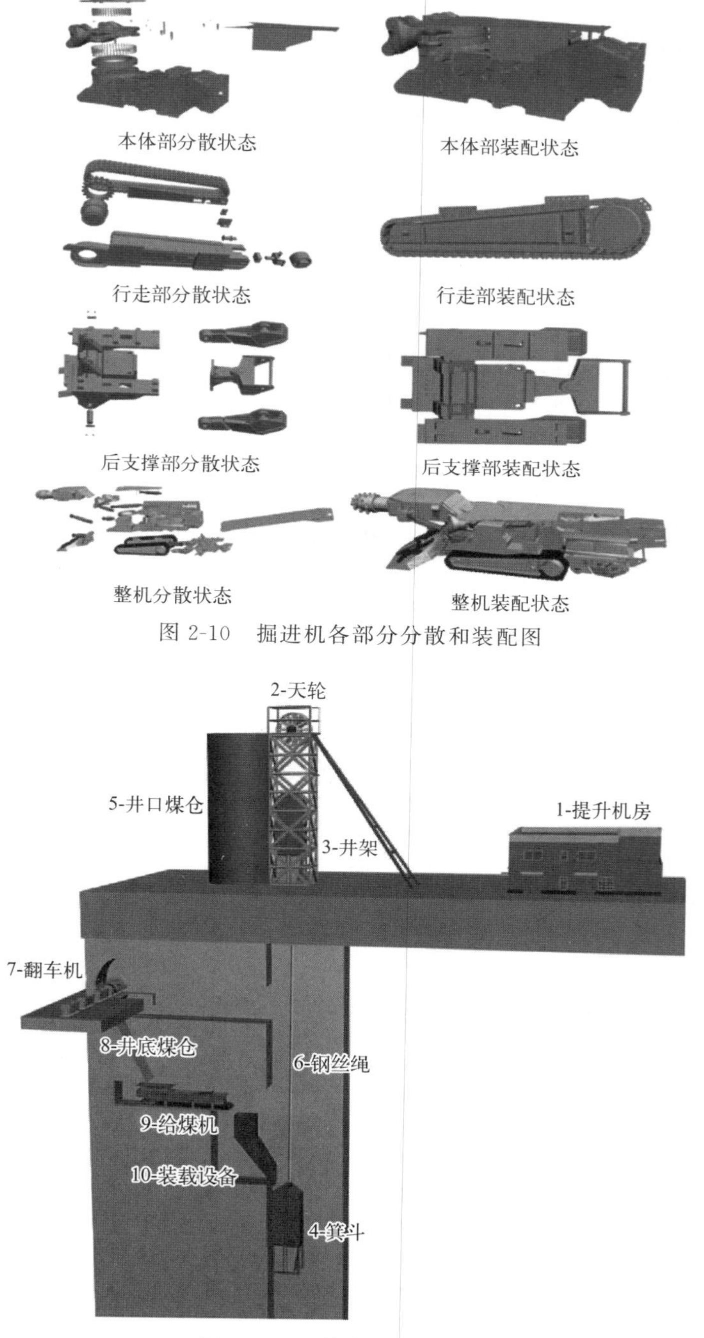

图 2-10 掘进机各部分分散和装配图

图 2-11 立井箕斗提升系统

2.6 模型构建方法与技术对比分析

由虚拟装配的构成可知，模型的建立为虚拟装配系统打下坚实的基础。常用的虚拟装配建模方法有四种。

一是采用摄像技术，将所需的模型场景进行全方位的拍摄，再将拍摄内容进行合成。

二是利用虚拟装配建模语言进行建模，常见的有 VRML、Action Script、Java3D、OpenGL 等。

三是直接使用编程语言，常用的编程语言有 C++、VB 等。

四是应用第三方建模软件对模型进行建立。常用的软件有 UG、Pro/E、Catia、Solidworks、3DSMAX、Maya。

对以上四种建模方法进行比较，如表 2-1 所示。

表 2-1 建模方法对比

建模方法	专业需求	繁易程度	主要特点	适用范围
摄像拼图	摄影、图像处理	容易	真实感	场景多，模型少
VR 语言	图像渲染	复杂	扩展性	场景结构简单
程序编制	编程语言	复杂	通用性	模型少
商业软件	软件的使用	一般	范围广	场景少，模型多

第3章 VR场景构建技术

3.1 场景需求与CAD模型

3.1.1 场景需求

进行机械产品的虚拟现实设计，需要进行场景搭建和虚拟环境烘焙，同时包括人机交互。硬件设备可分为传统硬件设备和虚拟交互硬件设备两部分，如图3-1所示。传统硬件设备包括主机、液晶显示器、鼠标、键盘和耳机等；虚拟交互硬件设备包括HTC Vive头戴显示器、交互手柄和定位器。其参数见表3-1。

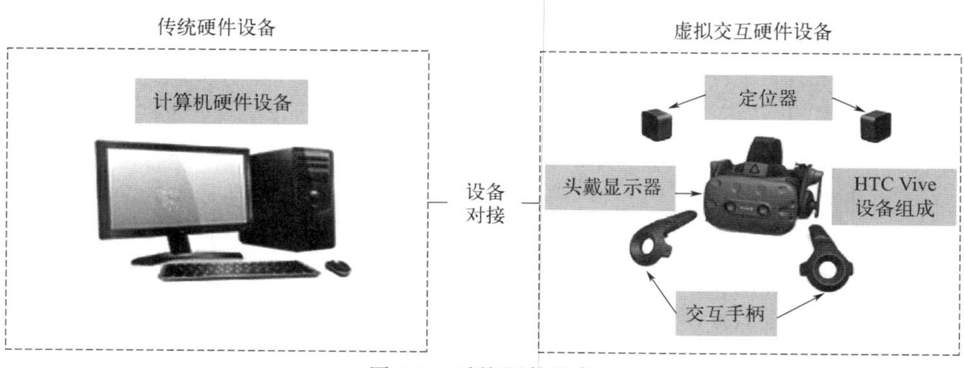

图3-1 系统硬件设备

表3-1 系统开发主要硬件设备参数表

硬件分类	设备名称	设备参数
传统硬件设备	Lenovo Y7000P	处理器：Intel(R) Core(TM) i5-8300H CPU @2.30GHz RAM：8.00GB 操作系统：64位操作系统

续表

硬件分类	设备名称	设备参数
虚拟交互硬件设备	HTC Vive 头戴显示器	屏幕：2 英寸×3.5 英寸[1] AMOLED 单眼分辨率：1440×1600 双眼分辨率：2880×1600 刷新率：90Hz 视场角：110° 连接口：蓝牙、USB-C 3.0 传感器：SteamVR 追踪技术、G-sensor 校正、gyroscope 陀螺仪、proximity 距离感测器、双眼舒适度设置（IPD）
	交互手柄	传感器：SteamVR 追踪技术 1.0 连接口：Micro-USB

软件可按照功能分为三维建模软件、虚拟场景搭建软件和编程软件三部分，如图 3-2 所示。三维建模软件主要包括 RHINO、UG 和 3DSMAX，虚拟场景搭建软件为 Unity-3D 平台，利用 Visual Studio 编程软件进行代码编写，完成脚本编译实现相应功能。主要软件介绍如表 3-2 所示。

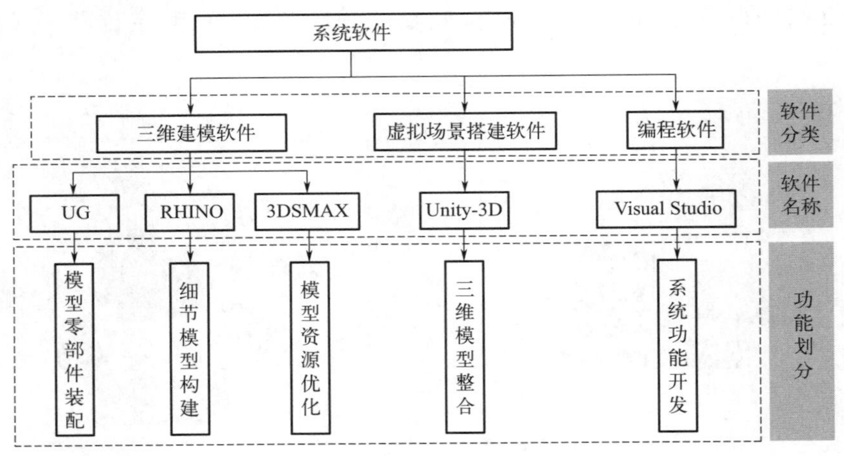

图 3-2 系统软件

表 3-2 本系统开发主要软件参数表

软件分类	软件名称	软件版本	主要功能
三维建模软件	UG	NX 12.0	综采三机模型装配
	RHINO	RHINO 6	细节三维模型构建
	3DSMAX	Autodesk 3DSMAX 2010	三维模型贴图及优化

[1] 1 英寸＝2.54cm。

续表

软件分类	软件名称	软件版本	主要功能
虚拟场景搭建软件	Unity-3D	Unity 2017.1.0f3(64-bit)	虚拟综采工作面搭建及场景烘焙
编程软件	Visual Studio	Visual Studio 2017	实现系统功能

3.1.2 CAD 模型

常用的 CAD 建模软件有 UG、Pro/E、Catia、Solidworks。

利用 UG 建立的模型格式和采用 Pro/E 建立的模型格式不同（见 2.2 节示例），为了后续模型的转换方便，二者配合的模型将在 3DSMAX 中进行设置。

3.2 模型修补技术

在 CAD 模型转换到 3DSMAX 软件的过程中，STL 是最佳中间转换格式，但 STL 在表现螺纹孔、倒角等一些特征时，模型出现了大量的多边形面，这是由于 3DSMAX 等艺术类软件普遍采用多边形网格算法，而 UG 等工程软件使用的是 nurbs 算法。这些螺纹孔、倒角等在转换中占用了大量的资源，其实它们在虚拟装配与场景仿真中处于相对次要的位置，所以，需要在 UG 中对这些零件的螺纹孔、倒角部分进行简化并修复。例如打开 UG，找到零件的建模过程，然后把建立螺纹孔的步骤进行修改，使之成为接近于圆孔的形式。尤其是螺纹，在所转换的 UG 模型中，所有的螺纹都应去除。图 3-3 为破碎部调高油缸导向套中螺纹对面数影响的对比图，从图中可以看出导向套在有螺纹和无螺纹时面数相差了近十倍。

容易知道，VR 系统最终运行速度受三大因素影响：VR 场景模型的总面数、VR 场景模型的总个数、VR 场景模型的总贴图量。对于虚拟装配系统而言，前两者是主要影响因素，因此在面向煤机装备的虚拟现实装配系统中，模型的优化不仅是要对每个独立模型的面数进行简化，还需要对模型的总个数进行精简。

模型的个数过多，会直接影响到 VR 场景的导出及 VR 场景的打开速度。如果当前 VR 场景里的模型过多，计算机可能计算不过来，而造成部分物体无法加载，最终得到的 VR 场景模型不全，有模型丢失现象；如果计算机勉强将 VR 场景里的所有模型加载，其运行速度也会很慢。为避免出现以上问题，在虚拟现实模型资源库系统中，对于一些没有安排装配任务的零件，将其合并为一个零件不仅使装配时更加方便，而且实现了模型的优化。具体的做法是首先

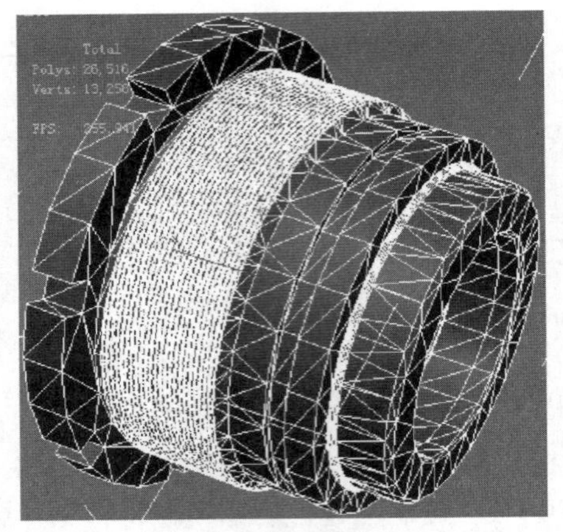

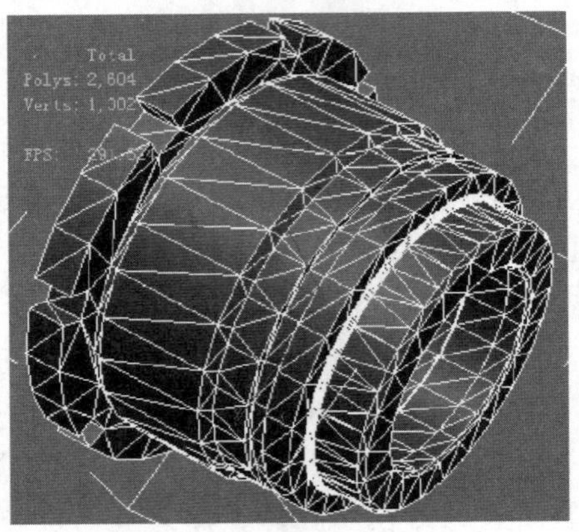

图 3-3　破碎部调高油缸导向套中螺纹对面数影响的对比

给模型赋予一个材质，调整好各自的贴图坐标，然后在 3DSMAX 中通过 Attach（合并）或 Collapse（塌陷）命令将模型合并。

对于面数的优化主要借助于手动优化和软件优化。手动优化主要针对模型转换后出现的一些破面、破线进行修补，还可对其他方面进行一些优化，如：删除模型间的重叠面，删除模型底部看不见的面，删除物体间相交的面。对于软件优化，既可以使用自己编写的 3DSMAX 脚本文件，也可以使用其他一些减面工具，本章使用了软件 Polygon Cruncher。Polygon Cruncher 是一款支持 3DSMAX 的插件，主要功能是在不影响 3D 模型外观的前提下，尽量减少模型的多边形数量。Polygon Cruncher 提供了三种优化方式：直接按百分比优化、合并面优化、合并点优化。直接按百分比优化操作简单，效果明显，经测试优化百分比应在 50%左右为宜，超过 80%模型明显变形，如图 3-4 所示是采煤机破碎部摇臂优化的局部效果图，(a) 为未优化模型，(b) 为 50%优化模型，(c) 为 80%优化模型。

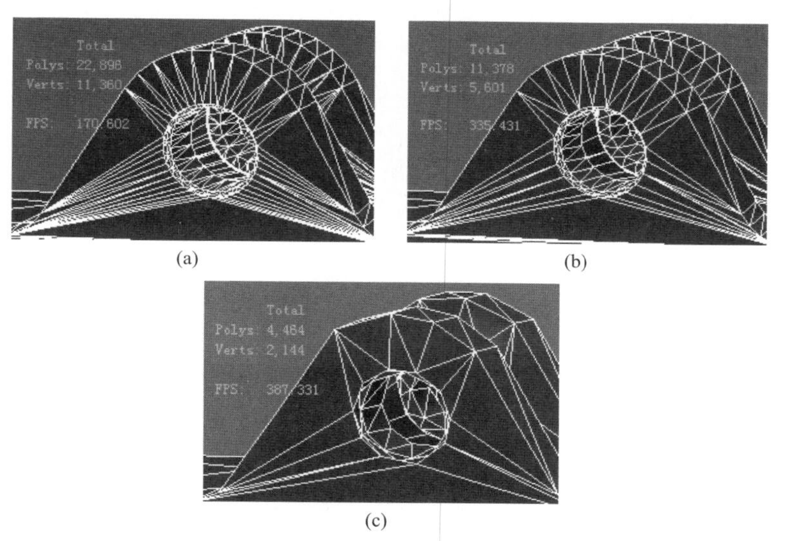

(a) (b)

(c)

图 3-4 破碎部摇臂优化局部效果对比

合并面优化是将夹角小于某值的两平面合并，从而减小模型的复杂程度。该方法对于直接用 3DSMAX 建立的模型效果较好，而 UG 模型转换成 STL 格式时，已自动对面的生成进行了一系列操作，所以效果并不明显。

合并点优化是将距离在一定范围的点进行合并，从而减小模型的复杂程度。由于 3DSMAX 导入 STL 文件时，已经对相邻的顶点进行了焊接，所以使用该方法时效果也不明显，且容易使模型变形，平滑度发生明显变化。

模型优化完成后，其平滑度或多或少会发生变化，若平滑度变化明显，应在 3DSMAX 修改器列表中对其添加平滑修改器。如图 3-5 所示，图中是外牵引零部件在平滑度发生变化时的效果对比图，(a) 是未优化模型，(b) 是优化后模型，(c) 是平滑处理后的模型。

在 UG 中，往往还存在零件缺失或者其他不良情况，这对于虚拟装配是极其不利的。这就需要用到 3DSOURCE 零件库。3DSOURCE 零件库支持所有主流的三维 CAD 平台：Pro/E、UG NX、Catia、Solidworks、Inventor 和 CAXA 实体设计。它的标准件库中包含近 150 万个标准件和常用件 3D 模型，全面覆盖主要的机械行业。

以掘进机虚拟拆装资源库为例，现有的 CAD 模型中一般缺少对相关轴承的表达，大部分都是一些实体圆环等，所以需要知道轴承型号，然后在 3DSOURCE 下载相应的轴承，接着对原有实体圆环进行替换，就完成了轴承

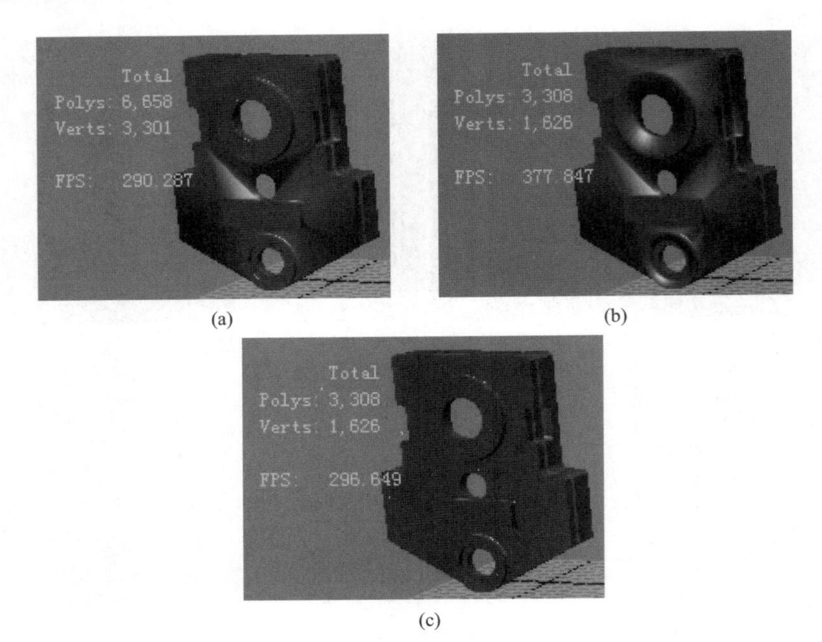

(a) (b) (c)

图 3-5 外牵引零部件平滑度变化

的修补。

还有一些问题就是零件缺失，比如掘进机铲板部的驱动部分的驱动电机，在模型中就没有显示出来，为了使虚拟装配能够真实地表达零部件完整的拆装，在对原电机尺寸型号进行预估后，也在3DSOURCE网站进行下载，并装配好。

在零件修补过程中，轴承、电机、螺钉等一系列零件的下载均来源于此。这样就完成了零件的修补功能，修补效果如图3-6所示。

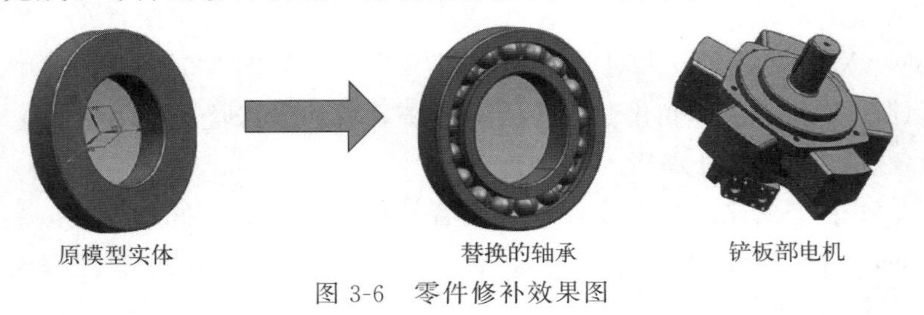

图 3-6 零件修补效果图

3.3 模型转换技术

由于UG、Pro/E等模型无法直接导入虚拟现实环境OSG中，所以必须寻找CAD建模软件导入虚拟现实环境的方法，一般采用中间软件进行格式转换的方法，但是各种软件文件格式类型众多，需要进行一系列的分析和实验。

首先，UG 模型文件格式为 PRT，由于 OSG 具有 3DSMAX 插件 OSGExp，可以利用 OSG 和 IVE 格式导入 OSG 虚拟现实环境，所以采用 3DSMAX 作为中间软件来进行煤机装备模型的转换。

UG 8.0 可以导出的模型格式有：x_t、STL、多边形文件、jt、VRML（WRL）、IGES、STP、DWG 等。

3DSMAX 2010 可以导入的模型格式有：3DS、DWG、IGS、STL、WRL、OBJ、AI、FBX 等。

从 UG 转换到 3DSMAX 可以接受的格式有 IGS、DWG、WRL、STL，由于煤机装备零件众多，并且比较复杂，所以选择一个较为复杂的零件，均以默认参数为转换参数，进行转换实验。

煤机装备零部件数量众多，转换时间成了一个重要的考虑因素，中间格式文件和转换出来的 OSG 模型文件大小也成为影响系统运行流畅性的一个重要因素。最后至关重要的一点就是模型的效果，如果存在失真等问题，势必会影响系统的真实性和整体感官效果。

以掘进机行走部的履带板为例，将其在 UG 中导出以上四种中间格式进入 3DSMAX 中的转换过程及结果对比，如图 3-7 和表 3-3 所示。

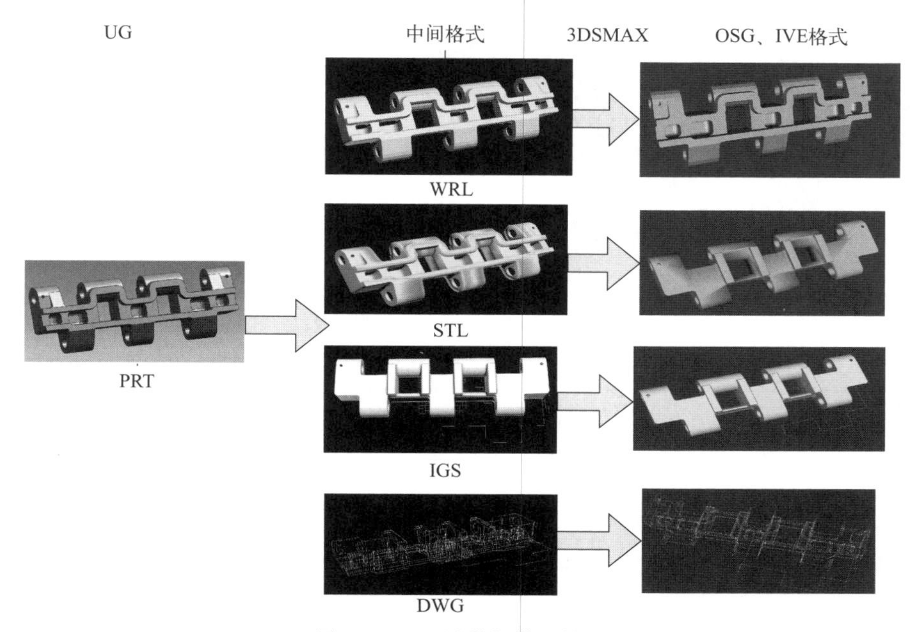

图 3-7　UG 履带板模型转换

表 3-3　UG 转换 3DSMAX 以及 OSG 格式对比

格式	中间格式模型大小	转换时间	OSG、IVE格式大小	特点
WRL	420KB	2.0s	516KB	一个模型被划分为多个可编辑网格，不能导出单个模型
STL	300KB	3.4s	421KB	模型效果好，不支持材质
IGS	1619KB	15.6s	941KB	破面现象严重
DWG	40KB	1.2s	1961KB	线模型，没有面的出现

同样选取采煤机中一个齿轮，将其从 UG 转换到 3DSMAX 可以接受的各种格式的转换过程及结果对比，如图 3-8 和表 3-4 所示。

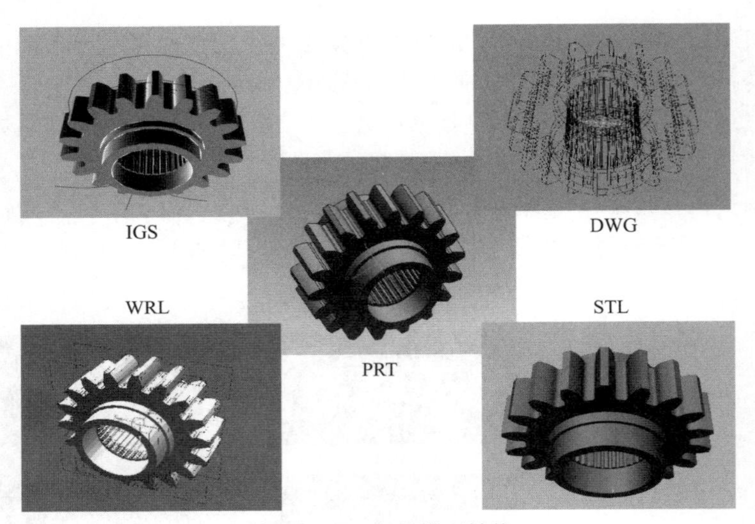

图 3-8　UG 齿轮模型转换

表 3-4　UG 转换 3DSMAX 格式对比

格式	PRT	IGS	DWG	WRL	STL
大小	2001KB	3210KB	103KB	518KB	500KB
时间	0s	25.4s	1.3s	2.1s	6.5s
特点	初始格式实体模型	曲面有破损、缺失	线模型，没有面的出现	曲面不光滑，一个模型被划分为多个可编辑网格	模型效果好，不支持材质

同理，选取刮板输送机的销排进行从 Pro/E 到 3DSMAX 的格式转换实验，得出转换效果图 3-9 和特性对比表 3-5。

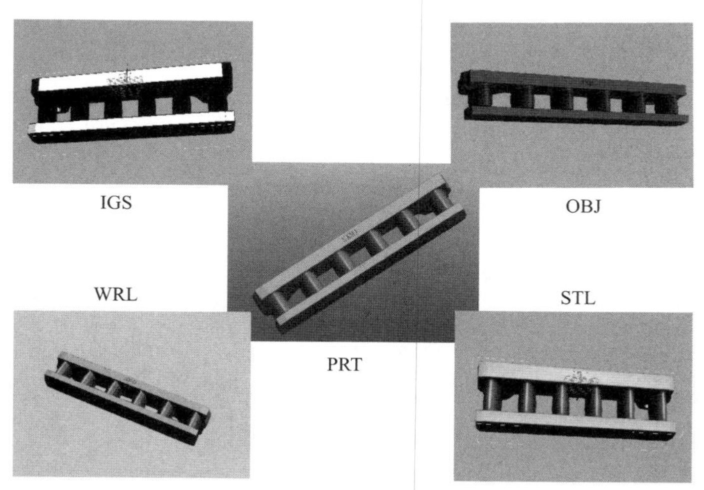

图 3-9　Pro/E 销排模型转换

表 3-5　Pro/E 转换 3DSMAX 格式对比

格式	PRT	IGS	OBJ	WRL	STL
大小	3819KB	5040KB	1507KB	592KB	218KB
时间	0s	36.3s	1.5s	2.6s	1.7s
特点	初始格式，实体模型	曲面有破损、缺失	模型效果较好，操纵困难	曲面不光滑，一个模型被划分为多个可编辑网格	模型效果好，不支持材质

经过以上图片效果的比较以及前文对各种格式的转换特性进行的分析，选择 STL 格式进行转换。

在寻找出模型转换的最优中间格式之后，由于煤机装备模型庞大，如何对转换后的模型完成优化也成为一个关键问题。针对虚拟装配与场景仿真而言，模型的优化可以从模型的数量、大小和渲染效果三方面来进行。模型的数量和大小影响着整个虚拟装配系统的读取、运行和操作，如果模型过多过大，则会导致读取模型进度缓慢、系统运行不稳定、操作产生滞后性，整个系统没有主次之分；虚拟现实的最高境界是虚拟和现实相融合，分不出彼此，良好的渲染效果能够保证系统模型的真实感。具体优化方法有如下三种。

① 模型的合并与分离。通过 STL 进行转换时需要选择导出的模型，选择多个模型一起转换将会使这些模型合并成整体，一般建议每个模型单独转换。对于无装配任务或者本身就是一体的零部件，一般将其整体导出，但若两个零部件表面发生接触或干涉，应将其分别导出，否则极易发生模型面片法线翻转

现象。加之由于煤机装备零部件多且有主有次，主要的是那些反映装配关系的，是比较重要和关键的零部件，这些零部件存在有装配任务，必须单独进行格式转换；而次要的是那些关键零部件的附属零部件，可以将其合并转换，将其合并为一个零部件不仅使装配时间减少，而且在去除了这些附属零部件的装配任务后，能够更加详细和清晰地反映重要和关键零部件装配过程。如图 3-10 所示，转换前为 5 个模型，转换后合并为一个模型。

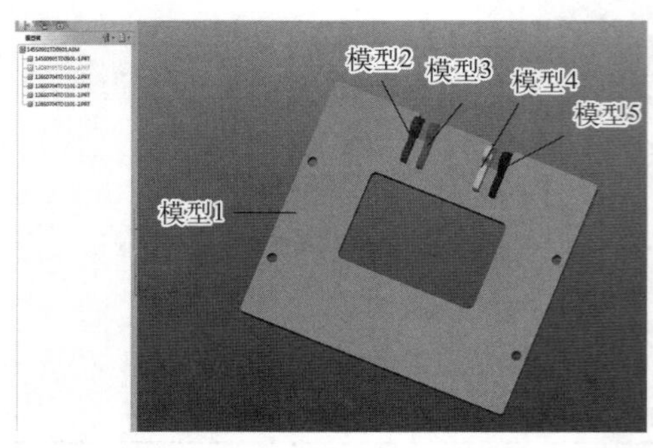

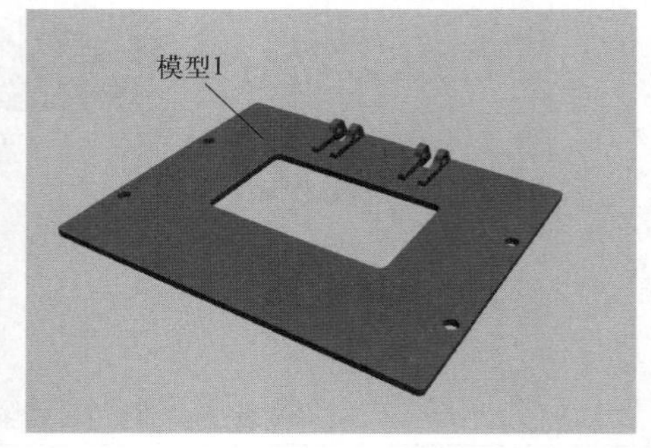

图 3-10　模型合并前后效果

图 3-11 为采煤机外牵引齿轮的导出效果图，左图是整体导出效果，右图是将其分成两个齿轮和一个齿轮轴导出的效果。

图 3-11　外牵引齿轮效果对比

② 转换参数的选取。在选取了 STL 作为中间转换格式后，中间转换参数的选取就变成了关键。合适的转换参数能够使模型获得良好的显示效果，不合适的参数设置会产生不满足系统设计要求的模型效果，具体如图 3-12 所示。

图 3-12 上图为 UG 转换 STL 设置参数精度为 0.01 时的模型效果图，下

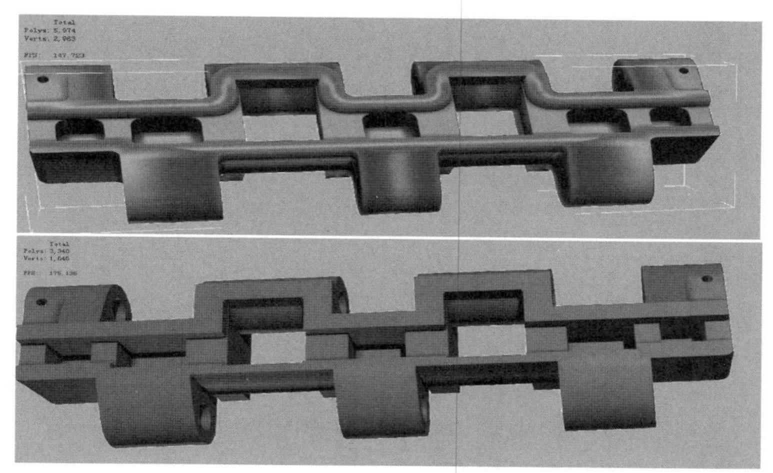

图 3-12 错误参数设置问题 1

图为精度设置为 40 的模型效果图，两张图的左上角均显示模型的面的数量，精度为 0.01 时，面数为 5974，精度设置为 40 时，面数为 3340。所以，精度越小，转换后模型面数越多，模型越精细，对电脑内存和运行造成压力越大；精度越大，转换后模型面数越少，模型越粗糙，经常出现直棱直角的状况，显示效果达不到要求，这就需要寻求两者之间的平衡点。

图 3-13 左图出现了曲面不光滑问题，右图出现了缺失平面的问题，为了避免类似问题，在转换设置时需要特别注意。经过多次测试，得出如下设置较为合适。

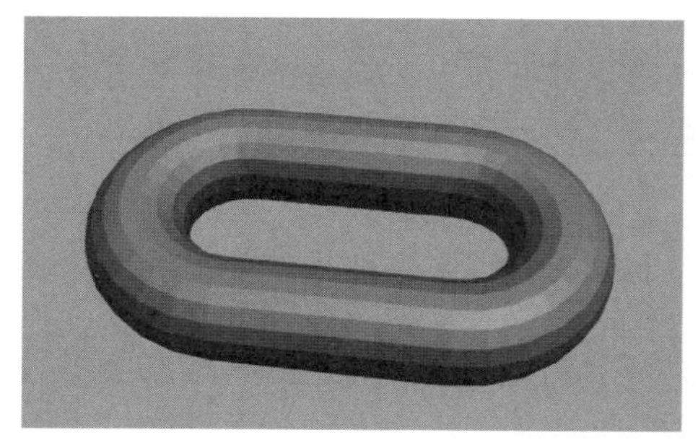

图 3-13 错误参数设置问题 2

a. UG 导出 STL 格式时，精度设置为 0.8。

b. Pro/E 导出 STL 格式时，弦高 0.5，角度 0.5°。

c. STL 格式导入 3DSMAX 中时，使用焊接阈值 0.01，自动平滑角度 30°，取消移除双面和统一法线。

最后，按照煤机装备模型构成图分别将各部分模型通过 OSGExp 插件转换成虚拟现实软件可以识别的 OSG 或 IVE 格式，便于系统后续开发使用。整个模型技术处理的流程如下：

UG、Pro/E→3DSMAX→VR

PRT→STL→OSG、IVE

3.4 模型导入

CAD 模型导出为 STL 格式，此格式无法被 Unity 虚拟软件识别，通过查阅资料，选择通过 3DSMAX 软件转换为中间格式 FBX，导出文件到项目工程资源文件夹，Unity 会立即刷新该资源，并将变化应用于整个项目。特别地，3DSMAX 默认导出的 FBX 文件导入进 Unity 中的默认缩放因子为 0.01。为了最大程度地简化导入过程，将 3DSMAX 系统单位以及显示单位设置为 cm。格式转换过程如图 3-14 所示。

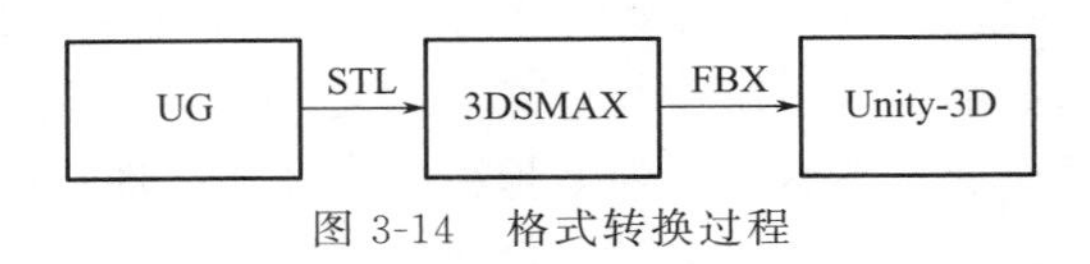

图 3-14 格式转换过程

此外，在转换过程中，要保证三维模型的相对位置不变，并且保证具有相对运动关系的零部件在虚拟软件中仍能正常运动。CAD 转换中间格式，其位置信息会保留，CAD 模型分模块导出可以保证其相对运动关系，具有相对运动的部件不能一起导出，而作为一个整体运动的零部件则一起选中导出。例如滚筒及其上的截齿，作为一个整体绕着滚筒销轴旋转，所以将滚筒及其上截齿一起选中作为整体导出；而滚筒与摇臂运动不同，二者分开导出。

3.5 位置布置

目前，虚拟场景中已存在综采工作面“三机”实例物体，需要按照实际生产情况安放位置。Unity 可以根据自身需要选择坐标系，选择在世界坐标系中安放“三机”，每个实例物体的 Inspector 视图中 Transform 组件包含位置坐标、旋转、缩放等信息，方便物体的安放。

先摆放支架的位置。拖拽一个支架，重复复制预设体，支架沿其 Y 坐标轴连续摆放，两两之间间隔一个支架的宽度，所有支架的 X、Z 坐标一致，只需在 Inspector 视图中改变 Y 坐标。支架安放完毕。

中部槽的安放类似支架，但与支架的连接点需紧密配合，可以参照支架的坐标点安放。为更准确装配二者的连接点，渲染模式暂时切换至网格线框显示模式，可以清晰透视到里面，单击 Scene Gizmo 箭头转换场景视角观察连接的准确性。

采煤机滑靴合理安放在输送机溜槽铲煤板上，且机身与刮板输送机平行即可。搭建的综采工作面“三机”场景如图 3-15。

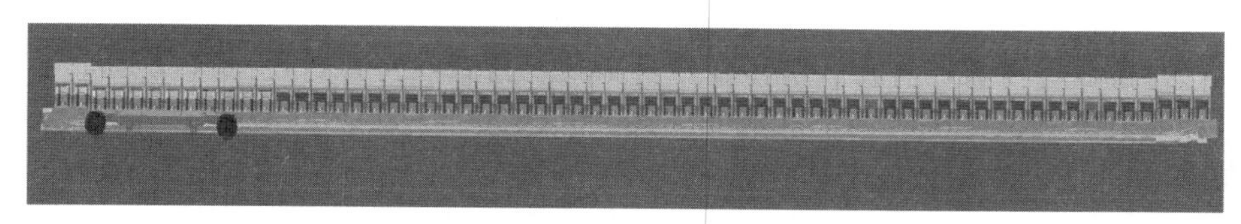

图 3-15　综采工作面“三机”场景

3.6 场景渲染技术

3.6.1 模型的渲染

模型的渲染有材质与贴图两种。贴图需要引入外部图片，会增大模型所占内存，而材质能够将模型设置成为真实材料所具有的感官感受，符合虚拟现实系统希望能够获得的真实效果，因而经过材质渲染后的模型效果较之前更加逼真。在 3DSMAX 中，对其赋予金属材质，参数设置如下。

环境光亮度：170；漫反射亮度：150；高光级别：50；光泽度：50；自发光颜色：黑色；不透明度：100。前后效果对比如图 3-16 所示。

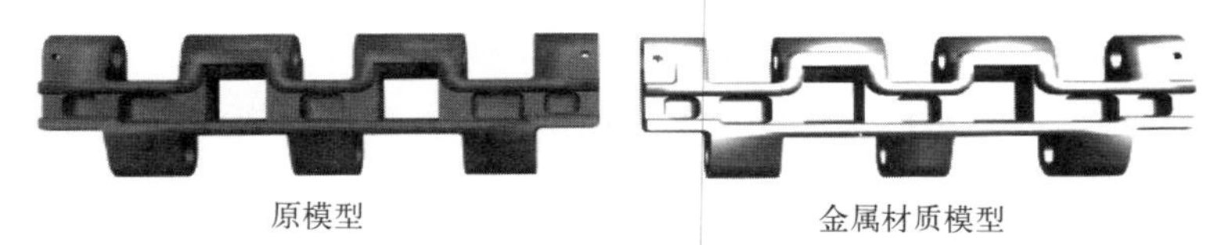

图 3-16　模型渲染前后效果

3.6.2 场景渲染

综采工作面场景构建与渲染系统主要由三大部分构成：

① 全景造型平台的建立。首先利用多种建模软件，完成矿工人物、煤机设备、矿山地形、模拟巷道等部分，然后完成井下设备的布置，遵循常规巷道布置规则，加入应有的常规设备，如矿灯、水管等，全面地呈现井下综采工作

的视觉仿真模型，最终导入 Unity-3D 为下一步工作做准备。

② 利用 Unity-3D 自带的粒子渲染系统，分别制作冒顶事故、透水事故、瓦斯煤尘爆炸事故的仿真模拟粒子效果，然后通过 Photoshop 制作井下设备故障提示效果，并完成井下大环境渲染，加入音效使系统更加接近真实效果。

③ 利用 Unity-3D 自带的 NGUI 系统，与交互设计软件配合，以交互理论为指导，建立便于用户使用的 UI 系统，并加入矿工漫游功能，建立设备介绍、设备运行系统。

完成这三部分的工作，综采工作面场景构建与渲染系统基本实现。

如果想在操作系统中较好地展现实际场景，就必须研究如何渲染出更加逼真的效果，更直接地把效果体现在使用者面前。在操作系统中利用 Shuriken 粒子系统添加水、火、烟、雾、爆炸、掉落石块煤渣等效果。系统设计者通过粒子的不同制作属性数据将制作出的不同个性化的粒子，配合粒子曲线编辑创造出想要的粒子效果。

粒子系统的根本原理是将 2D 图片渲染成 3D 空间动画，用于一些效果，类似于火、水、飞雪或是烟雾。Unity 的粒子系统由三个部分组成：粒子渲染器（Particle Renderer）、粒子动画器（Particle Animator）、粒子发射器（Particle Emitter）。原理可以理解为设计者如果需要一束动态粒子制作某个效果，可以先创建一个粒子发射器和粒子渲染器，粒子发射器可以在不同的方向发射移动粒子，粒子渲染器可以在粒子运动过程中改变粒子的颜色，最终完成粒子动画。

3.6.3 粒子制作理论

环境粒子系统设置完成后需要添加后期屏幕渲染特效（Image Effects），该设置主要应用于 Unity-3D 系统中的摄像机对象上，利用 OnRenderimage（透视）函数，后期特效可以理解为：在系统摄像机收集场景完毕之后，在摄像机与屏幕效果之间，添加一段代码，用来修改特效效果，使屏幕画面更具艺术性与美观性。在制作粒子之前需要熟悉场景需要的粒子状态，并透过粒子制作机将粒子的大小、速度、颜色变化、重复时间、消失时间等确认清楚。在制作粒子的时候需要注意的关键几点如下。

① 选择材质：在置入某个粒子渲染器之后，根据系统中设计者想要得到的不同的粒子效果，需要选择适当的材质进行渲染，如可双面渲染的材质比较高级，需要在材质内部置入一个粒子着色器，也就是一段脚本达到效果。

② 扭曲粒子：在粒子制作时，某些粒子不需要在匀速运动下进行直线飞行，需要进行曲线渐变色变速飞行。匀速飞行适用于烟雾、爆炸、水流等规律

粒子，而扭曲粒子则适用于闪电、流星、光束等。

③ 动画纹理：当制作具有循环生命周期的粒子时，如果想要的是飞起的旋转碎块等类似的粒子时，设计者可以在设置粒子各项参数的同时加入一个动画纹理效果给发射出的粒子。系统可以将粒子与动画纹理一同渲染达到所要的效果。

3.6.4 粒子系统设置

椭球粒子发射器是粒子系统中最基础的粒子发射器，如图 3-17 所示。在添加到场景后，设计者需要调节各项属性并定义粒子发射的边界，定义粒子的初始发射速度。在第一个属性设置完毕之后，还需要使用粒子动画器（Parti-

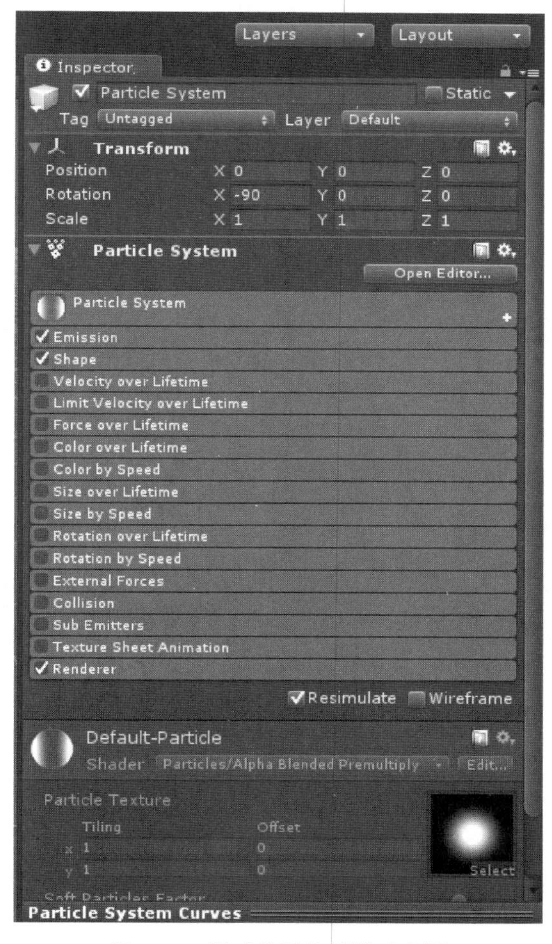

图 3-17　椭球粒子发射器示意图

cle Animator）设置粒子的其他属性，来得到一个完整的粒子效果。这里论述几种最基本的粒子属性。

尺寸（Size）：一个已设置完成的黄色发光匀速运动粒子，如果尺寸为1则可以模拟萤火虫的效果，如果尺寸为10则可以模拟流星的效果。

能量（Energy）：可以控制粒子在屏幕中存在时间与消失时间，进而控制粒子的喷射长度。

释放（Emission）：该属性可以控制一个粒子发射器一次可以生成多少颗粒子。

速度（Velocity）：该属性可以控制粒子的匀速或者变速运动，可以在粒子上再添加脚本改变速度的值，模拟不同的粒子效果。

发射（Emit）属性与自动销毁（AutoDestruct）属性：两者经常相结合使用。在脚本设置之外，也可以通过设置二者的相互配合，完成粒子延迟发射以及限时自动销毁等功能。

曲线编辑器的曲线表示初始模块的Start Size参数的变化，曲线反映了粒子大小的变化规律，曲线编辑器下方提供多种曲线样式，选择曲线样式便可以将其加载到坐标轴上，双击曲线上任意一点可以增加控制点，从而对曲线进行更复杂的调整，如图3-18所示。

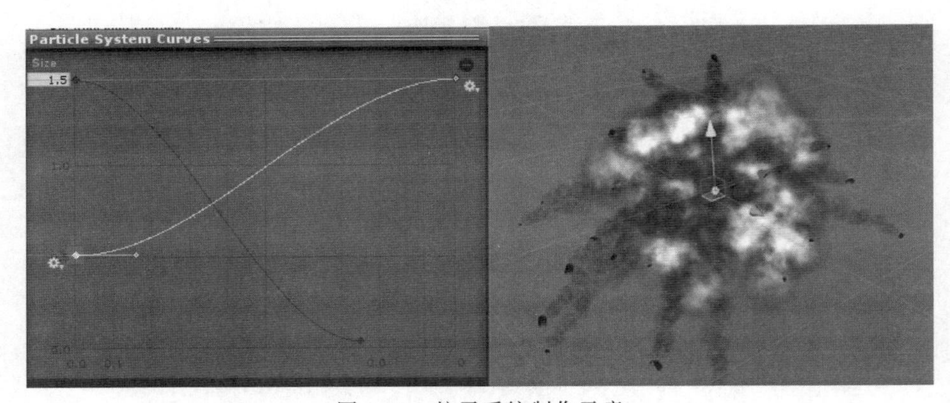

图3-18 粒子系统制作示意

3.6.5 后期屏幕渲染特效

图像特效（Image Effects）从原理上解释即为一段作用在主摄像机（Camera）上的脚本，这段脚本可以通过自带算法，将摄像机收集到的影像进行特殊处理。可以为系统画面带来更具艺术性与个性更丰富的视觉效果。在系统中，有许多种屏幕特效技术，大部分特效支持混合使用，设计者可以通过对不同屏幕特效的混合利用，创造出许多更完美的屏幕画面。多种特效的功能原理是一致的，都是主摄像机上的一段程序。所有的屏幕特效脚本都编写在 OnRenderImage 脚本中，可以附加在任何摄像机对象上。Image Effects 脚本也可以通过编辑其代码来修改其屏幕特效。比较常用的特效有以下几种。

① 全屏抗锯齿（Antialiasing Fullscreen）：抗锯齿特效可以理解为，当主摄像机收集的图像显示在屏幕上时，渲染出的多边形在图形边缘地带通常会有锯齿，抗锯齿特效可以平滑其中的锯齿。但此算法由于计算量大，会拖慢平台的计算速度。

② 泛光特效（Bloom）：泛光特效可以理解为辉光和眩光效应的增强版。泛光效果可以自动添加一个高效率的镜头眩光，同时增加光晕是一个非常独特的效果。在高动态照明渲染（DR 渲染）的情况下，可能会给场景添加一种奇妙的感觉，适当地调整可以使图片增强真实感。例如，当光线的对比度非常不同时，明亮的部分看起来会发光，类似于摄影的效果。

3.6.6 天空盒系统

天空盒是一种特殊的着色器，也可以理解为是一种特殊类型的材质球，这种特殊的材质可以包裹一个整体场景，并根据材质在指定的纹理模拟出远景近景的效果，例如人类视觉中的近大远小、天空中的实时渲染。这种技术可以绘制出一个远处的物体，如远处的山峰、天空等，随着观察者移动距离变化，物体的大小几乎没有变化。

天空盒的原理是将一个立方体展开，如图 3-19 所示，然后粘贴相应的地图，在 6 个表面上进行实际渲染，将立方体始终包裹在相机周围，让相机位于立方体的中心，然后根据视线与立方体的交点坐标来确定是否需要从此平面纹理采样。具体的映射方法是：将视线与立方体的交点设置为$(x,y,z)(x,y,z)$，在 x、y、z 中取绝对值最大的分量，根据其符号确定在哪个面上采样。

最后让其他两个分量除以最大分量的绝对值，使其他两个分量映射到$[0,1][0,1]$，然后直接对相应的纹理进行纹理映射，这种方法称为立方体映射，它是天空盒方法的核心，这样就省去了制作立方体贴图（Cube Map）的步骤。这样就可以直接在 Direct3D 中使用 TextureCube，无需创建多维数据集映射。由于主摄像机位于物体内部，消隐的设置尤为重要。由于模型本身没有变化，其法线始终朝向外部，所以这时视线与法线的角度变为锐角，如果使用反向消隐，整个模型都会消失。所以当绘制天空盒时，可以取消消隐，或者将消隐设置成正面消隐。

图 3-19 天空盒原理示意图

3.6.7 光照模拟与遮挡剔除

在图形仿真和光照特效方面不再局限于烘焙好的光照贴图，而是融入实时全局光照技术（Enlighten）。Enlighten 通过 GI 算法（这种算法是基于光传输的物理特性的一种模拟），为实现和移动系统中的完全动态光照效果提供了一套很好的解决方案，可以减少计算机主屏的损耗，使系统场景看起来更真实、丰富、有立体感。Enlighten 在系统中提供实时的 GI 的同时，也为用户提供了所有的照明过程，当用户想在场景中看到更高质量的细节时，它提供了一个不需要用户干预、更快的迭代模型。场景将被预先计算，烘焙的效果将在 Unity 编辑器中自动检测场景中的变化，并执行修复灯光所需的步骤。在大多数情况下，迭代的灯光是在瞬间完成的。光照设置如图 3-20 所示。

系统使用全局照明系统的同时，还可以考虑使用提高计算机硬件利用效率的遮挡剔除（Occlusion Culling）技术。其原理为当一个物体被其他物体遮挡时，相对于当前摄像机是看不见的，可以对此物体取消渲染操作。在 Unity 渲染引擎中的渲染不是同时进行的，一般情况下，远离摄像机的对象会先被渲染，离摄像机近的后被渲染，之后覆盖上一个渲染物体（称为重复渲染或渲染透支）。遮挡剔除不是视锥体剔除，视锥体剔除只是不渲染摄像机视锥体范围外的对象，对象如果被其他物体遮挡，但仍在视锥体范围内，将不会被剔除。

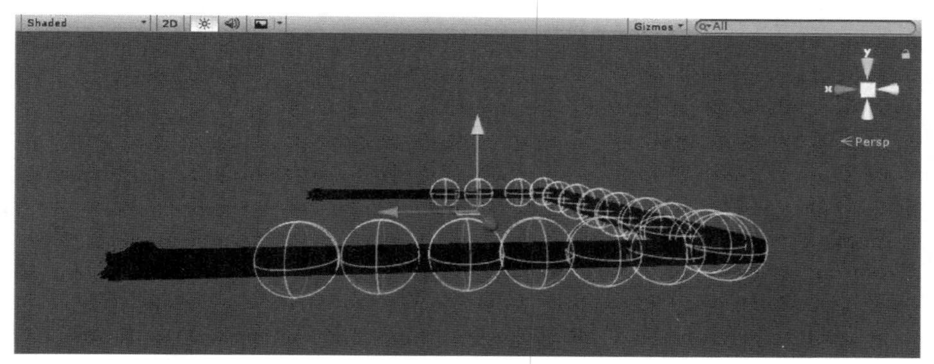

图 3-20　全局光照效果图

使用遮挡剔除（Occlusion Culling）技术，在渲染系统中某些因遮挡而看不到的隐藏面或隐藏对象在发送到渲染管线之前被剔除，可以减少每帧画面的渲染数据量，提高了渲染性能。在遮挡密集的场景中，可以提高计算机主频利用率，性能改善会更加明显。

3.7　场景构建方法与技术对比分析

虚拟现实环境下建立综采工作面的虚拟场景，需要利用不同的建模软件对环境、设备、人物等进行几何建模与物理建模，然后完成贴图与渲染工作，再进一步利用 Unity-3D 引擎建立系统中各部分的动态关系，最后为系统建立人机交互模块。

在系统开发的软件选择中，整体系统的开发引擎选择最为关键。目前国际上较常用的移动系统开发引擎主要有 Unity-3D、Unreal Engine、Cocos 2d-x、Corona SDK 等。

① Unity-3D：此平台手游市场占有率高，适用群体广泛。Unity-3D 是 Unity 技术公司开发的多平台集成系统开发工具，可以很容易地创建交互式内容，如 3D 视频系统、建筑可视化、实时 3D 动画和其他类型的交互式内容。它是一个非常综合全面的系统引擎解决方案，适用于专业的系统开发，同时对 VR/AR 开发提供了非常好的支持。

② Unreal Engine：Unreal 系统画面效果出色，虚幻系列引擎的复杂性和学习难度高，但其优异的性能也是必须承认的，适用于高质量、高水平的系统开发。

③ Cocos 2d-x：系统具有良好的二维系统性能，可以进行快速、简单的开

发。国内移动系统开发者常常采用 Cocos 2d-x 作为 2D 系统的引擎方案。Cocos 2d-x 在一次开发后，使用相同的代码导出多个平台的应用，支持苹果、安卓、WP 等系统，这让多平台的系统开发变得很快速，这也是它一个很大的优势。

④ Corona SDK：支持多平台开发，入门难度低。Corona SDK 使用的语言是 Lua，这是一种灵活而且在系统行业应用很广泛的脚本语言，从语言方面来说，比较容易学习。此系统也是很好的跨平台移动系统引擎之一，支持苹果、安卓等系统，也支持 Windows、MacOS 平台应用程序开发。

Unity-3D 操作简单，可以满足可视化运行要求，同时可以在 PC 端与 Web 端脱离平台使用，尽可能降低研发成本，具有良好的用户体验，也具有先进的三维虚拟现实开发技术与三维成像技术。因此被广泛使用。

第4章 VR装配设计技术

4.1 虚拟装配技术概述与功能规划

4.1.1 虚拟装配的定义

虚拟装配是虚拟现实技术在众多方向中的一个典型应用，也是虚拟制造的关键构成，它是将真实的装配预先信息化，能够达到在现实环境中所不能达到的预期效果。

令人赞叹的虚拟装配首先是要构建和真实场景完全相同的虚拟环境，并竭尽全力地搭建在现实生活中可能遇到的各种不同情况，当使用者进入实验室后，就仿佛置身于另外一个世界；其次，搭建的系统所要实现的功能要尽量符合实际情况，如在装配时的障碍碰撞、物理实体之间的关系约束以及最合适的装配方案等，从而使整个装配过程更加接近实际的现场装配；此外，还能够对产品使用者以及相关咨询人员开展培训等。在虚拟装配操作结束后，系统能够记录之前装配过程的所有信息，并产生评审报告、视频录像等供随后的分析使用。

虚拟装配技术自问世以来，至今学术界对其没有一个确定统一的定义，不同的研究者从不同的角度分别对该技术给予解释。被世人所熟知的定义按照广义狭义和功能来区分，如图 4-1。

4.1.2 虚拟装配的特征

随着信息化技术的不断深入以及劳动力成本的增加，制造业中越来越多地采用计算机来代替原始的人工操作，产品设计装配也不例外。与传统的操作相比较，虚拟装配技术的独有特征体现在如下几方面：

① 沉浸性。高度的沉浸感可以使用户难以区分真实环境和虚拟环境，当使用者处在虚拟环境里时，各类感知与在现实环境中类似，操作者可以在虚拟环境中执行和在现实环境中一样的装配操作，并获得同样的反馈。

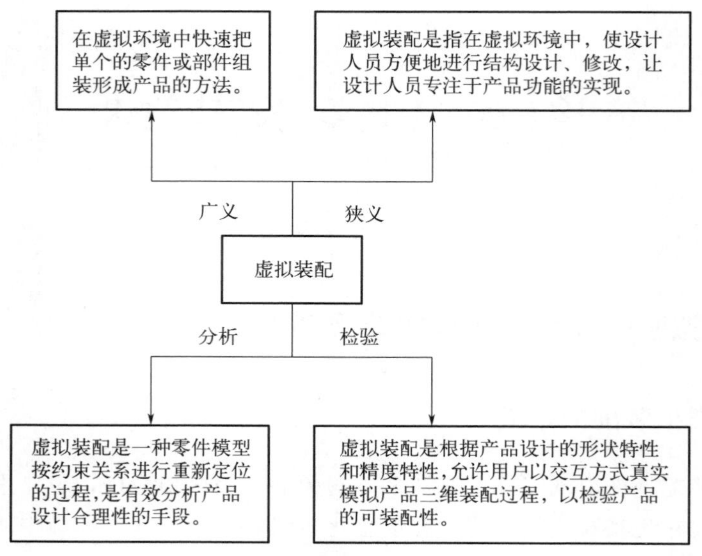

图 4-1　虚拟装配定义

② 交互性。使用者和虚拟环境中的模型能进行一定程度的交互活动，不再局限于传统的鼠标和键盘，而是能够通过更加先进的交互设备来操作并从中得到一定的反馈。

③ 构想性。虚拟现实并不是真实存在的，它只是根据现实情况进行假想创建的，因此，它有着比现实世界更为随意的构想性，不仅能够再现真实的场景，还可以构想真实世界所不存在的、实现现实世界所不能实现的。

④ 多感知性。人类具有视觉、听觉、触觉、味觉、嗅觉等感知，传统的计算机只具有视觉的效果，而虚拟装配技术能够实现人类所拥有的更多感知，更加具有真实性。

⑤ 高度集成化。传统的煤机装备研制流程需要不同的专业人员和专业工具来进行操作。如在设计起始时段，设计人员利用相关的 CAD 软件进行设计；而到产品性能分析时，又必须利用 ANSYS 等软件来分析产品；在装配时，需要装配工对生产出的产品进行装配实验并发现其中的不足再进行反馈，整个过程较为分散。而虚拟装配能够将众多流程融于一个系统中进行，减少了中间过程中不必要的物理转移，提高了生产集成化。

⑥ 多功能性。虚拟装配除了具有装配的传统功能，还可以辅助产品的设计、分析，生成工艺文件。此外，还能够进行产品的培训以及教学等工作，具有较高的性价比。

4.1.3　虚拟装配的分类

虚拟装配按照其所能够实现的基本目标大致划分为四种：

① 桌面式虚拟装配系统。这是最初始的系统，利用常规台式计算机来实现，成本低、开发易、功能少，适用于研发的最初阶段。

② 沉浸式虚拟装配系统。应用大屏幕和工作站来实现的系统，使用户在系统中有置身于实际的感受，沉浸效果较好，但硬件成本偏高。

③ 分布式虚拟装配系统。基于互联网，将不同地点的计算机相连，共用一个虚拟装配系统，有效地共享现成资源。

④ 增强现实式虚拟装配系统。将真实环境和虚拟环境相结合，可对两个环境中的物体同时进行操作。

如表 4-1 所示对以上四类虚拟装配系统进行系统成本、开发难度、功能种类以及应用特点比较。

表 4-1　虚拟装配系统比较

系统分类	系统成本	开发难度	功能种类	应用特点
桌面式	较低	较低	较少	范围广
沉浸式	较高	中等	中等	高度沉浸感
分布式	较高	较高	较多	资源共享、异地操作
增强现实式	中等	较高	较多	虚拟与现实相结合

4.1.4　虚拟装配的构成

一般来说，一个完整的虚拟装配由四部分组成，具体构成如图 4-2 所示。

人：人是虚拟装配中的主体部分，也是整个构成的核心部分。

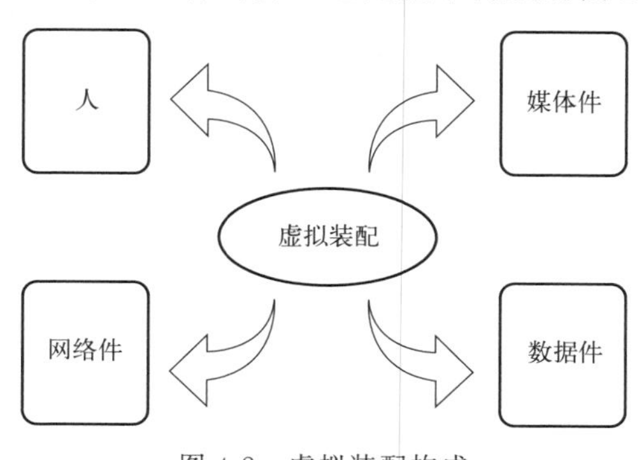

图 4-2　虚拟装配构成

媒体件：各类感知的载体，从中获得视觉、触觉、听觉带来的信息并接受人给予其的反馈。

数据件：虚拟装配所要处理的对象，即全部装配的3D模型。

网络件：虚拟装配的软硬件支持以及信息通信等基础设施。

4.1.5 功能规划

面向煤机装备的虚拟现实装配系统是以采煤机、刮板输送机、掘进机以及提升机为研究对象，进行全方位的虚拟装配与工作场景仿真操作的一个高集成仿真系统。分为五个子系统，其中每个子系统包括的功能如图4-3所示。

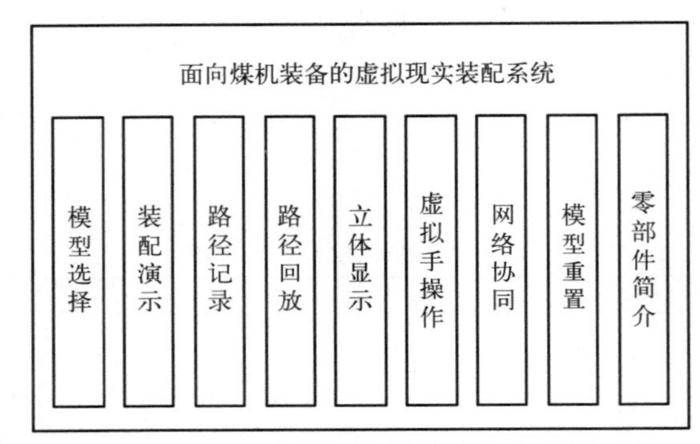

图4-3 面向煤机装备的功能实现图

(1) 基于OSG的虚拟装配子系统

① 模型选择、移动、旋转和缩放功能：使用户对装配零部件进行各种操作，以达到系统要求；实现在用鼠标选中模型的时候，在模型上会出现笛卡儿坐标系，并同时高亮显示该零部件，如图4-4。

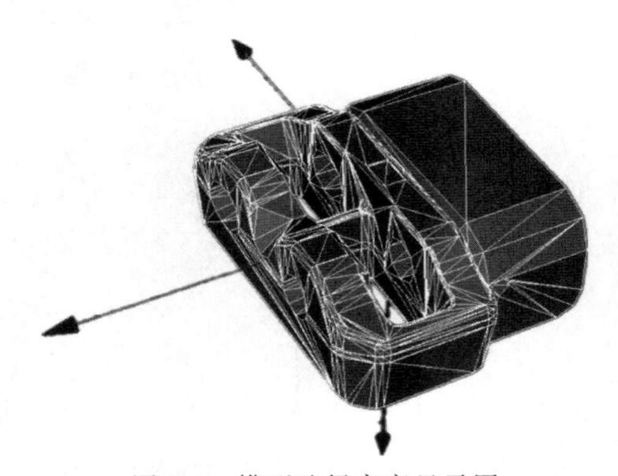

图4-4 模型选择高亮显示图

② 路径记录与回放功能：提供对装配路径的记录和回放等操作，用户通过该方法对装配序列与装配轨迹进行分析评价；开启该功能之后能够记录用户自己的一系列操作过程，并将其以txt文件格式保存在指定的文件夹下。能够对最近一次有路径记录的文件进行读取并完整地回放演示。

③ 模型重置：用户完成操作，未达到满意状态，恢复到初始状态重新进

行操作；用户对模型进行操作时，无论该模型处在何种状态，模型重置功能均能将其重置到初始分散状态。

④ 自动定位约束：用户操纵模型到当前位置，系统会提示用户当前位置与正确的装配位置的 X、Y、Z 三个方向的距离，辅助用户进行正确装配。

⑤ 网络协同装配：实现异地多人协同装配，对装配结果实时共享，供每一个操作者提出装配意见；协同装配是指在各自的系统下，利用局域网，完成多个用户共同操作，同步达到先前设好的装配效果。

⑥ 自动拆装演示：将规划好的装配路径进行自动播放，使用户了解煤机装备的基本结构、装配规划；能够自动播放煤机装备的不同零部件正确装配时的装配动画，为用户展示出合适的装配路径和最佳装配方案。

⑦ 零部件介绍：对当前用户操作的零部件进行系统的介绍，便于用户深刻理解。在每选择一个零部件进行虚拟装配的同时，在其右侧显示该处零部件的简介以及相关装配注意事项，如图 4-5。

图 4-5 零部件介绍图

（2）基于 UG 的虚拟装配子系统

煤机装备虚拟装配系统的开发环境以及开发工具为 UG，该虚拟装配系统需要能够将产品设备装配模型中的装配信息数据进行读取、集成，例如装配体中所有零部件的装配关系、配合的几何元素、装配的对象等装配信息数据。这样就可以构成整个虚拟装配系统的数据模型。

利用上述装配信息数据模型，来实现本书开发的煤机装备虚拟装配系统的主要功能：

① 煤机装备 CAD 模型的重构转换处理，构建虚拟装配数据模型。

② 自动装配功能。

③ 装配序列和装配路径规划。

④ 装配过程动态仿真。

（3）场景仿真与漫游子系统

① 典型煤机装备生产过程仿真：使用户充分了解和体会煤机装备在井下实际生产中的运行工况及状态。

② 粒子仿真：使用户感受煤炭粒子在生产过程中的各种变化过程。

③ 场景漫游：使用户通过各种按键，在虚拟场景中改变位置和视角，更深刻地感受煤炭生产过程。

图 4-6　模型立体显示图

④ 立体显示：通过佩戴三维立体眼镜实现虚拟场景的 3D 显示，更加趋近于真实场景。开启该模式，使用三维立体眼镜，整个展示界面和模型能够呈现出立体状态，如图 4-6 所示。

⑤ 虚拟手人机交互模块：使用户在虚拟环境中佩戴数据手套和位置跟踪器操作虚拟零部件完成装配，具有沉浸性和交互性。

⑥ 力反馈人机交互模块：使用户在虚拟环境中使用力反馈器来操作虚拟零部件完成装配，更深刻地理解煤机装备的内部结构。

（4）网络化系统

① 企业内网虚拟装配与场景仿真过程展示：通过企业内网完成面向煤机装备的虚拟现实装配与场景仿真服务，在浏览器中打开，用鼠标可以进行各个视角的展示。

② 公共服务虚拟装配与场景仿真过程展示：通过互联网完成面向煤机装备的虚拟现实装配与场景仿真公共服务，在浏览器中打开，观看已经录制好的三个视角的拆装与场景视频。

该虚拟装配与仿真系统解决方案，可以对煤机装备的设计和装配起到一定的支持作用，使相关人员及时了解煤机装备的详细构造，加快研发速度，寻求煤机装备的最优装配途径和装配计划，提高实际效率；而且可以清晰地了解煤炭生产过程中设备的整体及局部运行状态，为产品的设计提供直接而形象的现场感。

（5）基于 WebGL 的数字模型系统

① 将 WebGL 技术应用于此平台的设计，使得用户在无需为浏览器安装任何插件的前提下即可浏览采煤机、带式输送机、刮板输送机、掘进机等煤机装备的 3D 数字模型以及其详细的内部结构，同时可以与其进行实时的交互。

② 建设煤机装备数字模型集成平台。具体内容应包含但不限于以下装备

和功能：采煤机、带式输送机、刮板输送机、掘进机、矿井提升机、液压支架等煤矿机械装备的 3D 数字模型展示、结构展示、功能动画展示和装配过程展示等。

4.2 装配序列与路径规划技术

煤机装备的装配工艺规划包括装配序列规划和装配路径规划。装配序列规划主要研究产品的装配顺序及其几何可行性，找到满足几何、工艺条件的装配顺序，并逐步将产品装配起来。装配路径规划主要研究产品装配时的路径问题，要求每个零件按照某一装配轨迹运动到目标位置，避免和其他零件发生干涉，且装配路径应尽量缩短。本节仍然以采煤机为例对煤机装备装配序列和路径规划方法进行说明。

本节采用两种方法对采煤机进行装配规划研究：一种是通过对零部件进行正常装配，研究其装配规划问题；另一种是通过其逆过程拆卸对装配规划进行研究。采煤机的虚拟装配过程和拆卸过程为互逆过程，其装配序列规划问题实际上就是拆卸顺序规划问题。虚拟拆卸法装配规划主要是按顺序选择零部件及其拆卸方向，计算机将选择的零部件沿拆卸方向按给定步长做细化处理，并逐步进行空间位置变换，依次将各零部件拆卸出来。装配体拆装顺序如图 4-7 所示。

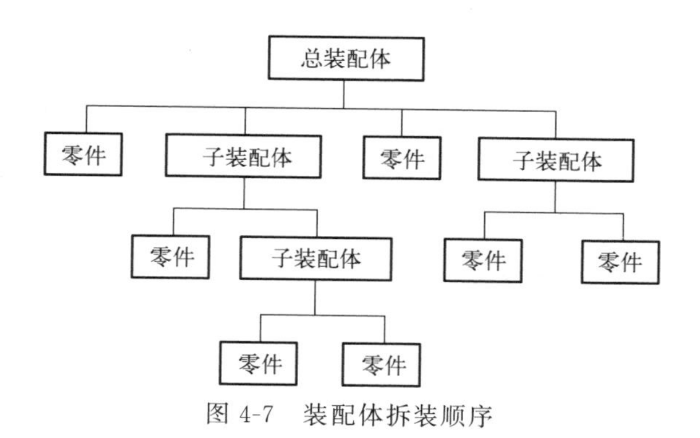

图 4-7　装配体拆装顺序

针对采煤机，实验人员按照装配经验、知识和惯例对采煤机模型进行虚拟装配（或拆卸），系统记录产品的装配序列（拆卸序列）和装配过程（拆卸过程）信息，得到（或求逆得到）零部件的装配顺序（拆卸顺序）和装配路径（拆卸路径）等信息，以进行采煤机装配工艺规划研究。以采煤机各部件为例进行介绍，通过开发一个虚拟装配系统来对采煤机各装配模块进行深入的装配规划研究，但在开发该系统时就需对采煤机装配序列等内容先进行一定的初步研究，以便于在开发系统时合理地选择研究方法并正确地进行虚拟场景的布置。

4.2.1 破碎部装配序列

破碎装置是采煤机的有机组成部分，安装在牵引部前端，负责破碎落下的大煤块，解决大煤块堵塞采煤机机身导致机身下部过煤困难问题，从而使整个采煤工序得以顺利进行。破碎部按功能一般可分为三部分：调高部分、减速部分和破碎部分。参考该分类并结合实际装配要求，本章将破碎部装配模块分为调高油缸（调高部分）、齿轮部分（减速部分）和对整个采煤机破碎装置的拆装。

对破碎部调高油缸进行装配序列初步研究，并在虚拟场景中对其进行布局，如图 4-8 所示。左图反映了调高油缸的场景布置、装配序列，右图是调高油缸装配完成的效果图，对其进行对比分析，验证了该研究方法的可行性。通过该方法得到破碎部调高油缸的一种装配序列，并在装配时避免了装配物体的互相阻挡和装配路径的复杂化，进一步的装配规划研究需要通过系统提供的一些功能深入地进行分析，最终对初步的装配规划进行修正、补充。破碎部调高油缸一般是按标号顺序，由活塞连杆 0 到缸座体 6 逐步进行装配。

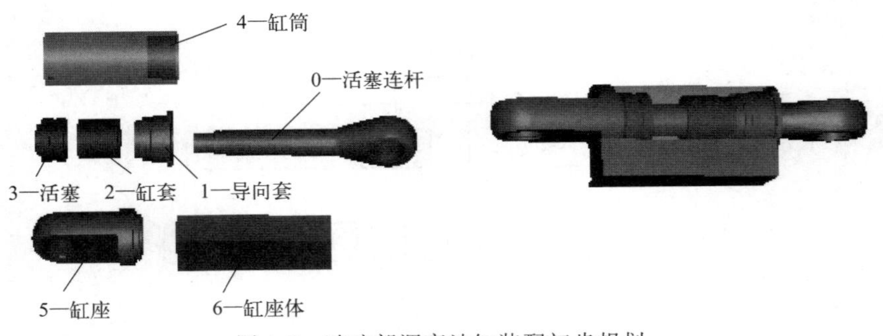

图 4-8　破碎部调高油缸装配初步规划

对破碎部齿轮部分进行装配序列初步研究，并在虚拟场景中对其进行布局，如图 4-9 所示。该部分主要由一行星减速装置组成，其装配时也应按一般行星减速装置装配方法进行装配。

对破碎部整体进行装配序列初步研究，并在虚拟场景中对其进行布局，如图 4-10 所示。该部分主要由调高油缸、破碎摇臂、破碎护板、齿轮部分、破碎滚筒等组成，在实际装配时，有多种装配序列可选，但其中应保证破碎滚筒、齿轮部分与破碎护板的先后装配顺序，否则不能成功装配。

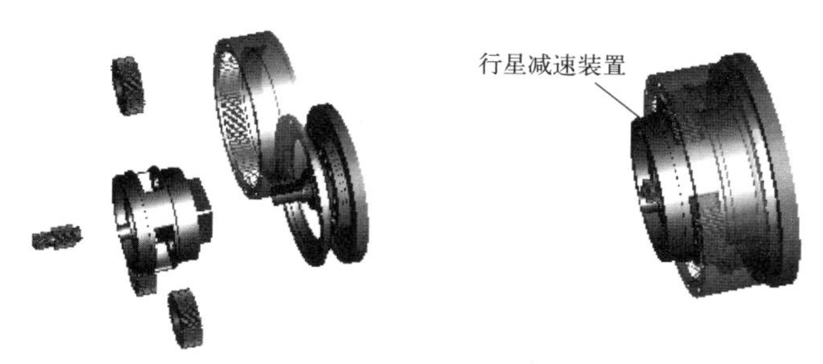

图 4-9　破碎部齿轮部分装配初步规划

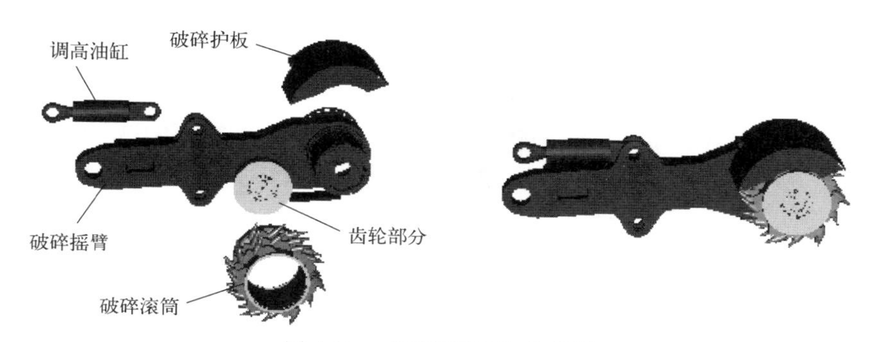

图 4-10　破碎部装配初步规划

4.2.2　截割部装配序列

截割部是采煤机中负责落煤、装煤的部分，其主要作用是传递动力，将煤由煤层中割落并装入刮板输送机中。它主要包括截割摇臂、截割滚筒、减速器、内喷雾系统、润滑冷却系统等。结合以上分类及实际装配要求，本章将其分为调高油缸、传动齿轮、截割部整体组装三个部分。

对截割部调高油缸进行装配序列初步研究，并在虚拟场景中对其进行布局，如图 4-11 所示。对于标号为 0 的活塞连杆和活塞，必须要首先安装标号为 1 的缸筒，然后再安装标号为 2 的缸座。

对截割部传动齿轮进行装配序列初步研究，并在虚拟场景中对其进行布局，如图 4-12 所示。首先需要对截一轴到截五轴分别进行装配，然后将截割滚筒中的行星减速装置与截五轴进行连接，完成整个传动齿轮的装配。

对截割部整体进行装配序列初步研究，并在虚拟场景中对其进行布局，如图 4-13 所示。采煤机截割部整体装配没有固定的装配序列可言，实际中应结合其在采煤机中的位置进一步讨论研究。

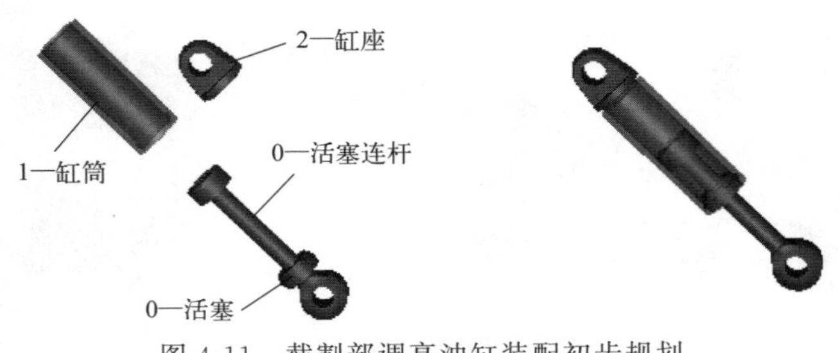

图 4-11 截割部调高油缸装配初步规划

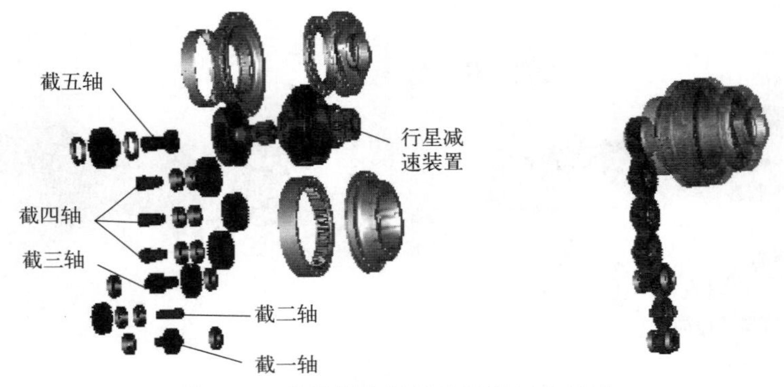

图 4-12 截割部传动齿轮装配初步规划

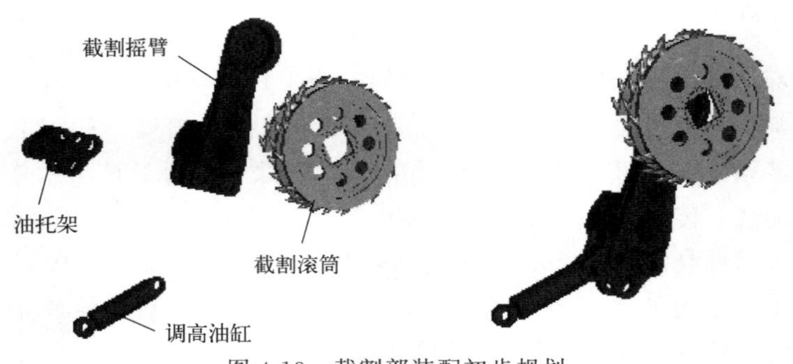

图 4-13 截割部装配初步规划

4.2.3 牵引部装配序列

牵引部是采煤机的主要机构，负责推进采煤机的行走，保障采煤机在井下能够连续采煤。牵引部一般可分为外牵引（牵引部行走箱）和内牵引（牵引部减速器）。内牵引将电机的驱动减速后传递到外牵引，然后推动整个采煤机行走。本章为了能够更好地对采煤机牵引部进行研究，在该分类的基础上对内牵引做了进一步划分，将其分为内一部、内二部和内三部分别进行装配研究，最后将其组装到一起。

首先，对外牵引进行装配序列初步研究，并在虚拟场景中对其进行布局，如图 4-14 所示。外牵引的装配比较简单，但需要注意的是必须在齿轮装配完成后才能够进行端盖的装配。

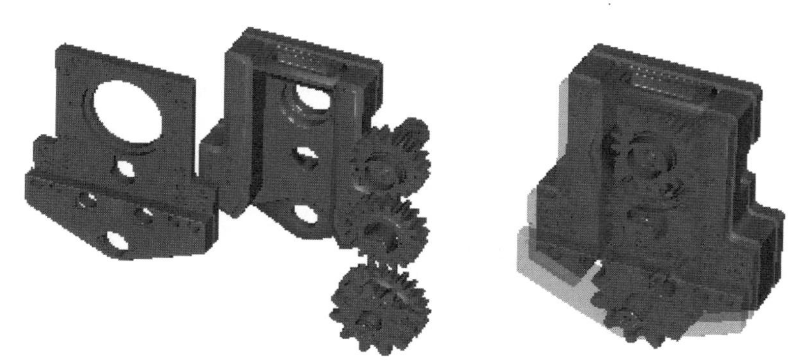

图 4-14 外牵引装配初步规划

对内牵引齿轮一部分（内一部）进行装配序列初步研究，并在虚拟场景中对其进行布局，如图 4-15 所示。从图中可以看出，内牵引齿轮一部分的装配主要是按一条轴线进行的，在装配时只需注意该条轴线方向上两端部件的进出顺序即可。

图 4-15 内牵引齿轮一部分装配初步规划

对内牵引齿轮二部分（内二部）进行装配序列初步研究，并在虚拟场景中对其进行布局，如图 4-16 所示。从图中可以看出，该部分的装配是按两条轴线进行的，在装配时除了需要注意每条轴线方向两端部件的进出顺序，还要避免两条轴线上进出的部件发生干涉。

对内牵引齿轮三部分（内三部）进行装配序列初步研究，并在虚拟场景中

图 4-16　内牵引齿轮二部分装配初步规划

对其进行布局，如图 4-17 所示。该部分的装配与内牵引齿轮一部分类似，是以一条轴线进行装配，只需注意该轴线方向上两端部件的进出顺序即可。

图 4-17　内牵引齿轮三部分装配初步规划

最后，对整个采煤机牵引部进行装配序列初步研究，并在虚拟场景中对其进行布局，如图 4-18 所示。从图中可以看出，外牵引是与内牵引齿轮一部分（齿轮一）连接的，三个齿轮部分相接组成内牵引。

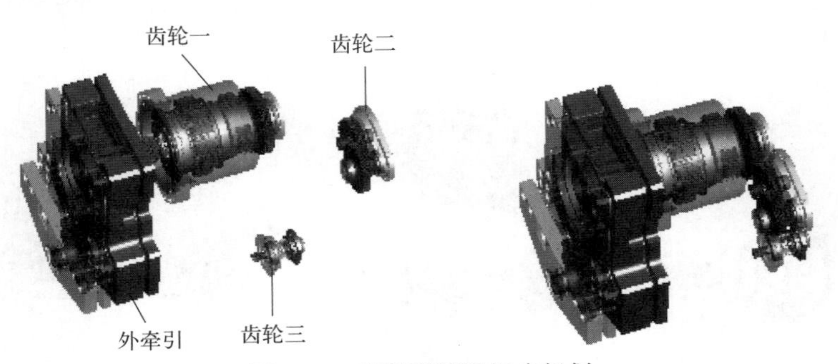

图 4-18　牵引部装配初步规划

4.3　装配模型操纵技术

模型的操纵是系统其他功能实现的基础，这里包括通过鼠标键盘对模型进行选择以及选中之后通过移动、旋转和缩放对模型装配操作或者将模型重置为初始状态。模型操纵技术的研究属于对 3D 世界交互技术的研究，该技术相当于一种“控制-显示”，借助 3D 人机交互工具向系统输入控制信息，然后系统向用户输出执行结果。

模型的操纵需要利用访问器 Visitor，它能够向各个模型的节点施加用户自定义操作，从而执行节点操作。它可以使设计或者装配人员根据自己的需求选择所需部分进行装配操纵，这样既合理地利用了资源，也缩短了装配时间。

4.3.1 模型的选择

漫游是观察和操纵整个 3D 世界的基础任务，在对模型进行选择之前，首先确定整个场景的漫游器，这里选择 OSG 默认的轨迹球漫游器。在 3D 场景中，物体模型的位置是固定不变的，漫游器改变的只是视觉观察角度，该漫游器只考虑视觉运动的合理性。轨迹球漫游器利用 OSGGA：TrackballManipulator 类借助鼠标的运动来实现视觉定位。点击鼠标左键不放能够对整个场景按照如轨迹球般的三维空间进行旋转。轨迹球漫游控制如图 4-19 所示。

此外，漫游的方式具有惯性，当对鼠标进行某一操作后，即使松开鼠标，视觉效果也会继续向该方向运行，其中的 OSG 视景器对象 Viewer 使用 setCameraManipulator（）函数来设置一个针对此视景器的漫游器。

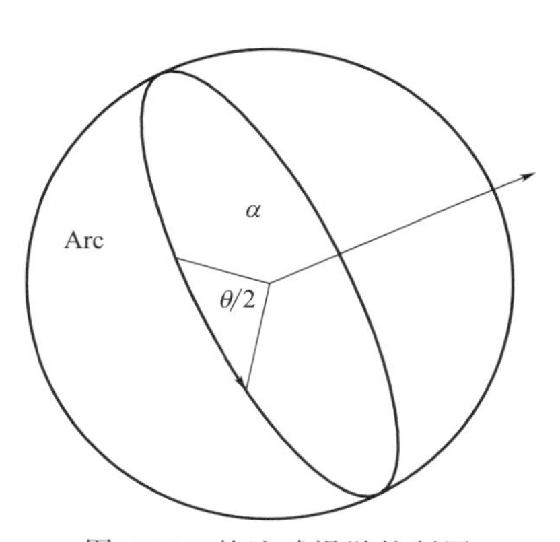

图 4-19 轨迹球漫游控制图

模型的选择是通过对鼠标左键的点击响应函数的判断来实现的。模型能够被选中的核心是鼠标的三维空间坐标和模型的三维空间坐标相同，具体实现流程见图 4-20。

对三维物体的移动、旋转和缩放的操控和漫游的概念完全不同，它没有改变观察者的视角和视点，而是对用户传递交互事件。当物体被选中后，将在其坐标中心建立一个笛卡儿坐标系，物体的移动通过对坐标系的 XYZ 轴点击鼠标左键的同时拖动鼠标来实现，点击鼠标右键对模型进行旋转，左右键同时按下对场景进行缩放。鉴于三维空间在二维显示屏上显示的特殊性，该方法保证了在三维空间中对模型操纵的准确性和效率。

在 OSG 中，对要操控的物体设置一个 MatrixTransform 操控父节点，通过改变这个父节点的变换矩阵的内容，从而对需要操控的对象进行改变。这里采用命令管理器方式利用 OSGManipulator 库中的拖拽器 Dragger 来实现。

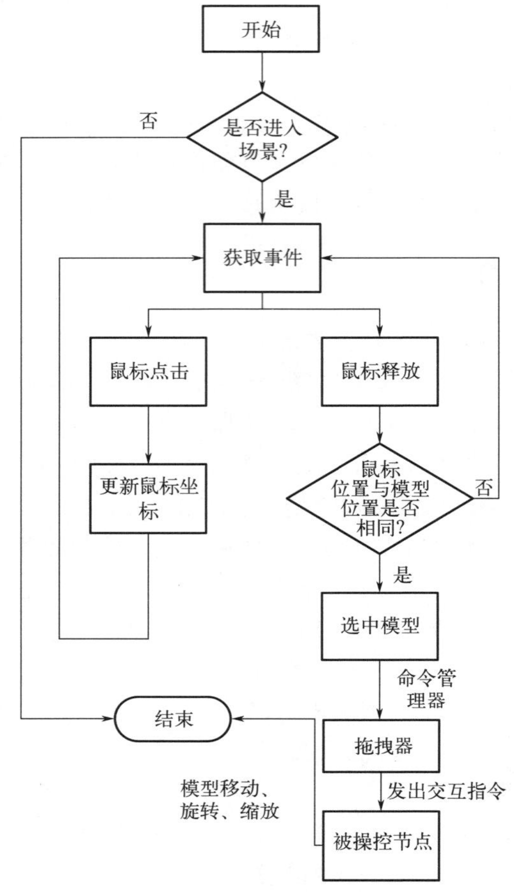

图 4-20 模型选择、移动、旋转和缩放流程图

当鼠标对拖拽器发出交互动作命令时，拖拽器发送指令给命令管理器，管理器再将其分发给备选对象，备选对象对物体所设置的节点进行操控，从而达到对模型操纵的目的。

如果在每一个模型上设置一个命令管理器，虽然思路明了，调用方便，但极大地侵占了系统的空间。本着节省资源的目的，本节在该系统中只设定单一的命令管理器，无论对哪个模型进行操纵，都调用该管理器，极大地提高了系统的效率。

在 OSG 中使用 Matrix 类来表达一个 4×4 的矩阵，该类矩阵能够表示物体在虚拟空间中的位置，在该矩阵的基础之上，通过右乘相关矩阵来达到对物体的移动、旋转和缩放。

$$\boldsymbol{T}=\begin{bmatrix}1 & 0 & 0 & 0\\0 & 1 & 0 & 0\\0 & 0 & 0 & 1\\\mathrm{d}x & \mathrm{d}y & \mathrm{d}z & 1\end{bmatrix}\tag{4-1}$$

式(4-1) 为平移矩阵，可以将模型沿 X 轴平移 $\mathrm{d}x$，沿 Y 轴平移 $\mathrm{d}y$，沿 Z 轴平移 $\mathrm{d}z$。

$$\boldsymbol{Rx}=\begin{bmatrix}1 & 0 & 0 & 0\\0 & \cos\theta & \sin\theta & 0\\0 & -\sin\theta & \cos\theta & 1\\0 & 0 & 0 & 1\end{bmatrix}\tag{4-2}$$

式(4-2) 矩阵将模型绕 X 轴旋转 θ 角度。

$$\boldsymbol{Ry}=\begin{bmatrix}\cos\theta & 0 & -\sin\theta & 0\\0 & 0 & 1 & 0\\\sin\theta & 0 & \cos\theta & 1\\0 & 0 & 0 & 1\end{bmatrix}\tag{4-3}$$

式(4-3) 矩阵将模型绕 Y 轴旋转 θ 角度。

$$\boldsymbol{Rz}=\begin{bmatrix}\cos\theta & \sin\theta & 0 & 0\\-\sin\theta & \cos\theta & 0 & 0\\0 & 0 & 1 & 0\\0 & 0 & 0 & 1\end{bmatrix}\tag{4-4}$$

式(4-4) 矩阵将模型绕 Z 轴旋转 θ 角度。

$$\boldsymbol{S}=\begin{bmatrix}x & 0 & 0 & 0\\0 & y & 0 & 0\\0 & 0 & z & 0\\0 & 0 & 0 & 1\end{bmatrix}\tag{4-5}$$

式(4-5) 为缩放矩阵，可以将模型沿 X 轴缩放 x 倍，沿 Y 轴缩放 y 倍，沿 Z 轴缩放 z 倍。

对于坐标为矩阵 $\boldsymbol{Y}$ 的模型，对其进行一系列的操作，则按照式(4-6) 可满足相应的操作：

$$\boldsymbol{Y}'=\boldsymbol{YT}_N\cdots\boldsymbol{T}_1\boldsymbol{RxRyRzS}_N\cdots\boldsymbol{S}_1\tag{4-6}$$

$\boldsymbol{Y}$ 为移动前坐标，$\boldsymbol{Y}'$为移动后坐标，$\boldsymbol{T}_N\cdots\boldsymbol{T}_1\boldsymbol{RxRyRzS}_N\cdots\boldsymbol{S}_1$ 是变换矩阵。

在程序文档中，利用以下语句来分别实现模型的移动、旋转和缩放。

```
OSG::Matrix mat1;              //定义一个矩阵
mat1.preMultTranslate ();      //对矩阵进行平移
```

```
mat1.makeRotate ();              //对矩阵进行旋转
mat1.makeScale ();               //对矩阵进行比例缩放
```

4.3.2 模型的重置

在 OSG 中采用的是包围球类型的包围体，而包围球的中心所表达的是它所处的场景树中的那一级局部坐标系，并非世界坐标系下的物体的中心。而在基于 OSG 的虚拟装配系统中，每一个单一的零部件就被包含在一个包围球中，因此，在将模型导入系统之前，需要通过 3DSMAX 对每个模型的坐标进行记录，从而用该坐标代替各个模型在虚拟场景中的中心坐标。

在 3DSMAX 中，存在两个坐标系，一个是世界坐标系，一个是视图坐标系。在进行坐标记录时，需要注意的是在视图坐标系的条件下，点击模型来记录其坐标，随后将视图坐标系全部置零并将坐标轴重置，使两个坐标系相重合，再将模型转换至虚拟场景中。这样保证在虚拟场景中模型的中心坐标和虚拟场景的坐标相吻合，再设置好在 3DSMAX 中记录过的坐标，使其在虚拟场景中的坐标位置和在 3DSMAX 软件中设置的完全一致。在此基础之上，不论模型被操纵到何种状态，均能重置到初始状态。

在虚拟场景中将模型重置的过程就是经过一系列如图 4-21 所示的判断，

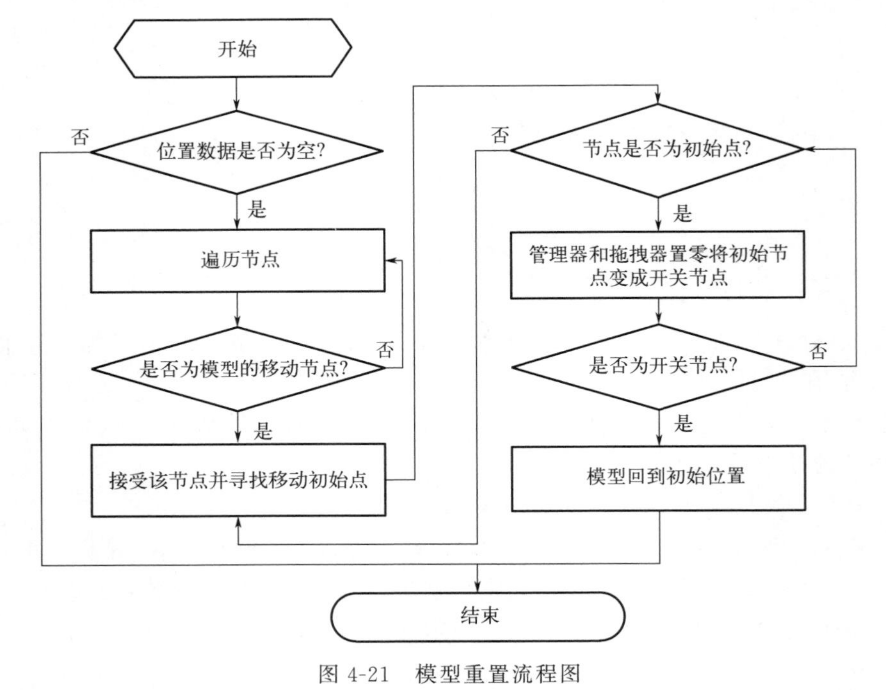

图 4-21 模型重置流程图

如果满足要求，则将导入虚拟场景中的模型位置重置到导入时的初始状态。

4.4 路径记录与回放技术

装配路径是指装配件从初始位姿到为了避免与约束件（或是安装基体）碰撞干涉而形成具有一定几何位置关系时的位姿所经历过的一系列空间变换过程。用户对模型进行多次的装配操作，利用动画回放，便可发现装备在实际装配过程中存在的问题和在设计上的缺陷，以此来寻求最佳装配路径，为相关人员对装备的合理设计和准确装配提供依据。

4.4.1 路径记录

在OSG中，利用类OSG::AnimationPath来实现对于装配操作路径的记录。开启记录路径的功能时，首先自动定义一个结构体来记录模型操纵的节点名称、模型发生动作的每一帧时间、操纵模型过程中每一时间点的位姿矩阵。再次点击则对记录进行关闭，并将所记录的结构体信息传递给向量组列表。当模型操纵的记录列表形成之后，利用深度优先遍历的形式对列表进行访问，同时在规定的位置生成txt文件，供路径回放功能调用。路径记录流程如图4-22所示。

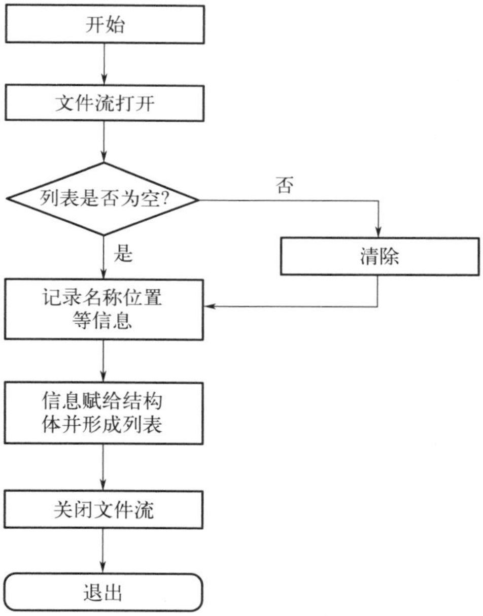

图4-22 路径记录流程图

要实现以上讲述的这些功能，首先需要定义创建模型函数，见如下代码：

```
boolcreateModel
(conststd::string&filename,                          //模型路径
    std::string name,                                //模型节点名称
    OSGManipulator::CommandManager * cmd,            //命令管理器
    OSG::Group * Move_Group,                         //模型移动的组节点
    OSG::Group * Show_RecordGroup,                   //动画记录的组节点
```

```
NetMessageList * NML,                        //记录还原位置数据
OSG::Vec3 trans=OSG::Vec3(0.0,0.0,0.0)       //变换初始矩阵(0,0,0)
)
```

4.4.2 路径回放

在虚拟场景下，路径的记录是通过操作人员操控模型所经历的一系列离散的空间位置点得到的。而回放则是通过对操控时记录下的节点采用深度优先遍历的形式重新遍历，该遍历形式优先进行节点纵向查询，直至末端的叶节点，再逐步返回到上一级尚未访问的节点。访问过程如图 4-23 所示。

路径回放是在路径记录的基础上实现的。路径回放利用 OSG 中的 OSG::AnimationPathCallBack 类中的 UpdataCallback 函数，通过在路径记录的组节点中加入更新回调函数来完成。路径回放流程如图 4-24 所示。

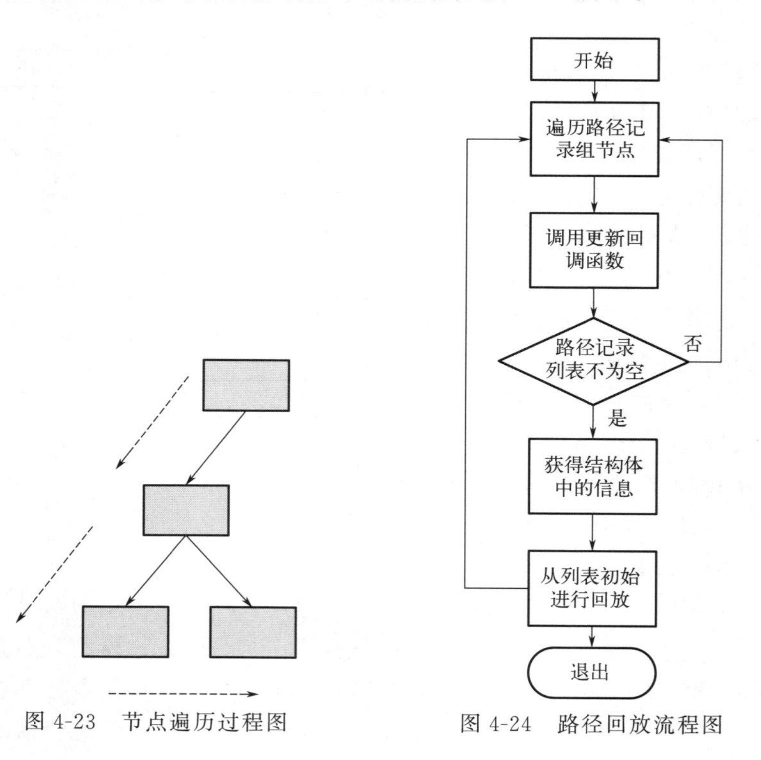

图 4-23 节点遍历过程图

图 4-24 路径回放流程图

本系统路径记录的回放采用的是无限循环的模式，该模式能够对上一记录

的装配操作进行不间断的回放，直到用户认为合适进行强行关闭。

4.5 自动定位约束技术

实际装配时，人们通过视觉、触觉的协同来实现对零部件运动的引导，从而对零部件进行精确定位。利用传统的UG或Pro/E软件进行装配时，都清楚地设定了零部件之间的基于点、线、面的约束关系，而将装配体经过一系列的转换并导入虚拟场景之后，原有的约束关系也不再显示，所以对装配约束的讨论有着重要的作用。在基于OSG的虚拟装配系统中，实验人员主要通过鼠标、键盘和数据手套等交互设备来装配零部件，这些装配方法往往具有模糊性和不确定性，导致实验人员在装配过程中很难将零部件装配精确。而虚拟环境下零部件装配精确是保证其能够按照相对位置装配成功的前提条件。鉴于此，本章对精确定位技术进行了研究，并成功在本系统中采用了一种可行的方法。

目前精确定位技术主要有几何约束自动识别精确定位技术、交互式约束定义精确定位技术和目标位置精确定位技术。几何约束自动识别精确定位技术是指系统根据实验人员的装配意图自动识别出零部件之间的几何约束关系，并将其作用于装配部件，辅助实验人员完成零部件的精确定位。交互式约束定义精确定位技术是由实验人员自己定义两个零部件间的约束关系，从而完成精确定位。目标位置精确定位技术主要是指通过记录零部件的正确装配位置，快速将零部件装配到位。

在基于OSG的虚拟装配方法和系统中，用户通过鼠标键盘来操纵模型；而在三维空间中，位姿感较差，单纯地靠用户视觉的观察和感受对模型进行装配具有很大的模糊性和不确定性，很可能在装配时会产生间隙，很难完全将模型装配到正确位置。因此，必须借助一定的精确定位方法来判断零部件是否安装到位。目前常用的精确定位方法有如下两种：碰撞检测算法和位姿近似捕捉的装配定位算法。根据本系统的实际要求以及OSG的自身特性，结合基于碰撞检测和位姿近似捕捉的装配定位算法的理念，采用包围球自动定位引导约束的方法，原理如图4-25所示。

整个球体包围装配物体，当两个包围球体的球心距离小于预先设定的距离时，模型按照已设定的目标信息自动放置，以获得准确的位姿，数学表达式为：

$$\sqrt{(x_1-x_2)^2+(y_1-y_2)^2+(z_1-z_2)^2}\leqslant d \tag{4-7}$$

式中，几何体1空间坐标为(x_1,y_1,z_1)；几何体2空间坐标为(x_2,y_2,z_2)；设定距离值为d。

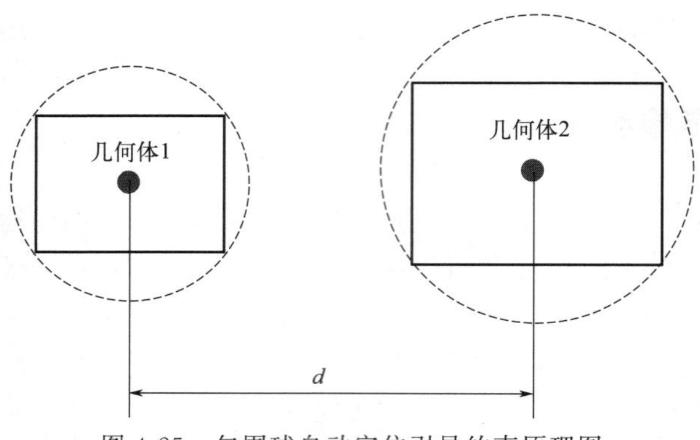

图 4-25　包围球自动定位引导约束原理图

由于装备模型尺寸大，这里我们设置 d 为 200，基本能满足用户在本系统中的正常视觉操作。

此外，基于 OSG 的虚拟装配方法和系统的三维空间具有广阔无限性，而装备在三维空间中的坐标数据从零至上万都有可能，用户在进行装配时不可能只经过一次操作就能够将模型正确装配到位，因此在对模型进行连续操作的时候，需要对后续的操作给予引导。本系统使用的是三维坐标引导，当两个包围球中心距离小于设定距离时，在模型每操作到一个位置时，会显示其距离正确装配位置的三维坐标差，操作者可以根据该提示来对模型进行进一步的操作，节省了装配时间，保证了配合准确度。坐标差计算方法如下：

$$\Delta d = d_1 - d_2 \tag{4-8}$$

其中，Δd 是距离差坐标，d_1 是当前位置坐标，d_2 是目标位置坐标。

本功能代码如下所示：

```
float assembly_x=node->getBound().center().x()+data_record[0];//模型的当前x坐标
float assembly_y=node->getBound().center().y()+data_record[1];//模型的当前y坐标
float assembly_z=node->getBound().center().z()+data_record[2];//模型的当前z坐标
float_x=_activedrgger->getMatrix().getTrans().x();//模型的目标位置x坐标
float_y=_activedrgger->getMatrix().getTrans().y();//模型的目标位置y坐标
float_z=_activedrgger->getMatrix().getTrans().z();//模型的目标位置z坐标
```

```
float twopointdistance=sqrt((assembly_x-_x)*(assembly_x-_x)+(assembly_z-_y)*(assembly_z-_y)+(assembly_z-_z)*(assembly_z-_z));//两个模型包围球体的球心的距离
if(twopointdistance<200)//距离小于 200
{_activedrgger->setMatrix(OSG::Matrix::scale(_scale)*OSG::Matrix::translate(node->getBound().center()+data_record));//进行正确位置的矩阵运算
selection->setMatrix(OSG::Matrix::translate(data_record));//装配到正确位置
m_Text->setText(L"装配正确");//显示模型正确装配
}
```

三种方法中前两种都需要较复杂的算法，而第三种方法直观、明了，且实现起来也并不复杂，所以本章在该方法的基础上实现了系统装配部件的精确定位。具体实现的主要功能有：

① 每次移动装配模型后，都提示装配模型当前位置与正确装配位置间的距离，如图 4-26 所示。

② 每移动一次模型后，都应判断其与正确装配位置的距离，若距离小于一定值，应通过精确定位技术将其直接定位，并提示装配正确，如图 4-27 所示。

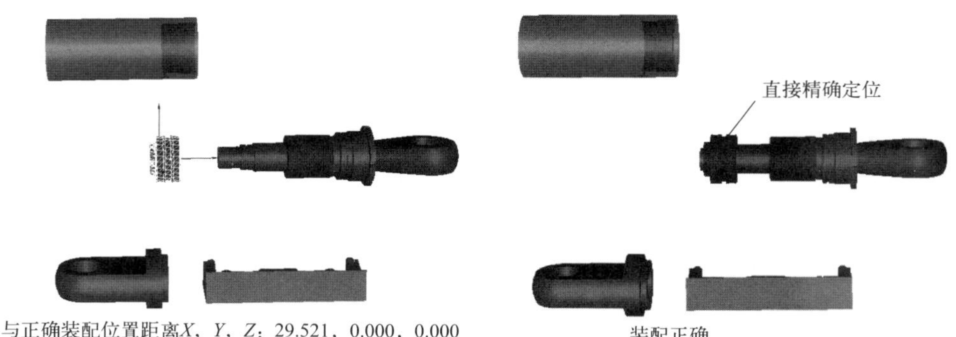

图 4-26　正确装配位置提示图　　图 4-27　基于目标位置约束的组件精确定位

要实现上面的功能，首先需要在 3DSMAX 中对采煤机模型位置进行规划，具体就是将采煤机各模型中心都置于世界坐标系原点并导入 OSG 中，记录其正确装配时的位置和未装配时在场景中的位置，这样操作简单、明了，便于管理。然后通过使用备选对象 OSGManipulator::Selection 来控制其装配模型的位置状态，模型导入时将未装配时的模型位置信息同步导入备选对象中，实现场景模型的初步布局。在模型移动结束后，利用三维空间两点距离公式求得装配模型此时位置与正确装配位置之间的距离，若其小于系统的设定值，就将正确装配位置信息导入备选对象中，实现基于目标距离约束的直接精确定位。

4.6 虚拟装配人机交互子系统

手是人类日常生活中和外界进行动作交互的最重要部分之一，尤其是在产品装配过程中，有90%以上的工作量是通过手的操作来完成的。如果能直接使用手和计算机进行交互操作，将常规装配活动中所积累的经验直接运用到计算机上，通过和在现实世界中完全相同的操作来完成在计算机上的装配，则能够使产品装配迈上一个新的台阶，而虚拟手的出现高效地完成了这一任务。虚拟手是在虚拟环境中模拟出来的手，它在现实环境和虚拟环境之间提供了新的交互手段。在虚拟环境中，虚拟手的交互操作是通过数据手套和位置跟踪器的配合来实现的。

4.6.1 技术路线

本系统利用数据手套 5DT Glove 和位置跟踪器 Polhemus LIBERTY 作为系统硬件设备，通过 3DSMAX 建立虚拟手模型，将前面建立的虚拟现实模型资源库里虚拟拆装的部分 OSG/IVE 模型作为操作对象，在 OSG 的虚拟现实平台下，实现虚拟手人机交互装配的过程。图 4-28 为虚拟手人机交互装配的实施过程。

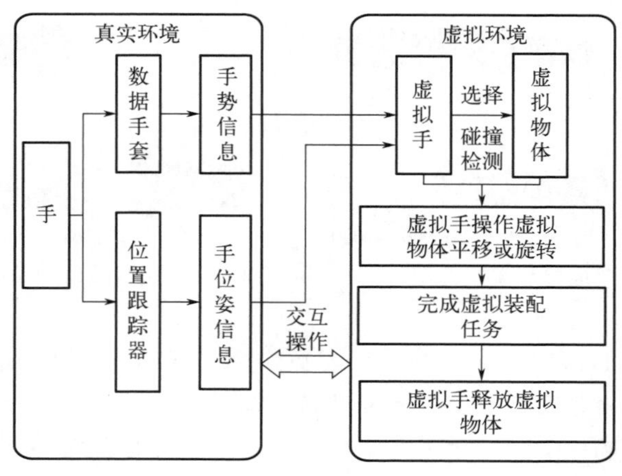

图 4-28 虚拟手人机交互装配的实施过程

在该系统中，虚拟手和人手之间的动作通过数据手套进行调整。用户可通过虚拟手代替人手对虚拟零部件模型进行操作，并从虚拟环境中得到信息反馈，从而实现真实环境与虚拟环境的交互体验。图 4-29 为系统的关键技术，其中，在 OSG 虚拟环境下，虚拟手模型、位置跟踪器和数据手套之间关系的建立成了关键。

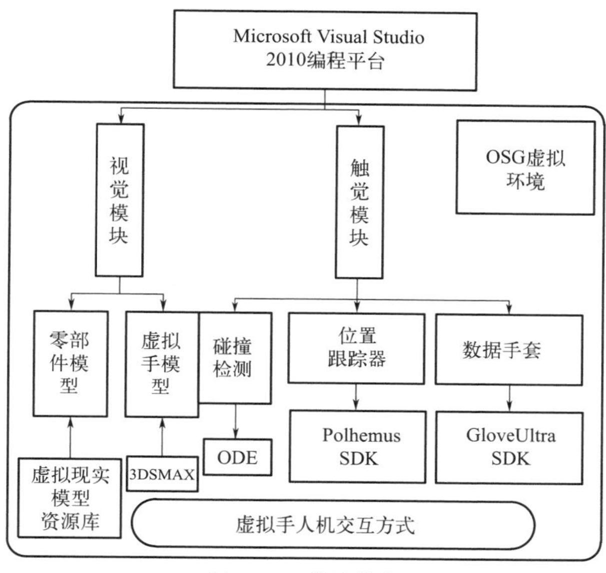

图 4-29 关键技术

4.6.2 虚拟手模型的建立

4.6.2.1 人手结构和运动特征分析

虚拟手模型的建立要保证以下三个条件：

① 虚拟手的模型结构应与人手的构造大致相同。

② 虚拟手的操作习惯与人手保持一致。

③ 虚拟手要与人手相互照应。

人手的构成较为复杂，结合 5DT 数据手套布置传感器的位置，最终人手可以被简化为一个手掌和五根手指。五根手指中大拇指设置两节指骨，除大拇指外的其余各指均设置三节指骨，它们被称为远指骨、中指骨和近指骨，共计 14 个部分。具体如图 4-30 左所示。

在了解虚拟手建立的机理后，利用 3DSMAX 对虚拟手进行建模，仍然利

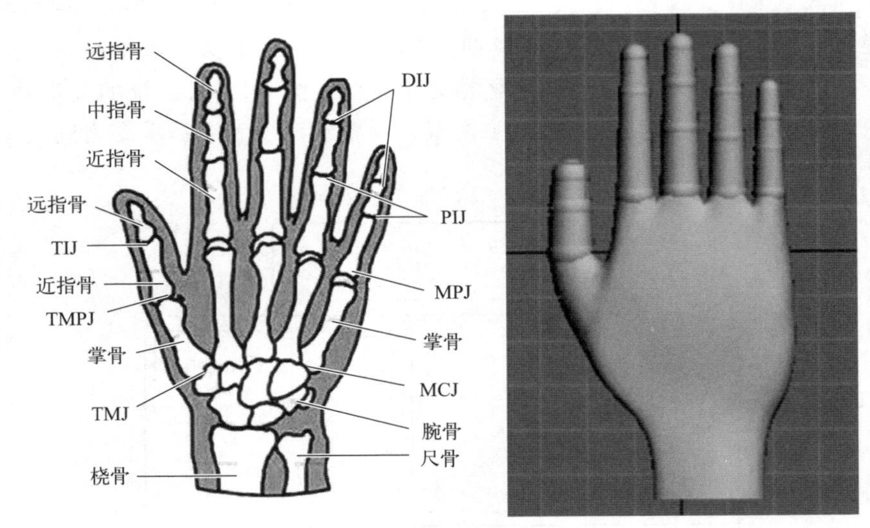

图 4-30　人手和虚拟手简化结构图

用 OSGExp 插件导出成为 OSG/IVE 格式。

其中，手掌能够移动以及旋转，且在手掌移动或旋转的同时带动手指跟其做同样方向的移动，在 OSG 虚拟场景中是通过结构树来对场景进行管理的。根据以上手掌和手指的运动规则建立虚拟手的场景结构图，将整个手掌作为根节点来构建结构树，它为第一级，五根近指骨作为第二级，四根中指骨作为第三级（大拇指为远指骨），五根远指骨作为第四级，每根指骨被它上一级的指骨带动着运动，同时自己运动也带动下一级指骨运动。最终建立的虚拟手场景结构图如图 4-31 所示。

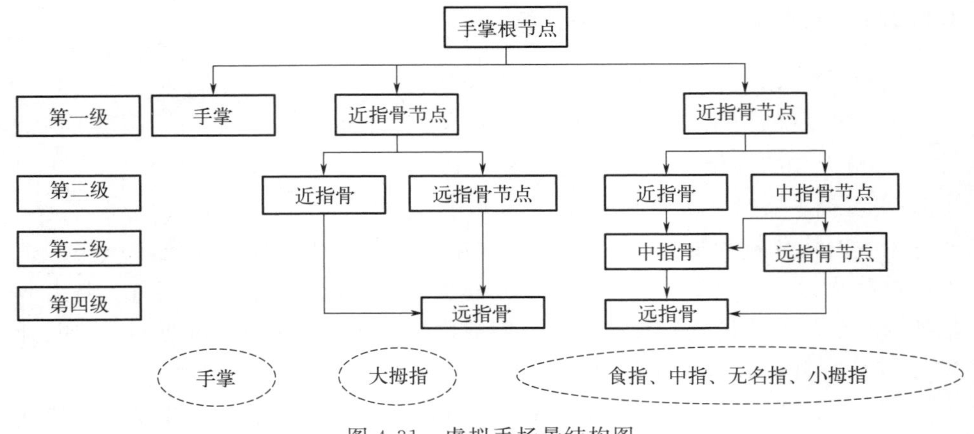

图 4-31　虚拟手场景结构图

虚拟手和人手之间的活动一致性是利用数据手套来调节的，位姿跟随也是通过数据手套来调整的。用户可利用虚拟手代替人手对场景中零部件进行操作，并得到相应的反馈，构成现实与虚拟的交互。

4.6.2.2 数据手套的校正

本系统采用的是 5DT Data Glove 5 Ultra 右手数据手套，共有 7 个传感器、1 个交互盒，如图 4-32 所示。

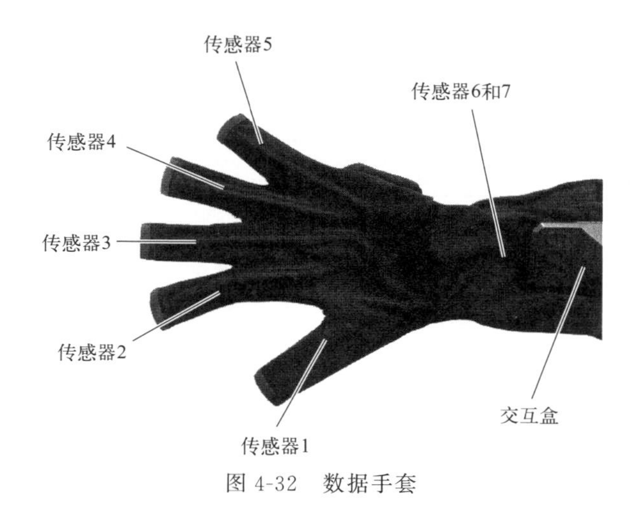

图 4-32 数据手套

其中，传感器 1 至传感器 5 是弯曲度传感器，用来测试各个手指的平均弯曲程度；传感器 6 和 7 为倾斜角度传感器，用来测量手掌绕两个不同坐标轴旋转弯曲所倾斜的角度，根据人手的真实情况，不能进行 360°的旋转。设定其倾斜角度范围为 0°至 255°，交互盒是通过 USB 接口和图形工作站的接口相连接。当人手发生动作时，由 7 个传感器测得相应的变化信号，通过交互盒里的光纤将信号传递给工作站，再通过虚拟装配系统驱动虚拟场景中的虚拟手形成和人手完全一致的动作。

由于每个人的手大小都不相同，为了保证使用数据手套的时候能够最大程度地与人手的动作同步，保持信息传递的有效性和信息本身灵敏性，每个用户在使用之前必须对数据手套采取校准测验，以保证其能够正确测量。

为了使每个人都能够顺利地使用数据手套，需要在使用前进行校准，5DT Data Glove 5 Ultra 数据手套共有两种校准方式：自动校准和软件校准。

软件校准是通过五根手指自然地运动来得到数据，经过多次运动从而得到自己较为满意的数据；而自动校准是利用该公司自带的编程校准软件进行测试，其中，最大值为人手握拳动作时传感器输出值，最小值为人手舒展动作时传感器输出值。

自动校准方式利用数据手套自带的校准驱动程序，操作者戴上数据手套之后，右手快速不断地尽最大可能进行握拳和舒展交替动作，该程序会通过传感器自动记录下每一次动作的最大值、最小值和动态范围，并不断地根据操作者手的动作对数据进行实时的刷新，以便校准计算使用。测试结果如图 4-33 所示。

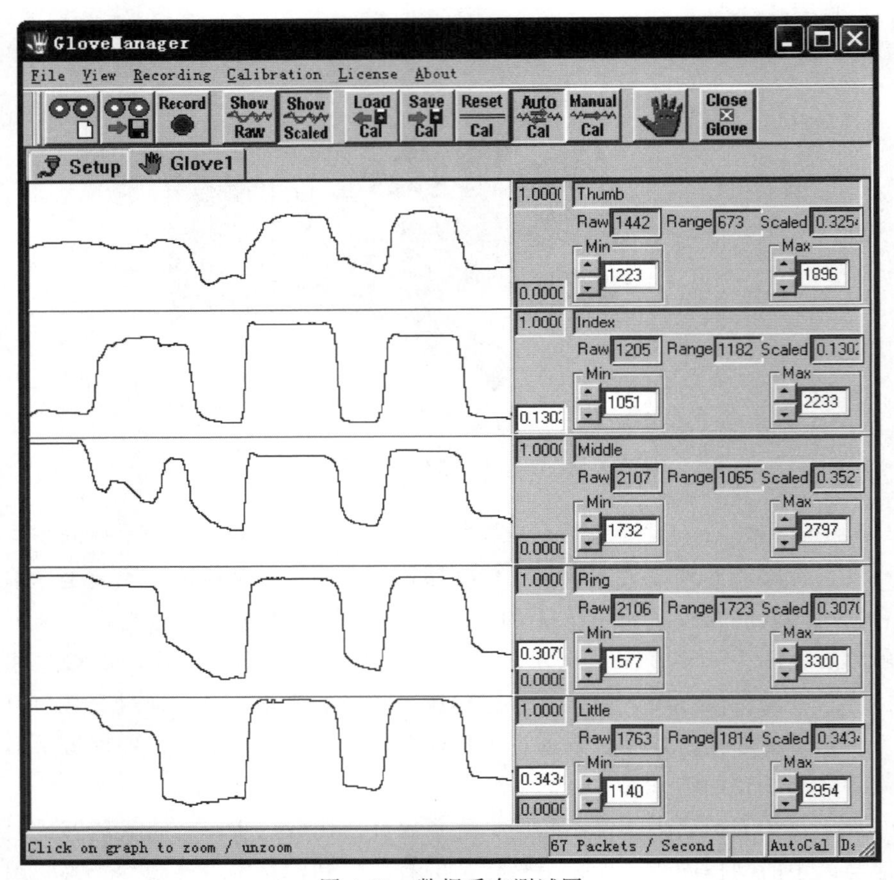

图 4-33　数据手套测试图

这里选择了三位不同用户对该手套进行校准。可以看出，不同的用户采用同样的动作所测得的数据显示较大差异。

将以上三位不同用户校准操作的三组数据进行对比并求出平均值作为理想的校准数据，如表 4-2 所示。

表 4-2　校准数据图

项目	最值	大拇指	食指	中指	无名指	小拇指
组一	MIN	1388	1295	1850	1614	1464
	MAX	2155	2664	2834	2800	2800
组二	MIN	1383	1243	1855	1723	1503
	MAX	1966	2288	2852	3078	2761
组三	MIN	1383	1240	1833	1682	1482
	MAX	2274	2423	3029	3110	2786
平均	MIN	1382	1259	1846	1673	1483
	MAX	1834	2458	2905	2996	2782
MEA		1484	1807	2264	2550	2049
F		0.226	0.457	0.395	0.663	0.436

在得到手指的相关数据后，利用插值方法计算出手指的弯曲度：

$$out=\frac{raw_{\text{val}}-raw_{\text{min}}}{raw_{\text{max}}-raw_{\text{min}}}\times Max \tag{4-9}$$

式中，raw_{max} 与 raw_{min} 是对数据手套进行校正所测得的最大、最小值，通过 fdSetCalibrationAll ( ) 或 fdSetCalibration ( ) 在程序中对其进行配置；raw_{val} 是使用数据手套时实时测得值；Max 是缩放比例，默认为 1；out 反映了手指的实际弯曲度，值在 0 到 Max 之间，程序中通过 fdGetSensorScaledAll ()或 fdGetSensorScaled()得到。

计算出的手指的弯曲度 F 值将在虚拟手装配操作的函数中被调用。

数据手套的校准是针对手指的平均弯曲度进行的，要想使虚拟手和人手保持动作一致和同步，还必须使每个指节的驱动也能保持一致。根据人手的生理结构以及数据手套测量的实际情况，可以将数据手套所测量的弯曲度视为近指节（1 号指节）的自身弯曲度，因此，必须计算出每根手指中各个指关节之间弯曲度的关系。具体计算公式如下：

$$\left.\begin{aligned}\theta_{\text{far}}&=\frac{2}{3}\theta_{\text{mid}}\\ \theta_{\text{nea}}&=\theta_{\text{mid}}-20^{\circ}\end{aligned}\right\} \tag{4-10}$$

式中，θ_{nea} 是近指节（1 号指节）的弯曲度，θ_{mid} 是中指节（2 号指节）的弯曲度，θ_{far} 是远指节（3 号指节）的弯曲度。

其中，远指节（3 号指节）是所测得的中指节（2 号指节）的弯曲度的 2/3，近指节（1 号指节）是中指节（2 号指节）的弯曲度减去 20°。表 4-3 所示数据为根据式(4-10) 计算得到的各个手指指节的弯曲度。

表 4-3　手指弯曲度图

项目	大拇指/(°)	食指/(°)	中指/(°)	无名指/(°)	小拇指/(°)
中指节(2号指节)	无	45.7	39.5	66.3	43.6
远指节(3号指节)	22.6	30.5	26.3	44.2	29.1
近指节(1号指节)	2.6	25.7	19.5	46.3	23.6

以中指为例，传感器传递过来的信息与近指骨、中指骨、远指骨有一定的变化关系，所以获得近指骨、中指骨和远指骨的信息代码如下。

```
float fMiddleFinger = 90 * fdGetSensorScaled(pGlove, FD_MIDDLEFAR);        //获得中指的实际弯曲度
m.postMultRotate(OSG::Quat(OSG::DegreesToRadians(-fMiddleFinger * 2/3),OSG::X_AXIS));        //获得远指骨旋转信息
m.postMultRotate(OSG::Quat(OSG::DegreesToRadians(-fMiddleFinger),OSG::X_AXIS));        //获得中指骨旋转信息
m.postMultRotate(OSG::Quat(OSG::DegreesToRadians(-fMiddleFinger+20),OSG::X_AXIS));        //获得近指骨的状态信息
```

4.6.3　位置跟踪器和数据手套的关系建立

虚拟手要想在虚拟环境中进行装配操作，除了用到上述提到的数据手套，还需要位置跟踪器的配合使用。位置跟踪器主要由位置传感器、固定坐标源和信号转换器三部分构成，位置传感器和固定坐标源通过 RS232 串行接口同信号转换器相连接，信号转换器再通过 USB 接口和图形工作站相连接。

在使用位置跟踪器之前，首先需要将传感器放置在坐标源的坐标系原点上，对传感器进行重新定位，保证二者坐标一致，如图 4-34 所示。

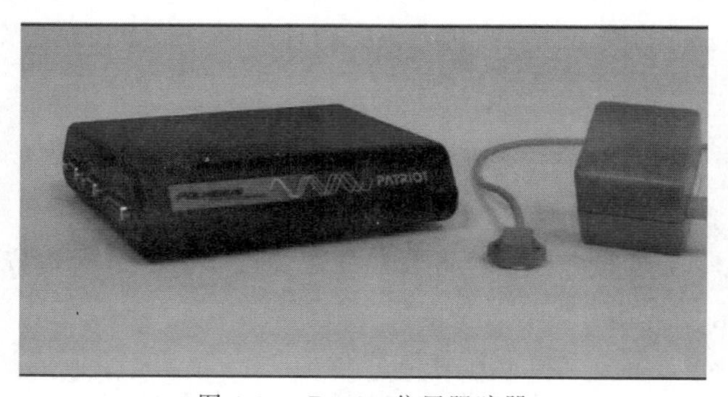

图 4-34　Patriot 位置跟踪器

在建立好虚拟手模型和对数据手套进行校准后，下一步就是建立位置跟踪器和数据手套的关系，这里我们采用位置跟踪器 Patriot。

把数据手套戴在右手上，然后把位置跟踪器的传感器部分插入数据手套里的手掌部位，这就可以将手掌的位置通过位置跟踪器传入到 OSG 虚拟现实环境中。根据前述虚拟手场景结构图与手指弯曲情况，就可以建立位置跟踪器和数据手套的关系，达到了操作者的手在虚拟现实环境中驱动虚拟手的目的。图 4-35 为操作者佩戴数据手套和位置跟踪器进行测试时操作者手的状态，操作者手的移动以及手指的弯曲就可以真实地反映在屏幕上。

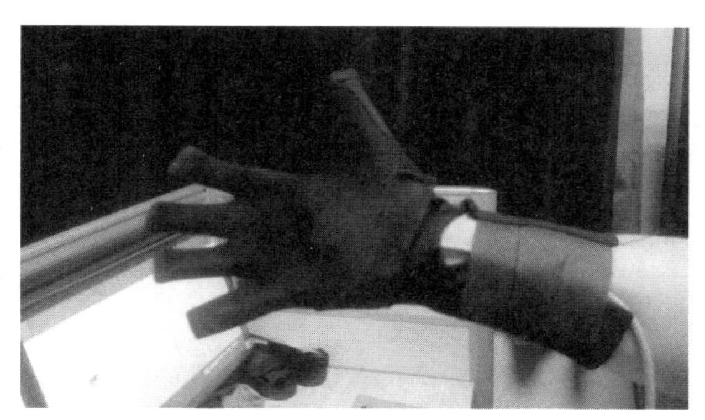

图 4-35 佩戴数据手套图

4.6.4 虚拟手装配操作

在建立好数据手套和位置跟踪器的对应关系后，需要把要进行装配操作的零部件读取到虚拟现实环境中。本系统使用的是 OSG 操作环境，利用前面建立的虚拟现实模型资源库的虚拟拆装部分的内容，把一个场景中的所有单个零件的 OSG、IVE 文件逐一读取进入虚拟现实环境中，并赋予其初始（装配前）的位置坐标，以及要把正确装配时零件的坐标输入到系统中去。可以利用如下语言完成以上工作：

```
OSG::ref_ptr<OSG::Vec3Array> position_array = new OSG::Vec3Array;                //记录模型正确装配位置
position_array->push_back(OSG::Vec3(50.496,-0.222,-10.15));
                                  //模型正确的装配位置
OSG::ref_ptr<OSG::Node>model1=OSGDB::readNodeFile("E:\\NQY\\zhongbucao\\1.OSG");   //模型节点
```

然后进行场景布局，用以下代码实现：

```
mt1->setName("1");          //给模型命名
mt1->setMatrix(mp);         //设置位置矩阵
mp.makeTranslate(OSG::Vec3(-25.517,0.164,-9.489));
                            //把模型放置在(-25.517,0.164,-9.489)
mt1->addChild(model1);      //与模型连接起来
```

实现虚拟手装配操作的功能流程图如图 4-36 所示，需要对虚拟手抓取规则以及自动定位约束进行研究。

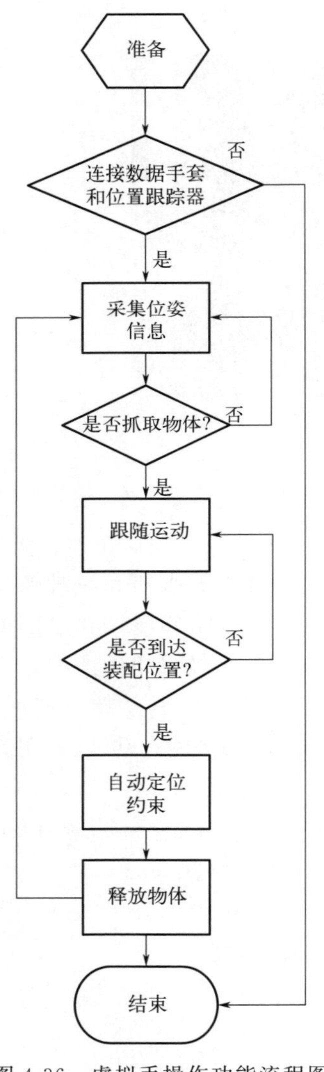

图 4-36　虚拟手操作功能流程图

4.6.4.1　虚拟手抓取规则研究

虚拟手主要通过抓取、释放等来进行虚拟装配操作，所以，虚拟手在虚拟环境中的抓取零部件规则成了一个关键性的问题，主要从何时成功抓取到和抓取的准确性两方面进行探讨。本章将抓取模型的判断分为两个过程：手势的识别和抓取规则的实现。即首先通过手势识别来判断操作者是否有抓取物体的意图，如果有的话再通过人手抓取规则判断是否成功抓取到物体。

人手模型在虚拟场景中驱动时需要判断何时成功抓取到了待装配体，抓取模型的准确性和逼真性也是保证虚拟场景具有较强真实感的关键。

数据手套自带的 SDK 库已经能够对一些基本的手势进行识别判断，可通过 fdGetGesture () 获得，如图 4-37 所示。该方法是通过对 4 根手指（除了大拇指）的弯曲程度进行综合判断而得出 16 种手势，实际操作中给每根手指关节弯曲设置一个阈值，若采集到的手指弯曲值大于该阈值就认为这根手指是弯曲的，由于总共考虑了 4 根手指且每根手指有 2 种可能情况，所以总共有 2^4 种手势情况。本章在对手势进行判断时采用了 fdGetGesture()==0 即第一种四指紧握式。

得知实验人员抓取物体的意图后（四指

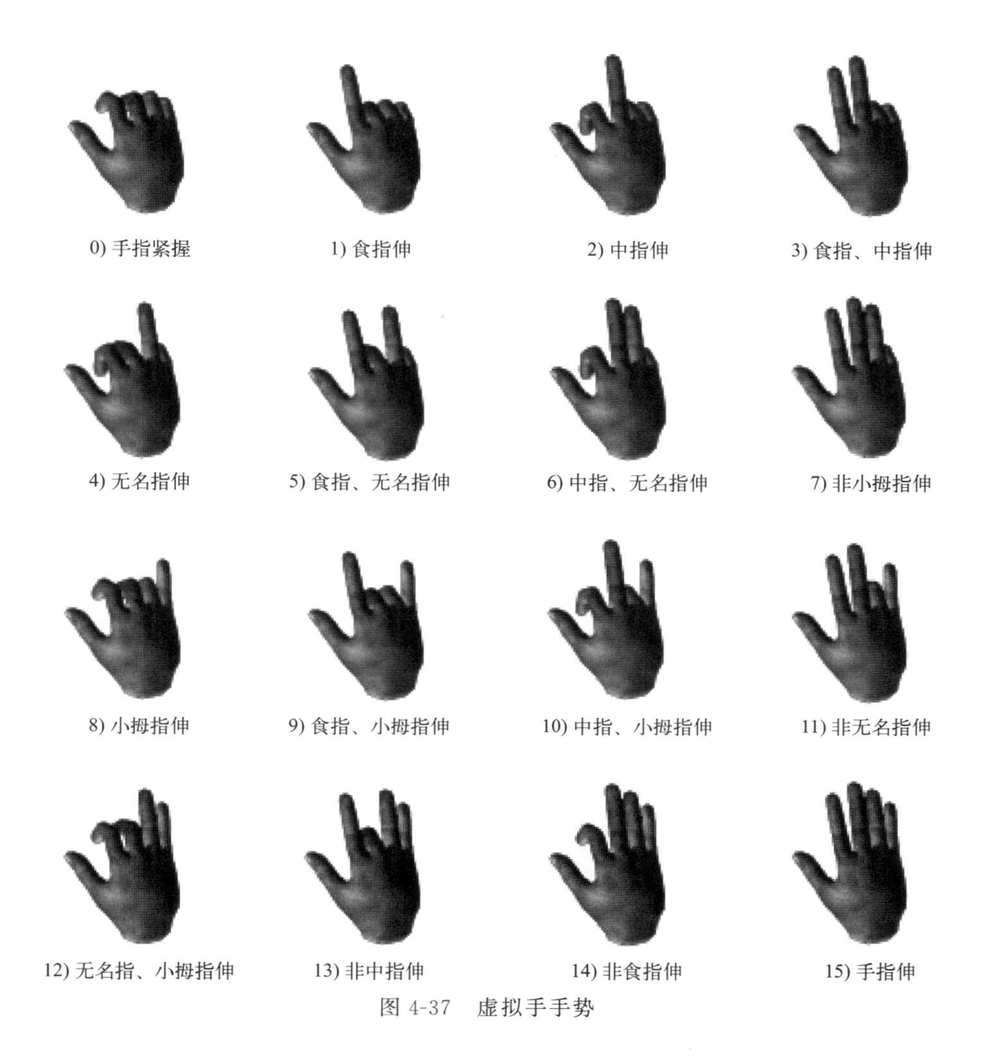

图 4-37　虚拟手手势

紧握），就需对抓取规划进行研究以判断是否成功抓取到物体。根据人手的抓取规则和物理学中力与力矩的平衡原理可知：至少需要 3 根手指与物体接触，且其中必须有一根是大拇指（因为实际抓取物体时一般都使用大拇指）。因此需要利用碰撞检测来进行抓取判断。对于抓取的具体实现，本章仍采用 OSG 自带的射线求交的方法，在 5 根手指的位置分别创建 OSGUtil::LineSegmentIntersector，通过其与待装配物体在场景更新回调中进行碰撞检测，而后综合判断出是否成功抓取到物体。

由以上分析研究可得到数据手套及位置跟踪器驱动虚拟手抓取物体的开发流程，如图 4-38 所示。

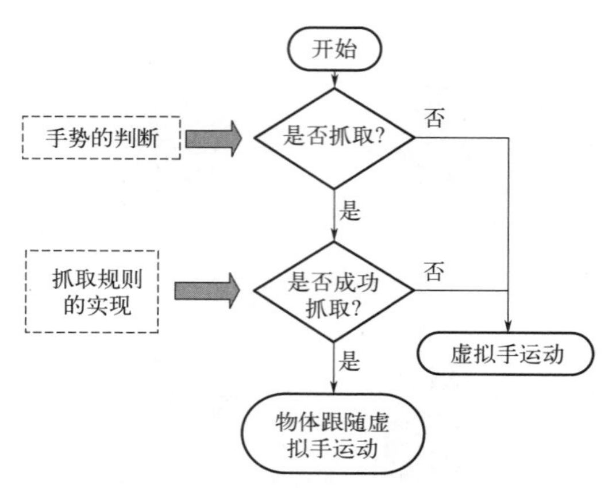

图 4-38 虚拟手抓取物体开发流程

当有手指的射线与零部件的包围球相交时，即为接触到物体，根据人手的实际抓取物体规律，当包含大拇指在内的三根手指接触到物体且全部弯曲到整个手掌平面的 2/3 以下时，即为抓取到物体。

虚拟手的释放和抓取规则相反，当三根或三根以上的射线都远离包围球，未和其相交，则判断其将物体释放。抓取释放规则图如图 4-39 所示。

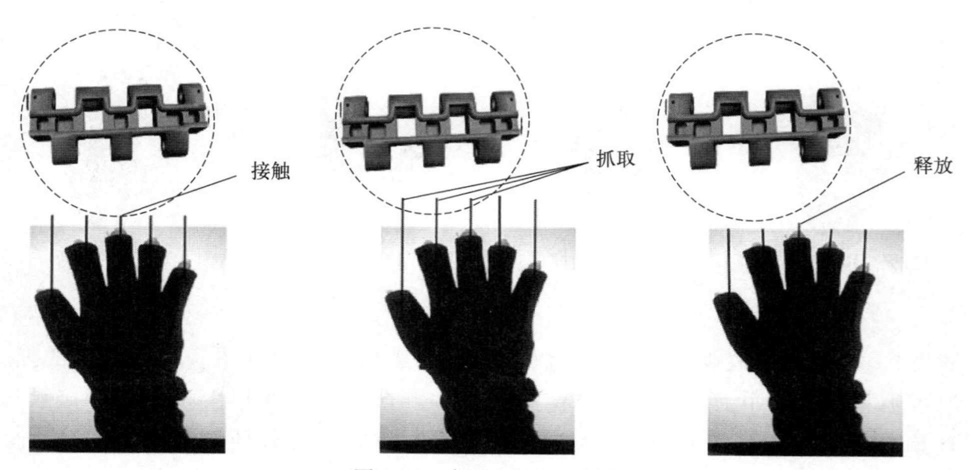

图 4-39 抓取释放规则图

位置跟踪器记录虚拟手相对于原始位置的位移 X、Y、Z 及角度 Rx、Ry、Rz，可通过函数 LastPnoPtr()得到。对于虚拟手本身的运动，只需通过 OSG::PositionAttitudeTransform 节点即可实现。当抓取到物体之后，物体要跟随虚拟手一起做相同的运动，必须保证虚拟手的坐标时刻和模型的坐标保持一致，而在不同环境下的坐标系不同，具体如图 4-40 所示。

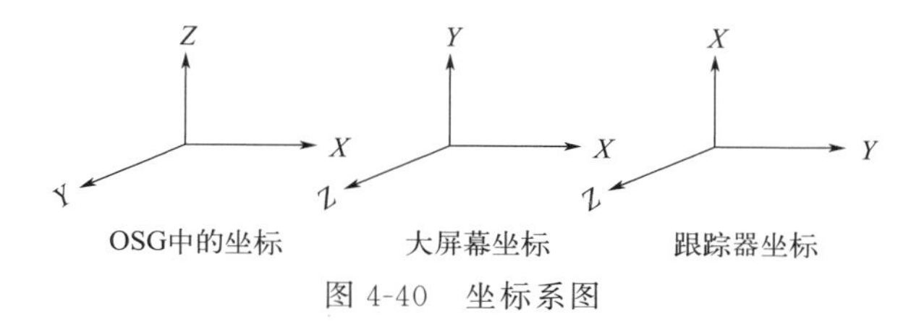

图 4-40　坐标系图

根据坐标系将空间分为 8 个象限，测试跟踪器在各个象限中 XYZ 轴的正负：

一七象限：$Y+Z-$；四六象限：$Y-Z+$；三五象限：$Y+Z+$；二八象限：$Y-Z-$。

角度设置逆时针为正：

一七象限：0°～180°；四六象限：0°～180°；三五象限：－180°～0°；二八象限：－180°～0°。

人手和虚拟手的位置能够实时保持一致是通过系统每一帧的实时刷新来实现的。需要将位置跟踪器和数据手套中传感器测得的位姿信息根据空间坐标变换矩阵从现实空间转换到虚拟空间中。

已知位置跟踪器在空间坐标系下初始点坐标 $\boldsymbol{V}$，跟随数据手套在空间中进行一系列的移动，移动后的坐标为 $\boldsymbol{V}'$，移动经历是将坐标系下移动矩阵依次相乘，如下式：

$$\boldsymbol{V}'=\boldsymbol{V}\boldsymbol{M}_n\boldsymbol{M}_{n-1}\cdots\boldsymbol{M}_1\boldsymbol{M}_0 \tag{4-11}$$

根据位置移动过程即可得到：

$$\boldsymbol{V}=\boldsymbol{V}'(\boldsymbol{M}_n\boldsymbol{M}_{n-1}\cdots\boldsymbol{M}_1\boldsymbol{M}_0)^{-1}=\boldsymbol{V}'\boldsymbol{M}_0^{-1}\boldsymbol{M}_1^{-1}\cdots\boldsymbol{M}_{n-1}^{-1}\boldsymbol{M}_n^{-1} \tag{4-12}$$

式中，$\boldsymbol{V}$ 为移动前坐标，$\boldsymbol{V}'$ 为移动后坐标，$\boldsymbol{M}_n\boldsymbol{M}_{n-1}\cdots\boldsymbol{M}_1\boldsymbol{M}_0$ 是变换矩阵，$\boldsymbol{M}_0^{-1}\boldsymbol{M}_1^{-1}\cdots\boldsymbol{M}_{n-1}^{-1}\boldsymbol{M}_n^{-1}$ 是变换逆矩阵。

位置跟踪器在不同空间坐标系下的位姿坐标的转换是通过式(4-13) 来实现的。

$$\boldsymbol{b}=\boldsymbol{a}\boldsymbol{d} \tag{4-13}$$

式中，$\boldsymbol{a}$ 为现实空间坐标矩阵；$\boldsymbol{b}$ 为屏幕空间坐标矩阵；$\boldsymbol{d}$ 为转换矩阵。

得到转换矩阵如下：

$$\boldsymbol{d}=\boldsymbol{a}^{-1}\boldsymbol{b}=\frac{\boldsymbol{a}^*}{|\boldsymbol{a}|}\boldsymbol{b} \tag{4-14}$$

式中，$\boldsymbol{a}^{-1}$ 为逆矩阵；$\boldsymbol{a}^*$ 为伴随矩阵；$|\boldsymbol{a}|$ 为行列式。

经过以上分析，结合系统自带的函数开发库，实现虚拟手操作的功能流程图，如图 4-41 所示。

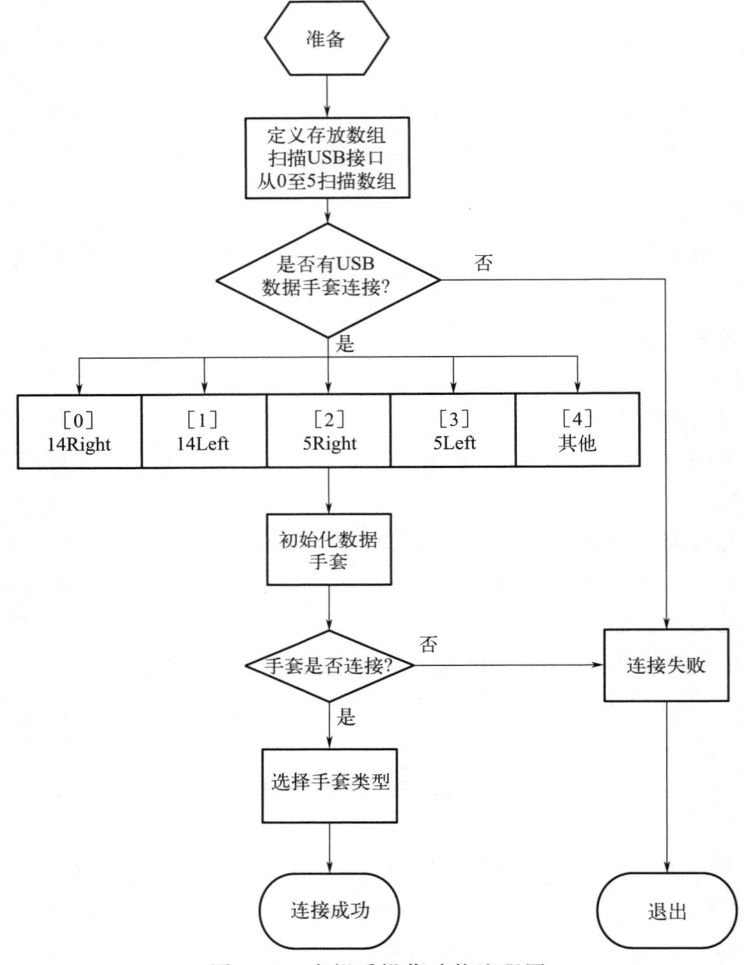

图 4-41 虚拟手操作功能流程图

当数据手套和位置跟踪器连接成功之后，进入主程序执行相关装配操作。因此，由位置跟踪器所测得的位移 X、Y、Z 及角度 Rx、Ry、Rz 需经转换变成 OSG 场景中位移和角度信息：

```
hand_coordinate=OSG::Vec3(Y,X,-Z);
hand_rotate=OSG::Quat (OSG::DegreesToRadians(Ry),OSG::X_AXIS,
                       OSG::DegreesToRadians(Rx),OSG::Y_AXIS,
                       OSG::DegreesToRadians(-Rz),OSG::Z_AXIS);
```

虚拟手的驱动完成后就需要考虑虚拟手操作物体的运动情况。虚拟手抓取到物体后，物体就随虚拟手一起运动。对于物体的移动只需通过 X、Y、Z 坐标将物体直接置于世界坐标系中相应位置即可；而对于物体的转动，由于虚拟手在抓取物体前已经有了转动效果，所以在抓取到物体时需要记录虚拟手的转动情况，通过其与虚拟手抓取物体后实际转动情况的差值得到物体实际旋转情况，从而实现被选取物体跟随虚拟手的转动。

4.6.4.2　自动定位约束

当虚拟手释放物体后，物体所处位置也是一个关键问题。当虚拟手释放时，首先记录此时的位置坐标，然后进行判断，如果它与正确装配位置大于一定数值，物体将停留在此时的坐标位置。如果它与正确装配位置小于一定数值，物体就将自动装配到正确位置，从而完成装配。在本系统中，距离设置为 20，以下代码实现了这一判断过程：

```
ispick=false;                                   //设定物体为抓取状态
OSG::Vec3 data_record;                          //物体正确装配位置的数组集合
if(mt_model->getName()=="1")                    //判断抓取的物体是否为1物体
{data_record=(*position_array)[0];              //为1物体时,自动放到虚拟手释放位置}
else if(mt_model->getName()=="2")               //判断抓取的物体是否为2物体
{data_record=(*position_array)[1];              //为2物体时,自动放到虚拟手释放位置}
……
float twopointdistance=sqrt((data_record[0]-mt_model->getMatrix().getTrans().x())*(data_record[0]-mt_model->getMatrix().getTrans().x())+(data_record[1]-mt_model->getMatrix().getTrans().y())*(data_record[1]-mt_model->getMatrix().getTrans().y())+(data_record[2]-mt_model->getMatrix().getTrans().z())*(data_record[2]-mt_model->getMatrix().getTrans().z()));   //计算此时物体坐标与正确装配坐标的位置
if(twopointdistance<20)                         //如果小于20,自动装配到正确位置
{OSG::Matrix final_m;
```

```
final_m.makeTranslate(data_record);
mt_model->setMatrix(final_m);}
```

4.6.5 基于虚拟手的装配交互实现

基于前面所讨论的内容，本章实现了系统的另一种装配交互方式——基于数据手套及位置跟踪器的装配交互，如图 4-42 所示。图中展示了针对采煤机外牵引的虚拟手装配交互。

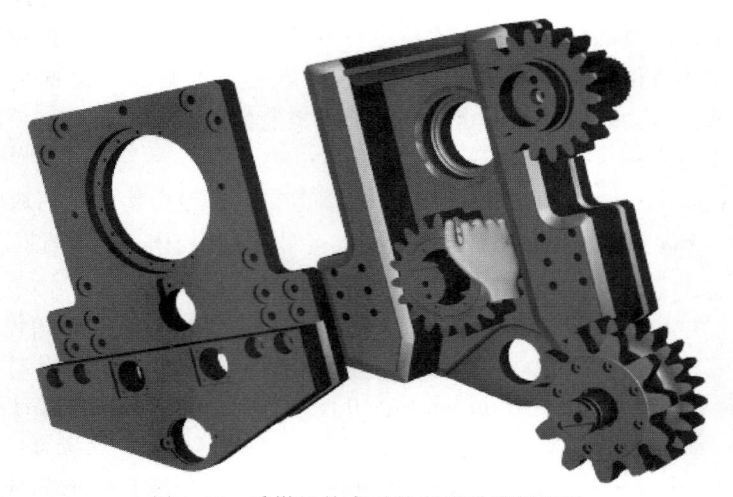

图 4-42 采煤机外牵引的虚拟手装配交互

4.7 网络协同装配技术

网络协同设计主要用来实现异地实时同步操作。随着当今网络技术的发展，人们的交流已经不再局限于一个很小的地域，在网络协同的支持下，可以很轻松和异地设计人员共同完成设计任务。在本装配系统研究中，网络协同也变得越发重要，它以收发令牌的形式使多用户异地实时交互成为现实，丰富了虚拟研发的方式。

4.7.1 工作流程

网络协同装配的核心是信息的实时共有，在本系统中指的是装配模型的位置实时传输、接收和更新。工作时，本系统网络通信模块可以记录下所操作零件的信息，包括名称、零件的位置矩阵等，上传到服务器端，服务器再向其他用户进行传输。客户端接收到消息以后通过解析，把相应的数据信息提取出来，接着场景在回调函数的作用下把被操作零件的位置信息更新。具体工作流程如图 4-43 所示。

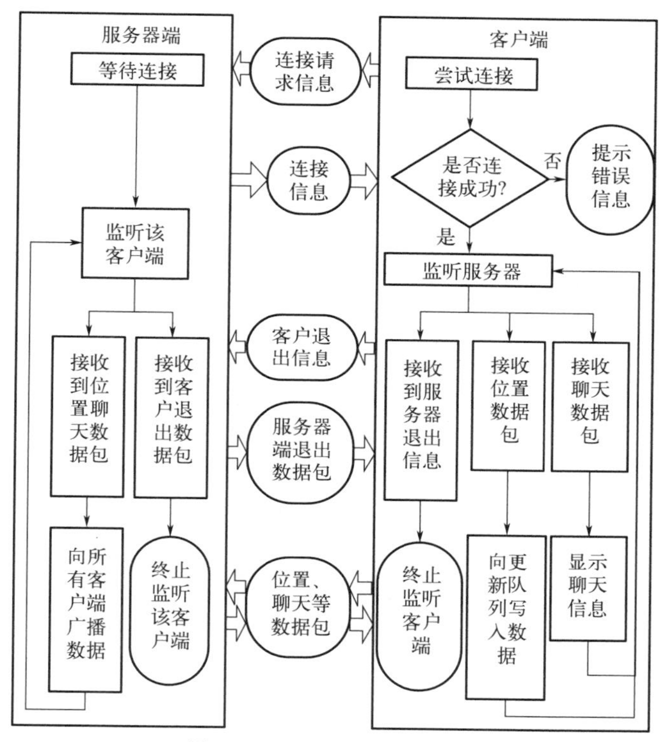

图 4-43 网络协同工作流程

4.7.2 基于 Windows Sockets 的网络协同装配

Windows Sockets 是 Windows 下的网络编程规范，在开发本模块时，主要是通过 winsock 中的 send() 与 recv() 函数来实现对位置信息的发送和接收。

系统接收到信息后就需要对信息进行记录和提取，本章使用一个更新队列来进行场景更新和数据记录，而对这种多线程共享数据的过程，在众多操作者中哪一方获得操作权至关重要，否则可能出现多个操作者同时操作造成网络与系统崩溃的局面，所以必须对共享资源进行加锁。在场景更新时，对一个 Mutex 进行加锁，当通信线程访问到这个临界资源时就需要等待，直到更新回调释放该临界资源，这样就避免了多用户同时操作出现的程序错误问题。

下面的代码实现了对程序的加锁：

EnterCriticalSectio(&Critical_Section);

向更新队列写入或读取数据：

LeaveCriticalSectio(&Critical_Section);

当系统读取到需要的位置信息后，就要寻找信息所对应的模型，通过节点访问器（OSG::NodeVisitor）对各节点进行遍历访问，寻找到需要的节点，然后就对该模型进行位置变换并更新。

实际的网络协同需要分两部分实现：一部分是客户端，主要负责对装配模型的操作；另一部分是服务器端，主要负责对收到的信息进行广播。将这两部分结合起来，就实现了装备的网络协同装配功能。

4.7.3 具体实现流程

局域网协同装配能够达到不同地域使用者的相同目的，将面向煤机装备的虚拟现实装配系统的应用范围扩大化和高效化，其组成部分包括主控端、服务器和客户端。主控端包含系统的所有功能及所需资料，也就是本系统中所搭建的虚拟装配系统平台；服务器起到中转站的功能，传递和协调主控端和客户端之间的交流信息；而客户端不需要安装整个复杂的系统，只要有相应的程序安装包，能够同服务器进行信息传输即可。协同操作的信息流程图如图 4-44 所示。

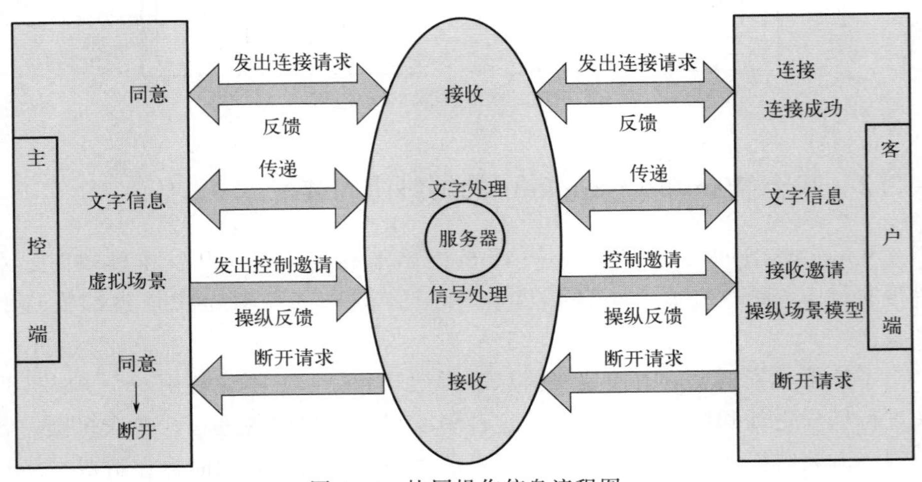

图 4-44 协同操作信息流程图

协同操作之前，客户端向服务器发出连接请求，服务器接收信号之后给主控端发出信号，主控端同意连接之后将反馈信号利用服务器反馈给客户端，则二者连接成功，客户端即可异地操作主控端所建立的基于 OSG 的虚拟装配系统。客户端和主控端可以通过服务器直接进行文字信息的传递；对于虚拟场景的控制，需要通过服务器对控制信号的处理和操纵信号的反馈来完成。装配操作完成之后，客户端向服务器提出断开请求，服务器接收后转向主控端，主控端同意之后即可断开连接，也可由主控端直接断开和服务器的连接，即完成二者的断开连接。

4.8 装配系统设计与集成

4.8.1 基于UG的采煤机虚拟装配系统总体设计

虚拟装配是设备研发过程中相当关键的一个环节，现阶段越来越受到国内外学者的重视。相对于传统设计技术，虚拟装配技术具有以下主要特点：

① 方便对设备可装配性的验证；

② 高度集成化；

③ 对装配设计进行了极大的改进；

④ 能够得到更为有效的装配；

⑤ 可以动态建立装配关系。

4.8.1.1 系统设计目标

该系统主要的设计目标有以下几点：

（1）能够进行装配模型的重构以及转换

对导入系统的采煤机 UG 装配模型进行面向虚拟装配的层次结构重构，形成针对虚拟装配过程的装配树结构，将采煤机的 UG 装配模型转换成适合装配规划以及过程动态仿真的虚拟装配模型。

（2）实现人机交互式的装配规划

各零部件的位姿、装配/拆卸序列和路径都能够进行人机交互式的操作，这样可以将设备研发工程师的设计经验以及软件系统的高效运算能力相结合。

（3）动态演示装配的全过程

用可视化的形式虚拟展现设备模型的装配和拆卸的全部过程，并且能够单独实现各个零部件的位姿显示、装配和拆卸过程的动画仿真等虚拟仿真，使研发人员能够提前对整个装配过程进行整体的规划和及时的调整。

（4）能够对装配顺序和装配路径进行规划

该虚拟装配系统能够对采煤机产品的装配和拆卸顺序以及各个动作的路径

进行规划，并且能够将其以文本的形式输出，为产品生产工艺卡片的制作提供基本的数据支持。

(5) 具有良好的可扩展性

系统的设计必须为后期系统的升级，以及系统模块的增减提供开放的开发环境，使系统的升级不需要对系统进行重新设计，在系统功能增减时不会对系统的其他结构和模块造成影响。

4.8.1.2 系统总体结构设计

(1) 系统体系结构

基于 UG 的采煤机虚拟装配系统主要是针对采煤机在设计研发阶段对其装配性能评估分析而设计的。由于产品的装配模型都是由 CAD 软件建立的 CAD 模型，因此，该系统必须具有数据模型重构转换模块。除此之外本章根据该虚拟装配系统需要，还要对装配信息显示、装配规划、装配评估和装配顺序、装配路径规划等功能模块进行设计。

根据以上要求，本章设计的基于 UG 的采煤机虚拟装配系统的框架构成如图 4-45 所示。考虑到系统的升级以及根据实际需求对系统功能模块进行调整，本系统设计为开放模式，省略号表示系统的可扩展性。在该系统的众多功能模块中，装配数据重构转换模块有着重要的地位，它将系统外部的产品 CAD 装

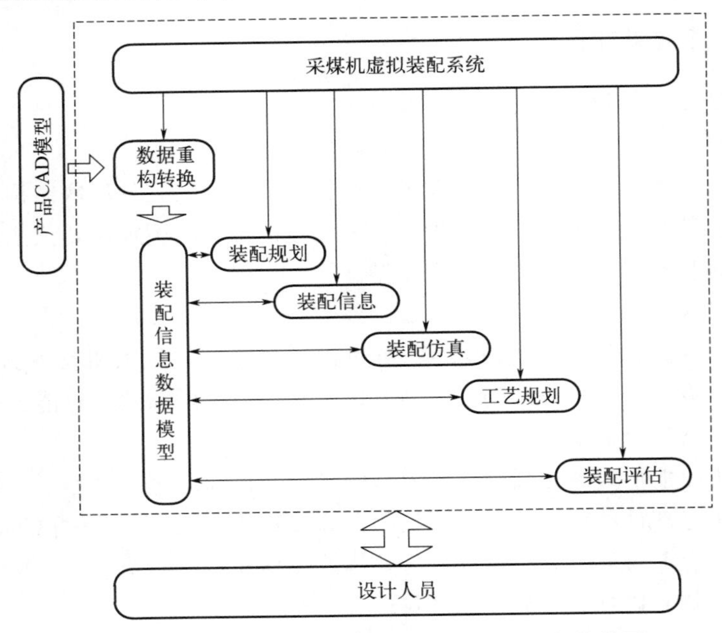

图 4-45 基于 UG 的采煤机虚拟装配系统框架结构图

配模型的装配信息数据进行调整，转换为适合该系统的装配信息数据模型，构成了虚拟装配系统的其他各个功能模块的装配数据来源。装配信息数据模型是整个系统运行的基本条件。

设计人员与系统之间的人机交互主要通过输入设备鼠标、键盘以及输出设备显示器等外部设备在人机交互界面进行。

(2) 系统结构设计

系统的结构设计如图 4-46 所示，分为三大模块，分别为装配体导入模块、

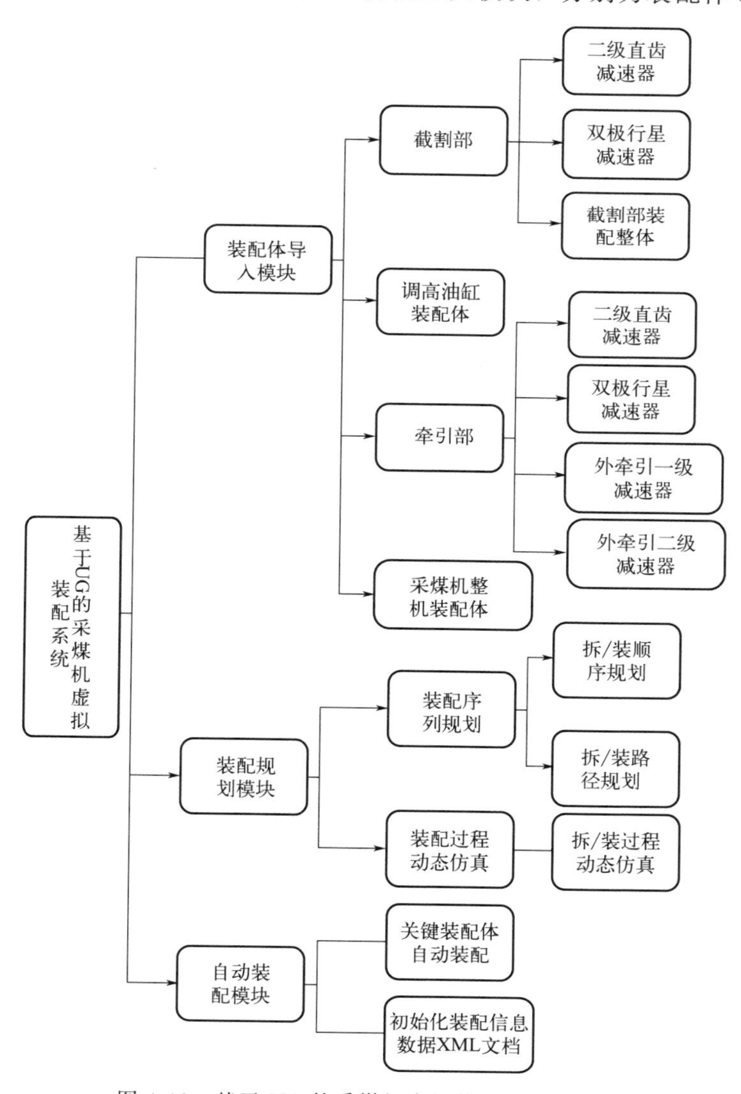

图 4-46　基于 UG 的采煤机虚拟装配系统结构图

装配规划模块和自动装配模块。其中，装配体导入模块主要用来将采煤机各部件的装配体模型和整机模型导入到虚拟装配系统环境中，而装配规划模块的结构主要分为具有装配顺序和装配路径规划功能的装配序列规划部分和可视化演示装配和拆卸过程的装配过程动态仿真部分，最后一个自动装配模块主要由装配体初始化装配信息数据 XML 文档和自动装配部分构成。

（3）系统软硬件选择

选择基于现有 CAD 软件平台作为开发环境进行系统的开发。鉴于 UG 软件在二次开发功能上的成熟应用以及其本身装配环境的强大功能，选择 UG 软件。

详细软硬件选择如表 4-4 所示，硬件选择为工作站式计算机和鼠标、键盘、显示器组成的外部设备，软件选择为 64 位 Windows7 专业版系统以及大型计算机辅助设计软件 UG 7.5 版本。

表 4-4　基于 UG 的采煤机虚拟装配系统软硬件选择

硬件选择		软件选择	
主机	外部设备	操作系统	CAD 软件平台
计算机	鼠标、键盘、显示器	Windows7 64bit 专业版	UG 7.5

4.8.1.3　系统开发环境选择

（1）系统开发技术

基于现有大型 CAD 软件平台的开发环境具有明显的成本优势。现有的商用计算机辅助设计软件，如 UG、Pro/E、Solidworks 等，都具有强大的结构设计功能，并提供了相应的二次开发工具。由于这类计算机辅助设计软件的使用广泛、通用性强，采用这种基于 CAD 软件进行开发的开发环境，硬件需求低、成本投入小，开发的虚拟装配系统的适用性广，具有很好的可扩展性。

（2）开发语言选择

在开发语言上选择 VC＋＋开发语言。选择 Microsoft Visual Studio2010（VS2010）作为 C＋＋语言编程工具，其与 VC＋＋6.0 相比更适合本章的特点是可以开发 64 位的应用程序。

（3）系统软件支持

作为 CAD/CAE/CAM/PDM 一体化软件系统，UG 不仅具有强大的实体建模等常用功能，还提供了 UG/Open 二次开发工具。利用 UG/Open，设计人员能够开发一系列以 UG 软件为平台的专用软件系统，从而满足相应的使用要求。

UG/Open 是所有 UG 二次开发工具的总称，它是 UG 软件专门为设计开发者提供的开发工具。UG/Open 开发工具主要包括 GRIP、API、Menu Script、UI Styler、GRIP NC 和 C++等几个模块，其功能作用如下：

① UG/Open API。UG/Open API 是 UG 中一个相当重要的模块，其主要作用是连接 UG 和其他软件系统的接口函数模块。用户采用这一工具可以开发具有 UG 软件大部分功能的应用。

② UG/Open UI Styler。UG/Open UI Styler 是 UG/Open 二次开发工具中用于建立对话框窗口的模块。开发者可以方便快捷地建立 UG 风格的对话框。UI Styler 模块可以支持大部分的控件类型，并且在建立对话框的同时，可以自动生成与该对话框相对应的“.c”文件和“.h”文件，从而为开发者减少了大量的工作时间。

③ UG/Open Menu Script。UG/Open Menu Script 是 UG 二次开发工具中专门用于菜单构建的工具。用户能够灵活方便地编辑应用程序菜单，实现对 UG 系统菜单的编辑。

本章选择的系统开发工具如图 4-47 所示，由 UG/Open API、UG/Open Menu Script 和 UG/Open UI Styler 三种工具与 Microsoft Visual Studio 2010 编程工具构成。

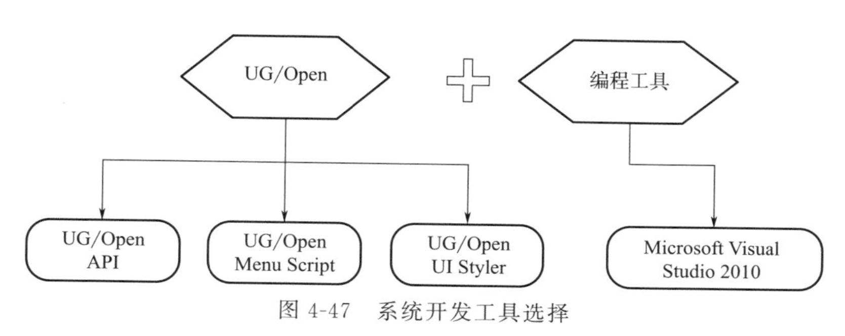

图 4-47　系统开发工具选择

4.8.1.4　系统功能设计

(1) 系统的分析流程

基于 UG 的采煤机虚拟装配系统分析流程见图 4-48。

图 4-48 中实线箭头表示人为的操作命令，虚线箭头表示系统内部各模块之间的数据交互。按照采煤机系统的设计结构分为三大模块，分别为模型处理模块、动态规划模块和静态规划模块。模型处理模块主要是按照设计人员的需求将规划的装配对象模型导入到本系统中进行转换和重构，来满足系统规划的需求。动态规划模块主要是基于虚拟装配模型进行装配动态规划，提供装配顺

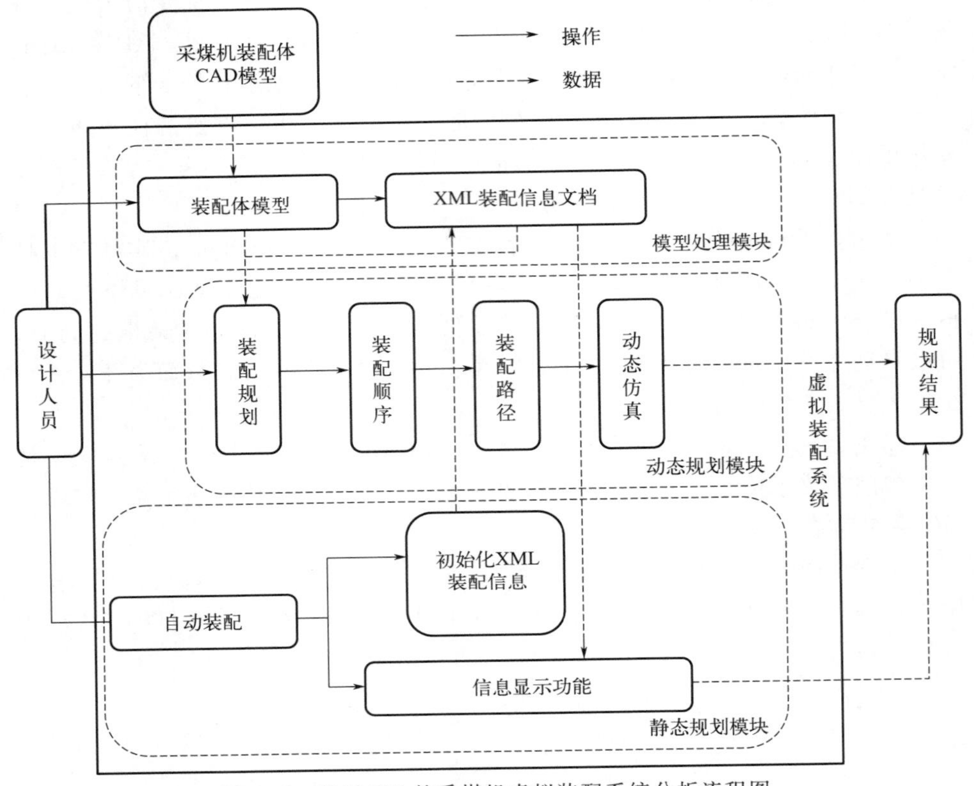

图 4-48 基于 UG 的采煤机虚拟装配系统分析流程图

序规划、装配路径规划以及动态仿真等功能。静态规划模块主要是由装配信息数据的显示、更新以及自动装配功能等内容组成。

(2) 系统的主要功能

本系统需要能够将产品设备装配模型中的装配信息数据进行读取、集成，例如装配体中所有零部件的装配关系、配合的几何元素、装配的对象等装配信息数据。这样就可以构成整个虚拟装配系统的数据模型。

4.8.2 系统集成

本系统集成了煤机装备虚拟现实模型资源库以及所搭建的基于 OSG 的虚拟装配子系统、基于 UG 的虚拟装配子系统、煤机装备场景仿真与漫游系统、煤机装备虚拟现实装配人机交互系统、煤机装备虚拟现实装配的网络化系统以及基于 WebGL 的煤机装备数字模型系统，以便能够方便进入每一个模块，满足用户的使用需求。

其中，基于OSG的虚拟装配子系统、煤机装备场景仿真与漫游系统和煤机装备虚拟现实装配人机交互系统，集成到太原理工大学机械工程学院虚拟现实实验室；基于UG的虚拟装配子系统集成到合作企业的技术中心；而煤机装备虚拟现实装配的网络化系统以及基于WebGL的煤机装备数字模型系统分别集成到四所合作企业网络中心和太原理工大学网络中心服务器，方便各用户在广域网上通过笔记本电脑或者手机等设备使用。

第5章 VR运动仿真设计技术

5.1 运动仿真总体思路

综采工作面单机运动仿真是综采装备虚拟协同运行的基础，通过对各设备的运行姿态进行解析，找出控制变量，并在C环境下进行编程求解，借助Transform组件，实现对模型运行的精确控制。

5.2 采煤机运动仿真

采煤机单机运动情况分析：在端头摇臂升降至指定位置后，沿煤壁正向运行割煤，至端尾处摇臂反向升降至指定位置后再反向运行割煤，其间一直伴随着滚筒的旋转。实际工作中是调高油缸为摇臂升降提供动力，调高油缸与摇臂协同运动，对二者进行姿态解析，仿真过程中给摇臂一升降角度，按解析关系控制油缸的运动。下面对型号为MG250/600-WD的采煤机进行分析。

5.2.1 采煤机姿态解析

摇臂升降角的确定：

最大采高 $$m_{max}=h-C/2+L\sin\alpha_{max}+D/2 \tag{5-1}$$

最大卧底深度 $$X_{max}=h-C/2-L\sin\beta_{max}-D/2 \tag{5-2}$$

式中 h——采煤机高度；

C——机身箱体厚度；

L——摇臂长度；

α_{max}——摇臂上升最大摆角；

β_{max}——摇臂下降最大摆角；

D——滚筒直径。

由采煤机型号MG250/600-WD，可得公式中各参数，代入得摇臂升降角范围为$-10°\sim37°$。

调高油缸姿态解析（图5-1）：

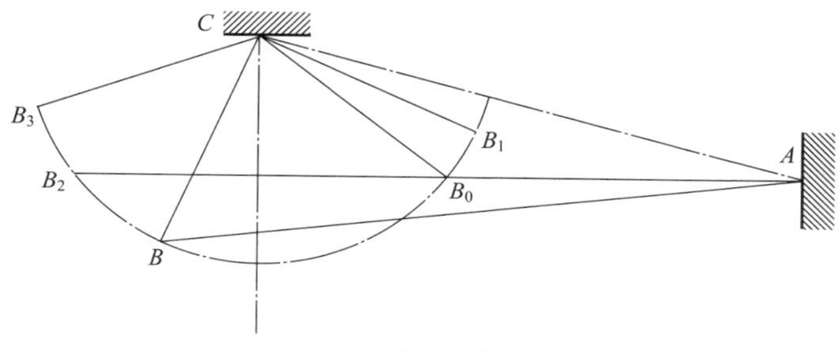

图5-1 调高油缸姿态解析

站在采煤区面向综采“三机”，以左摇臂为研究对象，C点为摇臂销轴，A点为调高油缸销轴，B（B_0、B_1、B_2、B_3）点为活塞销轴，摇臂初始位置时活塞销轴处于B_0，摇臂降到最低点时活塞销轴处于B_1，摇臂升到最高点时活塞销轴处于B_3，取摇臂在任意位置时活塞销轴为B。随着摇臂的升降，活塞销轴以固定长度CB为半径，以摇臂销轴C为圆心旋转。

通过分析，$\angle B_0CB$为摇臂摆角，记α；$\angle B_0AB$为调高油缸摆角，记β。其中当B处于$B_0 \sim B_1$段时左摇臂降，记$\alpha<0$、$\beta<0$；$B_0 \sim B_2$段时左摇臂升，此时记$\alpha>0$、$\beta>0$；$B_2 \sim B_3$段时左摇臂升，此时记$\alpha>0$、$\beta<0$。

给定摇臂摆角α，要想知道调高油缸运行轨迹，需求出β与AB。

经测量摇臂处于初始状态下，令$\angle 1=\angle ACB_0=48.13°$，$\angle 2=\angle CAB_0=23.27°$，$AC=1303.3\text{mm}$，$BC=543.4\text{mm}$，$AB_0=1024.0\text{mm}$。

在$\triangle ABC$中，应用余弦定理得

$$AB^2=BC^2+AC^2-2BC\times AC\cos(\alpha+\angle 1) \tag{5-3}$$

$$BC^2=AB^2+AC^2-2AB\times AC\cos(\beta+\angle 2) \tag{5-4}$$

解得：

$$\begin{cases} AB=\sqrt{AC^2+BC^2-2BC\times AC\cos(\alpha+\angle 1)} \\ \beta=\arccos\dfrac{AC-BC\cos(\alpha+\angle 1)}{AB}-\angle 2 \end{cases}$$

由式(5-3)、式(5-4)即可得随着摇臂升降，调高油缸摆动的角度β及伸长量$|AB-AB_0|$。

5.2.2 采煤机虚拟联动实现

① Unity引擎提供了丰富的组件和类库，使系统开发高效便利。对于综采工作面“三机”的基本动作——移动与旋转，直接调用Transform组件的

平移 Translate()与旋转 Rotate()成员函数可以实现。根据姿态解析中采煤机运动的分析，将采煤机不同动作通过子方法先依次实现，如 ZuoYaoBi()、ZuoXing()、YouYaoBi()、YouXing()等，摇臂升降角范围−10°～37°。

② 采煤机运动通过 JiShen. cs 脚本组件控制，在编程之前分析采煤机运动的逻辑关系，如表 5-1，具体的动作实现过程如下：

a. 首先在 Start() 函数中定义各自变量，运行过程中一直伴随着滚筒旋转，所以在主函数中通过下面语句控制滚筒旋转：

```
xiaozhouright_guntong. transform. Rotate(Vector3. forward * GunTong-
Speed * Time. deltaTime);//控制右滚筒旋转
```

b. 摇臂升降的控制：在脚本中建立摇臂升降函数控制采煤机左右摇臂升降，通过摇臂升降角变量控制摇臂升降至指定位置；特别地，在此过程中，调高油缸将摇臂升降角作为自变量，代入式(5-3)、式(5-4) 得活塞旋转角与位移量，再分阶段控制其运动。不同摇臂的不同阶段类似，部分程序如下：

```
if(rightAngle<=37)                          //摇臂升降角控制摇臂升
                                              降至指定位置
{   ……
//摇臂旋转
xiaozhouright_yaobi. transform. Rotate(Vector3. forward * -0. 1f);
//活塞位移,活塞在自身坐标系下沿 X 轴移动,Y、Z 不变
xiaozhouright_huosai. transform. localPosition=new Vector3(xiaozhouright_
huosai. transform. localPosition. x-huosaiweiyi),0. 7f,0. 4f);
//分阶段实现调高油缸旋转
if(rightAngle>0&&rightAngle<25. 2752)      //B0～B2 段
{tiaogaoyougang_right. transform. Rotate(Vector3. forward * xuanzhuan-
jiao
 * 180/Mathf. PI);  }
else if(rightAngle<=37)                      //B2～B3 段
{tiaogaoyougang_right. transform. Rotate(Vector3. forward * -xuanzhuan-
jiao
 * 180/Mathf. PI);}
rightAngle+=0. 1f;
……
}
```

c. 最后在 FixedUpdate（）中调用各子函数，并用 if-else if 判断语句触发各个动作，形成完整的连贯运动。

表 5-1　采煤机运动逻辑表

判断条件	采煤机动作
if(右摇臂升角<37°)	摇臂右升左降
else if(右摇臂升角>37°&& 采煤机坐标<端尾坐标)	采煤机正向移动
else if(采煤机坐标==端尾坐标 && 左摇臂升角<37°)	摇臂反向升降
else if(左摇臂升角>37°&& 采煤机坐标>初始坐标)	采煤机反向移动

d. 将完成的脚本组件添加至采煤机上并运行，在综采工作面场景中采煤机正确完成摇臂的升降及行走割煤动作，动作截图如图 5-2。

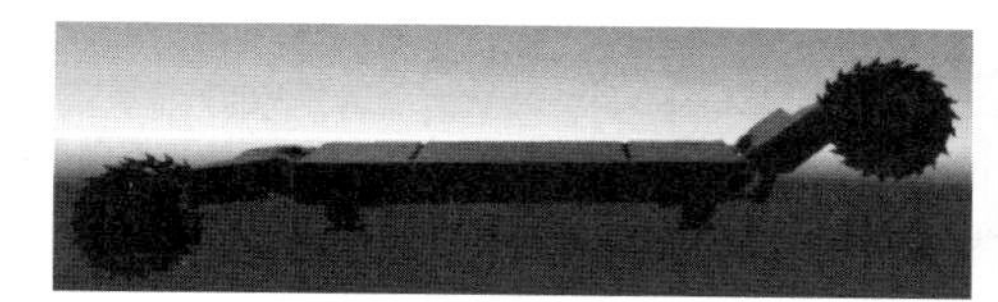
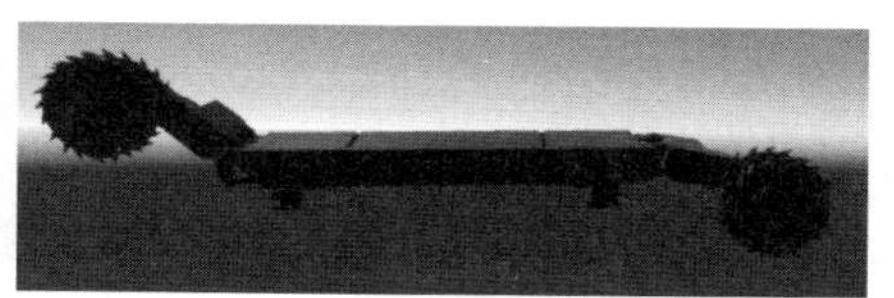

图 5-2　采煤机运动图

5.2.3　采煤机虚拟记忆截割方法

采煤机记忆截割包括示教与执行两个阶段。示教阶段是对其在一个截割过程中的关键信息进行记忆，执行阶段是根据这些信息驱动采煤机在下一个循环中复现截割状态。在复现过程中需根据巷道底板的高度变化实时对采煤机前后滚筒进行截割高度补偿。

（1）记忆截割原理

采煤机司机依据煤岩分界线或规划好的截割曲线手动操作采煤机，将采煤机位置、姿态参数、运行速度及方向等信息进行记录，完成示教；接着将采煤机设为自动截割，依据示教过程中记录的采煤机参数驱动采煤机进入执行阶段。如图 5-3 所示。

（2）采煤机前后滚筒高度补偿

采煤机截割过程中，由于巷道底板高度会发生变化，同时刮板输送机是刚性结构，使得采煤机对于局部范围内的地板高度变化不敏感，导致现有记忆截割方法的执行精度不高。为了适应底板变化，需要对实际截割过程中的前后滚筒进行高度补偿。

以前滚筒为例进行高度补偿分析。在竖直平面内，决定滚筒截割高度的有

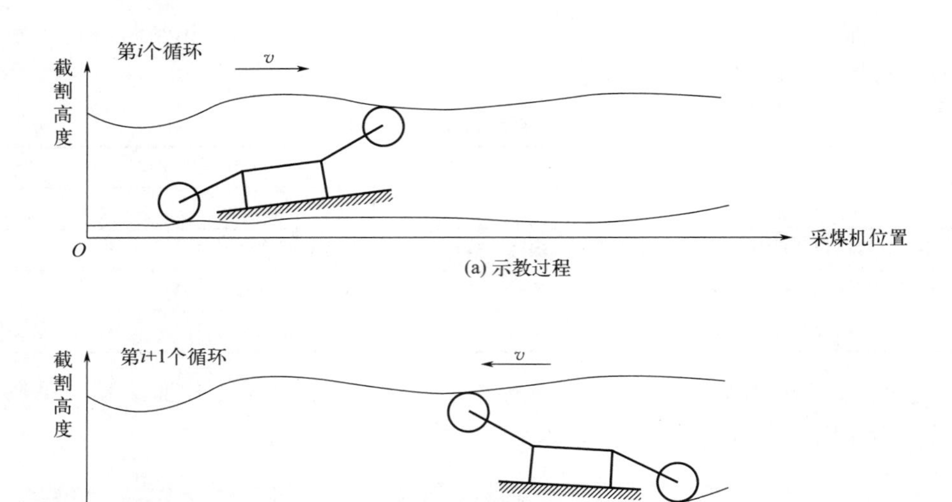

(a) 示教过程

(b) 执行过程

图 5-3 采煤机记忆截割过程

采煤机机身倾角与摇臂倾角，当采煤机机身倾角变化时，滚筒的截割高度也会变化。故需要对摇臂倾角进行调节，使滚筒高度满足控制要求。如图 5-4 所示为采煤机在第 $i-1$ 刀与第 i 刀对应记忆点位置时的不同姿态。

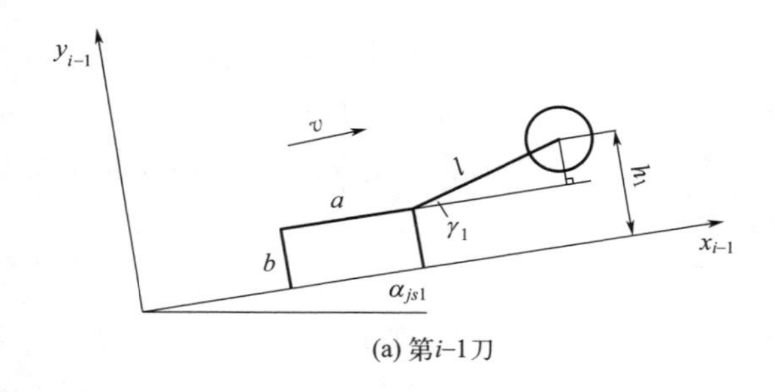

(a) 第i–1刀

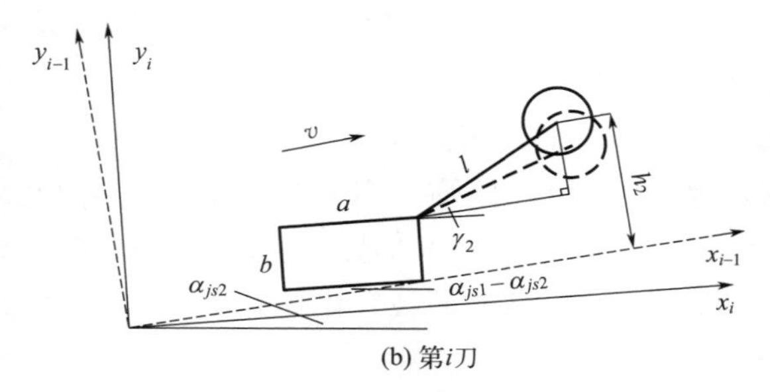

(b) 第i刀

图 5-4 第 $i-1$ 刀和第 i 刀对应位置的采煤机姿态

由图 5-4 可知，当采煤机处于状态（a）时，机身倾角为 α_{js1}，前摇臂与机身之间的夹角为 γ_1，a、b 为机身几何尺寸，l 为摇臂长度，采煤机前滚筒中心距底板高度 h_1 的值为：

$$h_1=b+l\sin\gamma_1 \tag{5-5}$$

当采煤机处于状态（b）时，前摇臂与机身之间的夹角为 γ_2，采煤机前滚筒中心距底板高度 h_2 的值为：

$$h_2=b\cos(\alpha_{js1}-\alpha_{js2})+l\sin[\gamma_2-(\alpha_{js1}-\alpha_{js2})] \tag{5-6}$$

理想记忆截割的条件为：$h_1=h_2$

$$b+l\sin\gamma_1=b\cos(\alpha_{js1}-\alpha_{js2})+l\sin[\gamma_2-(\alpha_{js1}-\alpha_{js2})] \tag{5-7}$$

记忆截割执行过程中的摇臂倾角为：

$$\gamma_2=\alpha_{js1}-\alpha_{js2}+\arcsin\left\{\frac{b}{l}[1-\cos(\alpha_{js1}-\alpha_{js2})]+\sin\gamma_1\right\} \tag{5-8}$$

相对于上一截割循环的摇臂倾角变化值为：

$$\Delta\gamma_1=\gamma_2-\gamma_1=\alpha_{js1}-\alpha_{js2}+\arcsin\left\{\frac{b}{l}[1-\cos(\alpha_{js1}-\alpha_{js2})]+\sin\gamma_1\right\}-\gamma_1 \tag{5-9}$$

不同底板高度下采煤机记忆点姿态，如图 5-5 所示。

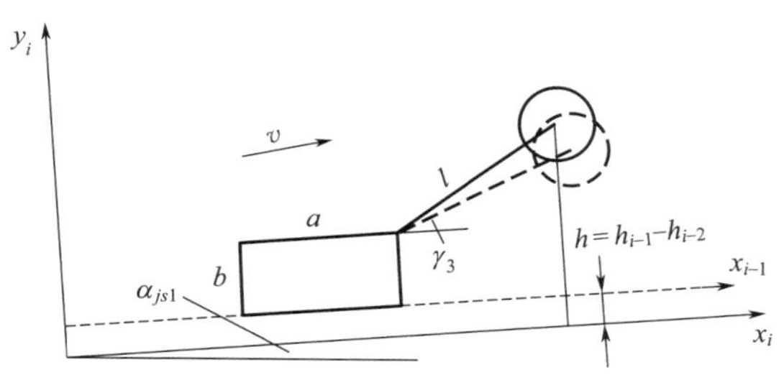

图 5-5　第 i 刀的底板高度变化

由几何关系可得：$h_{i-1}-h_{i-2}=l(\sin\gamma_3-\sin\gamma_1)$

当底板高度发生变化时，计算调整后的摇臂倾角，得：

$$\gamma_3=\arcsin\left(\frac{h_{i-1}-h_{i-2}}{l}+\sin\gamma_1\right) \tag{5-10}$$

相对于上一截割循环中的摇臂倾角变化值为：

$$\Delta\gamma_2=\gamma_3-\gamma_1=\arcsin\left(\frac{h_{i-1}-h_{i-2}}{l}+\sin\gamma_1\right)-\gamma_1 \tag{5-11}$$

综合考虑机身倾角变化和底板高度变化对采煤机记忆截割执行效果的影响，当采煤机处于第 i 刀时，前滚筒摇臂倾角 γ_1 应为：

$$\begin{aligned}\gamma_i &= \gamma_{i-1} + \Delta\gamma_1 + \Delta\gamma_2 \\ &= \alpha_{js(i-1)} - \alpha_{jsi} + \arcsin\left\{\frac{b}{l}[1-\cos(\alpha_{js(i-1)} - \alpha_{jsi})] + \sin\gamma_{i-1}\right\} \\ &\quad + \arcsin\left(\frac{h_{i-1} - h_{i-2}}{l} + \sin\gamma_{i-1}\right) - \gamma_{i-1}\end{aligned} \tag{5-12}$$

执行记忆截割时，采煤机前滚筒实际高度 h_i 为：

$$\begin{aligned}h_i &= b + l \cdot \sin\gamma_i - \Delta h \\ &= b + l \cdot \left\{\alpha_{js(i-1)} - \alpha_{jsi} + \arcsin\left\{\frac{b}{l}[1-\cos(\alpha_{js(i-1)} - \alpha_{jsi})] + \sin\gamma_{i-1}\right\}\right. \\ &\quad \left. + \arcsin\left(\frac{h_{i-1} - h_{i-2}}{l} + \sin\gamma_{i-1}\right) - \gamma_{i-1}\right\} - (h_{i-1} - h_{i-2})\end{aligned} \tag{5-13}$$

(3) 虚拟记忆截割方法

在采运装备虚拟运行的基础上编写采煤机记忆截割脚本 Cmj _ jyjg. cs 控制采煤机的示教与执行过程。虚拟记忆截割的总体研究思路如图 5-6 所示。

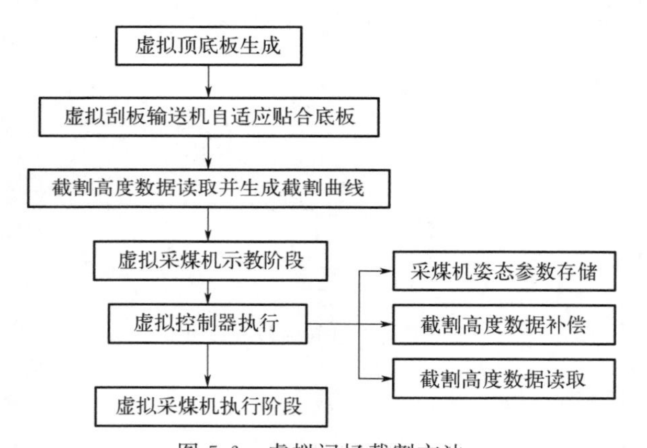

图 5-6　虚拟记忆截割方法

在 Unity-3D 中生成虚拟顶底板，并使虚拟刮板输送机适应底板环境，生成虚拟采煤机的运行轨道；采煤机仿真主要包括前后摇臂与前后油缸虚拟协同运行等；依据已有的截割高度数据生成虚拟截割曲线；在示教阶段，实时调整前后滚筒截割高度，使其沿截割曲线进行截割，同时实时记录滚筒的实际截割高度并存储；在执行阶段，读取已储存的高度数据并进行实时补偿，以补偿后的高度数据驱动虚拟采煤机进行截割状态的复现，实现记忆截割。

5.3 液压支架运动仿真

5.3.1 液压支架姿态解析

液压支架的姿态解析主要为四连杆机构的解析、四连杆机构与顶梁的协同解析、四连杆机构和顶梁与前后立柱之间的协同解析。

经分析可知，前连杆倾角或者后连杆倾角确定四连杆机构的姿态，包括掩护梁的姿态，但顶梁运动受掩护梁运动影响，再结合顶板工况，从而做出俯仰动作，因此顶梁也具备一个独立的自由度，用顶梁倾角变量关联，就可求出整个液压支架的姿态参数。建立如图 5-7 所示的液压支架姿态解析模型。

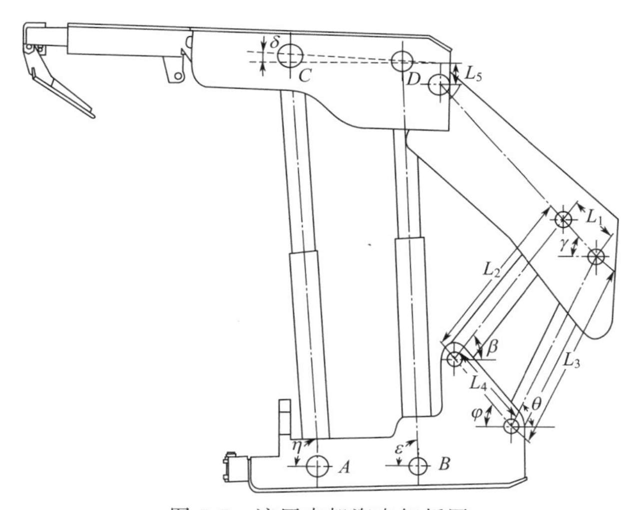

图 5-7 液压支架姿态解析图

本节以已知的后连杆倾角等参数对姿态进行解析，所建立的角度变量信息如表 5-2 所示。

表 5-2 ZZ4000/18/38 型液压支架角度变量

字母	意义（全部相对应底座）
θ	后连杆倾角
δ	顶梁倾角
φ	前连杆销轴与后连杆连线与底座倾角
β	前连杆倾角
γ	掩护梁倾角

续表

字母	意义(全部相对应底座)
η	底座前立柱与底座夹角
ε	底座后立柱与底座夹角

已知L_1、L_2、L_3、L_4、L_5、θ和φ等结构参数，对于ZZ4000/18/38支架，$L_1=379.6\text{mm}$，$L_2=1375.4\text{mm}$，$L_3=1400\text{mm}$，$L_4=686.4\text{mm}$，$L_5=190.5\text{mm}$，求β和γ。

由图中关系分析可知：

$$\begin{cases}L_2\sin\beta+L_4\sin\varphi=L_1\sin\gamma+L_3\sin\theta\\ L_2\cos\beta+L_1\cos\gamma=L_4\cos\varphi+L_3\cos\theta\end{cases}\tag{5-14}$$

解得：

$$\gamma=\arcsin\frac{c}{\sqrt{a^2+b^2}}+\arccos\frac{a}{\sqrt{a^2+b^2}}$$

$$\beta=\arccos\frac{L_4\cos\varphi+L_3\cos\theta-L_3\cos\gamma}{L_2}$$

其中中间变量为a、b、c，分别为：

$$a=2L_1(L_3\sin\theta-L_4\sin\varphi)$$

$$b=-2L_1(L_3\cos\theta+L_4\cos\varphi)$$

$$c=L_2^2-L_1^2-(L_3\cos\theta+L_4\cos\varphi)^2-(L_3\sin\theta-L_4\sin\varphi)^2$$

加上顶梁倾角δ，分别对顶梁和底座结构进行解析，就可以确定前立柱销轴点C、后立柱销轴点D、前立柱体销轴点A和后立柱体销轴点B在底座坐标系中（以后连杆销轴点为原点）的坐标。

这样就可以求出底座前立柱与底座夹角η，以及立柱在此过程中伸缩的长度$L_{伸长}$。液压支架高度H也可根据这些信息轻松求出。

$$\eta=-\arcsin\frac{Y_{AC}}{X_{AC}}\tag{5-15}$$

$$L_{伸长}=\sqrt{X_{AC}^2+Y_{AC}^2}-L_{AC原始}\tag{5-16}$$

5.3.2 液压支架虚拟现实运动求解

根据ZZ4000/18/38液压支架全套图纸，在UG中建模并进行模型修补，如图5-8所示，主要是针对运动关系的旋转中心点建立销轴，分别将每一个部件以STL的格式导入3DSMAX，然后再将模型以FBX的格式导出，此时模型就可导入VR软件Unity-3D中，所修补的11个销轴与所有部件模型的位置关系均与在 UG 中经过模型修补的零部件位置关系保持一致，以此对运动中心点进行标记。

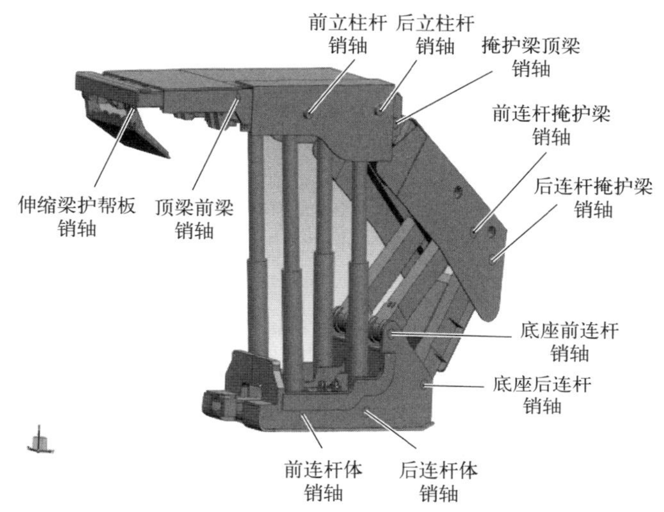

图 5-8 UG 中修补完成的液压支架模型

在格式转换过程中，由于在 UG 中前后立柱模型的局部坐标系与液压支架整体的坐标系不重合，导致在 3DSMAX 软件中无法准确找出油缸杆相对油缸体进行直线运动的坐标轴，进而导致在 Unity-3D 中油缸杆运动出现偏差。经过多次试验，最终通过在 UG 中从油缸子模型装配体中导出 STL 文件，在 3DSMAX 中进行位置修正才得以成功，而不能直接以常规的方法，即从整体液压支架装配模型中导出。也进一步说明在整个液压支架的装配模型中部件局部坐标系与整体装配坐标系不重合时零部件导出的不同方法。

导入 VR 环境 Unity-3D 中后，需要用到以下关键技术：

(1) 父子关系的建立

父子关系建立首先需要在 Hierarchy 视图中建立层级关系，如图 5-9 所示，然后建立 ZzyyControl.cs 脚本，赋给底座物体，用 C# 对部件定义变量并将这些变量与部件建立一一对应关系。

定义变量：

```
public Transform DiZuoHouXiaoZhou;        //定义底座与后连杆销轴
public Transform HouLianGan;              //定义后连杆
……
```

与部件建立关系：

```
DiZuoHouXiaoZhou=gameObject.transform.GetChild(2).transform;
```

//底座与后连杆销轴是底座的第三个子物体

HouLianGan=DiZuoHouXiao Zhou. transform. GetChild(0). transform;

//后连杆销轴是底座与后连杆销轴的第一个子物体

……

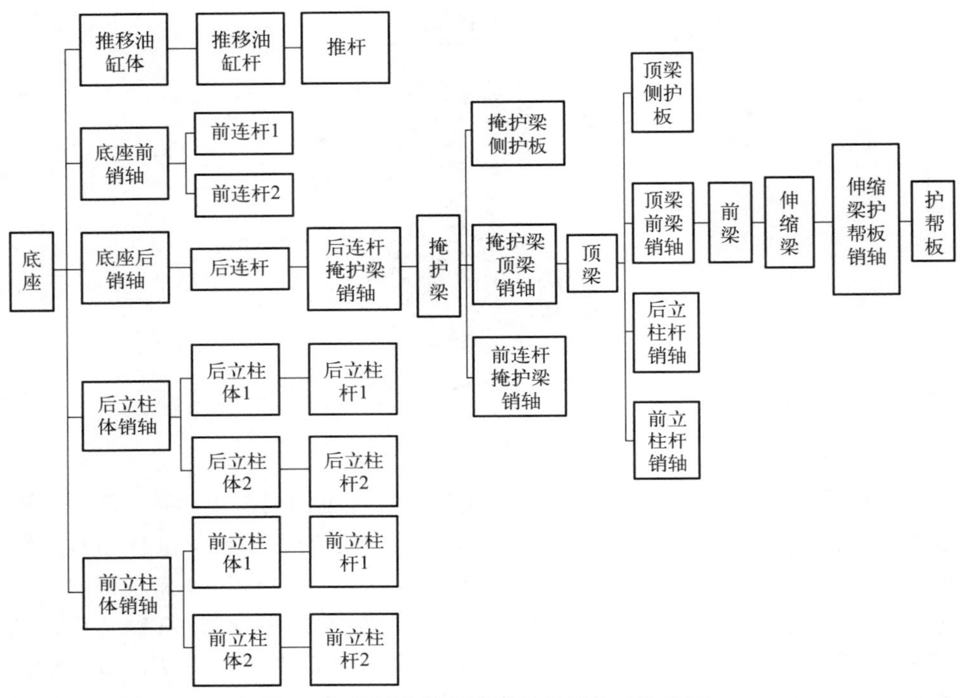

图 5-9　液压支架各零部件父子关系结构图

（2）局部坐标系与全局坐标系的建立

由于所有部件与底座相对位置保持不变，所以必须利用局部坐标系进行运动分析。

推移油缸的运动运用 localPosition 函数，运动前坐标为（0.12，−6.41，0）。

TuiYiYouGangShenChang 为推移油缸伸长量变量，用以下代码实现：

TuiYiYouGangGan. localPosition=new Vector3(0.12f,−6.41f-TuiYiYouGangShen Chang,0);

伸缩梁护帮板销轴控制护帮板的旋转运动，运用 localRotation 函数，在 Unity-3D 中用四元数（Quaternion）来表示旋转：

Quaternion=$(xi+yj+zk+w)=(x,y,z,w)$

Q=$\cos(a/2)+i(x\sin(a/2))+j(y\sin(a/2))+k(z\sin(a/2))$（$a$ 为旋转角

度)；

利用以下代码实现：

```
HuBangBanXiaoZhou.localRotation = new Quaternion(0, 0, Mathf.Sin(HuBangBan JiaoDu * Mathf.PI/360), Mathf.Cos(HuBang BanJiaoDu * Mathf.PI/360))
```

(3) 液压支架各动作实现

结合有限状态机 FSM (Finite-State Machine)，建立液压支架的状态 State {推溜 (0)、收护帮板 (1)、降柱 (2)、移架 (3)、升柱 (4)、伸护帮板 (5) }。

状态切换条件如图 5-10 所示，运用 switch…case…语句来实现几个不同状态情况下随着采煤机位置的变化而自动切换各自的运行状态。其中，m、n 和 q 分别为收护帮板工艺、移架工艺和推溜工艺的参数。

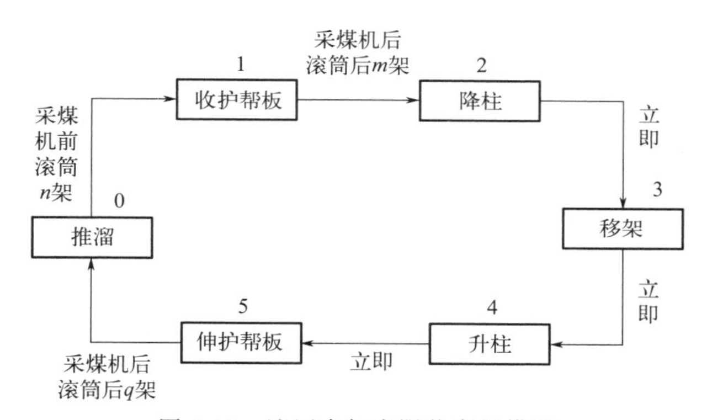

图 5-10 液压支架有限状态机模型

(4) VR 运动速度求解

以 XR-WS1000 型乳化液箱驱动 ZZ4000/18/38 型液压支架运动为例进行速度求解分析。此乳化液箱的基本参数为：公称压力 31.5MPa，公称容量 1000L，公称流量 125L/min。按照理想状态，以立柱为例，进行油缸动作速度的计算。

立柱无杆腔直径为 200mm，有杆腔直径为 85mm，前后立柱总数量为 4，假设降柱高度为 200mm。

无杆腔速度为：

$$V_1=Q_1/A=125\times10^3/(3.14\times0.1^2\times10^4\times4)=99.52(\text{cm/min})=1.66(\text{cm/s})$$

伸长时间 200mm/(16.6mm/s)×1.2=14.46s

Unity-3D 软件可以对每秒刷新的帧数进行设置，将 EDIT-Project-other

中的 V Sync Count 选项改为 Don't Sync，然后添加修改帧数脚本 UpdateFrame.cs：Application.targetFrameRate＝target FrameRate；

targetFrameRate＝10 表示程序 1s 执行 10 帧，对应的 update() 函数执行 10 次。

假设升柱过程中，顶梁上升 200mm，根据前面位姿解算结果，对应的后立柱上升 201.834mm，计算可得，升柱过程时间为 14.46s，所以每帧增量为 201.834/(14.46×10)＝1.39mm。后立柱倾角由 86.8°变到 86.6°，然后通过下列循环实现油缸伸长：

```
if(DiZuoHouLiZhuShenChang<201.834f)
                {
……循环语句
DiZuoHouLiZhuShenChang+=1.39f;
                }
```

(5) 顶梁抵消掩护梁转动角度

由于顶梁作为掩护梁的子物体，会随着掩护梁的转动而转动，因此应该对顶梁在掩护梁转动方向的反方向进行相应的角度补偿，保证顶梁姿态正确。顶梁倾角由顶梁倾角变量独自驱动，并在掩护梁动作过程中消除掩护梁角度变化影响，由如下代码实现：

```
YanHuDingLiangXiaoZhou.localRotation = new Quaternion(0, 0, Mathf.Sin((Ding LiangRotAngle-YanHuLiangQing JiaoAngle) * Mathf.PI/360), Mathf.Cos((DingLiangRotAngle-YanHuLiangQing JiaoAngle) * Mathf.PI/360));
```

(6) 移架与推溜过程的父子关系变换

移架过程中，顶梁与顶板进行分离，以刮板输送机为支点拉液压支架，而在推溜时，顶梁与顶板紧密接触，以液压支架为支点推移刮板输送机。所以在 VR 环境下，在进行移架时，推移油缸不随支架运动，在推溜完毕后，必须将推移油缸体和推移油缸杆父与子关系暂时分离，用以下代码实现：

```
TuiYiYouGangTi.transform.DetachChildren();
```

在移架完毕后，再次将推移油缸杆的父物体设置为推移油缸体，并再次跟随父物体一起运动：

```
TuiYiYouGangGan.transform.parent=TuiYiYouGangTi;
```

(7) 实际工况液压支架姿态

在液压支架实际工作过程中，底板是存在横向倾角和纵向倾角，以及歪架等情况的。定义采煤机的俯仰角、横滚角和偏航角为综采工作面的俯仰角(PitchAngle)、横滚角（RollAngle）和偏航角（YawAngle）。这三个角度的相互变化显示液压支架实际工作过程中的变化，进而也显示综采工作面地形条件发生的变化，用以下代码实现：

```
transform.eulerAngles=new Vector3(RollAngle,YawAngle,PitchAngle);
```

（8）GUI界面

利用Unity-3D软件自带的UI进行设计，设置采煤机的位置和运动方向，利用随机函数去实现采煤机的位置和运动方向变化，支架就会随之改变而进行相应的动作。分别建立立柱、推溜、移架和护帮板的控制按钮，用户也可以根据按钮进行远程人工干预操作。

5.3.3 液压支架虚拟联动实现

以5.3.2节技术为基础，进行液压支架虚拟仿真系统的开发，系统具有两种交互方式。第一种交互方式为虚拟GUI（Graphical User Interface）交互模式；第二种交互方式为虚拟手交互方式，利用5DT数据手套和位置跟踪器Patriot完成实验。在Unity-3D软件环境下，对建立的模型进行抓取操作，数据手套控制虚拟手各关节的姿态与数据，位置跟踪器确定虚拟手的位置。当有手指的射线与操作手柄的包围球相交时，即为接触到物体。根据人手的实际抓取物体规律，当包含大拇指在内的三根手指接触到操作手柄且全部弯曲到整个手掌平面的2/3以下时，即判断为抓取到手柄，手保持握住状态，就可持续虚拟操作手柄打到左位或右位。表5-3为建立的操作手柄功能表。

表5-3 液压支架操作手柄功能表

操作手柄位置	左位	右位
第一排	立柱升	立柱降
第二排	移架	推溜
第三排	前梁伸	前梁收
第四排	侧护伸	侧护收
第五排	伸缩梁伸	伸缩梁收
第六排	护帮板打出	护帮板收

虚拟手的释放和抓取规则相反，当三根或三根以上的射线都远离包围球，未和其相交，则判断其将操作手柄释放。

对液压支架虚拟仿真系统进行测试，首先用鼠标点击GUI按钮：

① 进入系统后，持续按下“推溜”按钮旁边的“+”，会出现推溜杆逐渐伸出的动作，到位后，会看到系统出现“已到位”提示，此时即可松开按钮。

② 点击“立柱”按钮的“+”，会看到立柱升，到最高点后会出现“已到达最高点”的提示。在运动过程中，仔细观察各部件的运动关系，能够做到相互协调，无缝联动。

③ 点击“移架”，会看到液压支架做移架动作，运动速度与实际支架速度一致，如图 5-11 所示。

图 5-11　虚拟画面中液压支架移架状态

接着系统在 VR 实验室进行虚拟手操作虚拟手柄测试，如图 5-12 为虚拟手测试图，虚拟抓取第二排操作手柄，并打到左位，虚拟液压支架会进行移架动作，移架距离达到步距后，系统会出现“移架到位”提示。

图 5-12　虚拟手测试

整个系统测试效果良好，可以真实再现液压支架各运动状态，且各部件在各动作运行过程中无缝联动，仔细分析未出现有运动不匹配与不协调的情况。

5.4　刮板输送机运动仿真

在综采工作面，刮板输送机与底板实时耦合，会出现底板的起伏变化，而在采煤机进刀过程中，刮板输送机也会有“S形”弯曲段的出现。所以，每一段中部槽均可能与相邻的中部槽在两个方向弯曲出一定角度，如何进行刮板输送机的虚拟弯曲也是一个关键技术。

5.4.1　刮板输送机姿态解析

中部槽有承载货物和刮板链条导向的功能，工作面刮板输送机的溜槽还有承受液压支架的推拉载荷作用，支撑和导向采煤机的功能。系统仿真的可弯曲刮板输送机型号为 SGZ 764/630，中部槽之间用套环连接，推溜时形成两段大小相等、方向相反的相切弯曲段。弯曲段几何图形如图 5-13。

给中部槽添加右上、右下、左上、左下、中部（1、2）、后部七个关键点销轴（中部两个销轴用于以后采煤机的路径跟踪，此处不用）。经分析，所有的中部槽实现弯曲，分为三种不同运动：第一种是第一个弯曲段的实现即前九个中部槽的运行，第二种是最后弯曲段的消失即最后九个中部槽弯曲段移直，第三种是中间部分的弯曲。

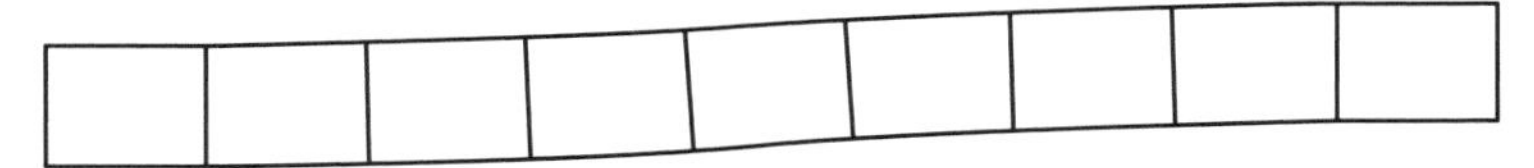

图 5-13　刮板输送机弯曲段

5.4.2　刮板输送机弯曲段计算

对刮板输送机弯曲段进行分析，查阅资料可得：

（1）弯曲段的曲率半径 R

$$R=\frac{L_0}{2\sin\frac{\alpha'}{2}}=85.94\mathrm{m} \tag{5-17}$$

式中　L_0——每节溜槽长度，取值 1.5m；

α'——相邻溜槽间的偏转角度，(°)；采用套环连接取值 1°～2°。

（2）弯曲段长度 L_w

$$L_w=\sqrt{4aR-a^2}=14.35\mathrm{m} \tag{5-18}$$

式中　a——刮板输送机一次推移步距，m；取值0.6m。

R 与式(5-17) 意义相同。

(3) 弯曲段对应的中心角 α

$$\alpha = 2\arcsin \frac{a}{\sqrt{L_w^2 + a^2}} = 0.08357\text{rad} = 4.788° \tag{5-19}$$

式中，α 一般用弧度表示，rad；其他符号与式(5-17)、式(5-18) 意义相同。

(4) 弯曲段的溜槽数 N

$$N = \frac{2R\alpha}{L_0} = 9.6\ 节 \tag{5-20}$$

式中，符号与上文公式中符号的意义相同，α 采用弧度制。

由几何画图分析 N 值取奇数 $N=9$(节)。

5.4.3　刮板输送机虚拟联动实现

按姿态解析中的分析，为了更好地控制不同中部槽，编程前对 Unity 虚拟场景中的中部槽编号 0～59，定义销轴变量数组，并在 Start() 函数中为销轴变量赋值，以右上销轴为例。

```
定义：public Transform [] ys;
赋值：for (int b=0; b<60; b++)
{
ys[b]=GameObject.Find(string.Concat("zhongbucao",b.ToString())).
GetComponent<GuaBanShuSongJi>().youshang;
}
```

编写 QianDuan ()、HouDuan ()、ZuiHouDuan () 三个子函数来控制刮板输送机运动的三种情况。

QianDuan () 的运行控制前九个中部槽运动，形成第一个弯曲段，形成过程分析如下：第一架支架开始推溜，推动与其相对应的第一个中部槽（编号为0）向前移动1/9个步距，推溜的步距即为1/9个采煤机截深0.6/9m，后面中部槽保证前后连接处销轴坐标一致，后一个中部槽绕父物体旋转即可［后八个与 HouDuan () 中部槽控制相同］；相同地，第二架支架推溜时，第一个中部槽再向前移动1/9个步距，后面八个与上面运动一致……依次运动，第九架支架推溜后，第一个中部槽前移0.6m，前九个中部槽形成了完整的弯曲段。在前后段中分别选一个中部槽为例说明。

```
void QianDuan()//控制机头前九个中部槽
```

```
{          //第 1 个中部槽推溜
           yx[0].transform.Translate(Vector3.right * 0.6f/9);
           //前五个移动与旋转,前后中部槽连接处销轴坐标一致,后一个中部槽绕父物体旋转
           yx[1].position=zx[0].position;
           yx[1].transform.RotateAround(yx[1].position,Vector3.up,1);
           //后五个移动与旋转
           ys[5].position=zs[4].position;
           ys[5].transform.RotateAround(ys[4].position,Vector3.up,-1);
……
}
```

HouDuan()控制九个以后中部槽弯曲，此时弯曲段已经形成，其后每个支架推溜时，支架对应的中部槽从弯曲段摆正，S 弯曲段依次向后推移。前半部分弯曲段：处于前弯曲段的五个中部槽是以右下销轴为父物体，使其右下销轴坐标等于上一个中部槽左下销轴坐标，同时绕各自父物体右下销轴旋转 1°。后半部分弯曲段：其中的四个中部槽以右上销轴为父物体，使其连接处的右上销轴坐标等于上一个中部槽左上销轴坐标，这样可以使其跟着前一个运动，同时后半段中部槽绕其父物体右上销轴旋转−1°。当一个中部槽进行推溜时，每个中部槽在弯曲段中依次变为上一个中部槽的位置。

特别地，由以上分析可知，前后段中部槽的父子关系不同，设目前对中部槽 a 进行推溜，则处于前后段连接处的中部槽为（$a+5$），它的下一个位置即现在处于弯曲段（$a+4$）的位置，从后半段转到前半段，父子关系要改变，父物体由右上销轴转换为右下销轴，旋转角度为−1°。如此随着 a 的增大，弯曲段依次后移。其旋转与 QianDuan（）类似，此处列出父子关系改变的部分代码如下：

```
ys[a+5].transform.DetachChildren();       //与 a 相隔 5 个,第六个改变父子关系
ys[a+5].transform.parent=yx[a+5];         //给中部槽各个销轴改变父物体
zx[a+5].transform.parent=yx[a+5];
……
```

ZuiHouDuan() 控制最后一个弯曲段，过程是依次将中部槽旋转至上一个中部槽在弯曲段中的位置，直至弯曲段全部移正。需要注意的是，最后一个弯曲段中部槽编号 a：50～59。当 a 增大到一定范围，后面不再是完整的八个

中部槽，$a+x$ 会超出 59 范围，部分语句不再运行，因此对 a 分阶段，如表 5-4。

表 5-4　编号 a 不同阶段

a 范围	运行语句
50～59	yx[a]运行相关语句
50～58	yx[a+1]运行相关语句
50～57	yx[a+2]运行相关语句
……	……
50	yx[a+9]运行相关语句

ZuiHouDuan() 实现的部分代码如下：

```
if(a<=59)            //a:50—59
{ yx[a].transform.RotateAround(yx[a].position,Vector3.up,1); }
……
if(a<=54)            //a:50—54
{ //与 a 相隔 5 个,第六个改变父子关系
ys[a+5].transform.DetachChildren();//解除以前父子关系
cao[a+5].transform.parent=yx[a+5];//各销轴父物体变为右下销轴
ys[a+5].transform.parent=yx[a+5];
……                   //省略其他几个销轴
yx[a+5].position=zx[a+4].position;
yx[a+5].transform.RotateAround(yx[a+5].position,Vector3.
up,-1);}
if(a<=53)            //a:50--53
{ ys[a+6].position=zs[a+5].position;
ys[a+6].transform.RotateAround(ys[a+6].position,Vector3.
up,-1);}
……                   //省略 a 的其他相似阶段
if(a<=50)            //a:50
{  ys[a+9].position=zs[a+8].position;
ys[a+9].transform.RotateAround(ys[a+9].position,Vector3.
up,-1);}
```

将脚本添加给刮板输送机运行后，刮板输送机正确弯曲运行。刮板输送机在虚拟场景中的运动截图如图 5-14。

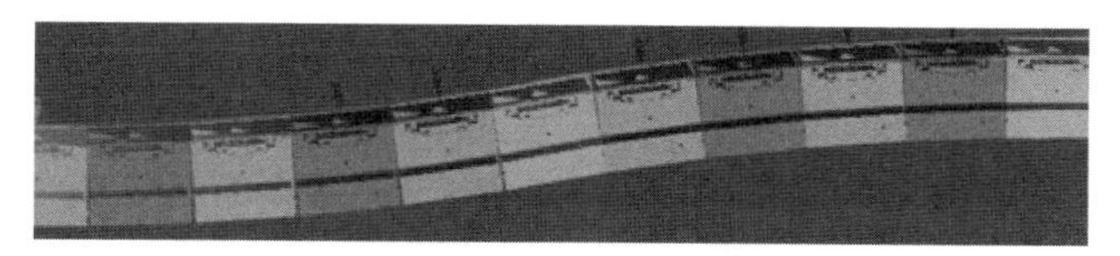

图 5-14 刮板输送机运行图

5.5 如何规划产品的运动仿真

首先进行虚拟模型建立，完成场景搭建；接着对综采装备进行单机姿态解析，并编写单机姿态控制脚本，实现综采装备单机运动仿真；最后对综采装备采煤过程进行分析，运用有限状态机原理，分别对采煤机与刮板输送机虚拟协同运行、采煤机与液压支架虚拟协同运行、液压支架与刮板输送机虚拟协同运行关系进行程序编译，实现水平理想工况下采运-支护装备的虚拟协同运行仿真。

第6章 VR多设备配套运动仿真技术

6.1 配套运动仿真技术概述与规划

在对单机工况监测与虚拟仿真方法的研究基础上，需要对在井下实际工况条件下“三机”之间的姿态行为进行研究。综采工作面“三机”连接关系如图6-1所示，其中既包括物理“三机”姿态的行为与耦合关系，也包括“三机”在井下实际工况下协同运动的方法。利用虚拟仿真方法可以模拟很多情况，可以有效地支撑“三机”姿态监测方法，所以本章是在VR环境下将“三机”实际姿态行为的数学模型进行编译，编译的结果又可反向验证和支撑实际“三机”的工况监测方法。

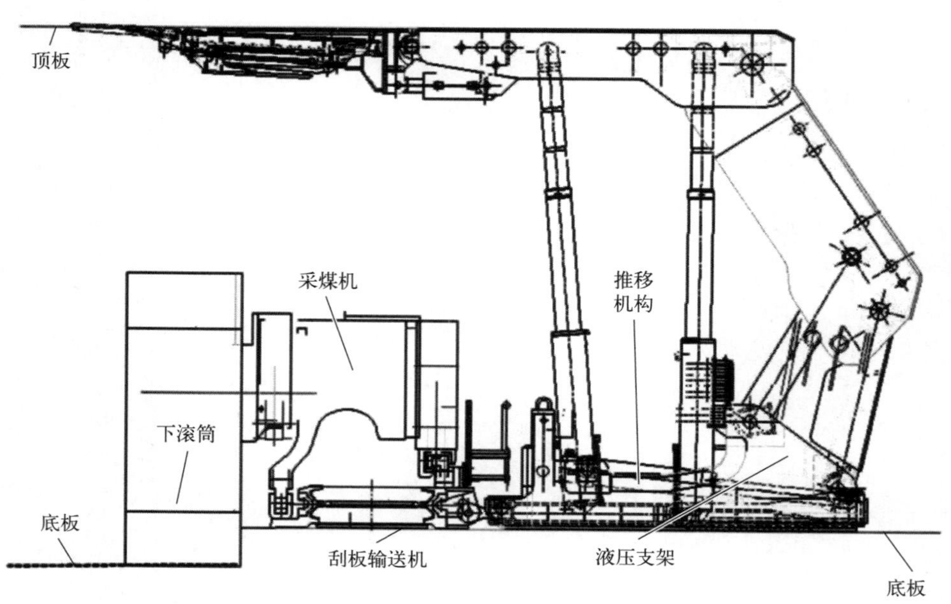

图6-1 综采工作面“三机”连接关系

具体的研究内容包括：液压支架群协同，采煤机与刮板输送机协同，采煤机与液压支架群协同，液压支架与刮板输送机协同。

通过本章的研究，希望可以对“三机”在井下实际工况条件下的连接关系进行更加深入的研究，为综采工作面“三机”的可靠性监测提供理论方法和技术支持。

6.2 多设备配套运动软件实现方法

通过研究采运-支护装备的构造及运动原理，在UG软件中进行三维模型建立与模型修补，在Unity-3D引擎下对采运-支护装备模型进行水平理想条件下的“三机”虚拟协同运行仿真。Unity-3D中可以方便地在Hierarchy视图中建立各部件的父子关系。接着通过C#语言采用面向对象编程的思想来编写控制脚本，控制虚拟环境中的模型运行。在脚本中需要对场景中有运动关系的部件声明变量，并在初始化Start()函数中通过程序语句建立场景中的物体与程序中操作数的关系，实现场景物体的实例化。

6.3 综采工作面工艺分析与三机虚拟协同整体思路

6.3.1 综采工作面工艺分析

不同的采煤方法，对综采工艺仿真影响不同，以端部斜切进刀双向割煤工艺为例进行分析。可以分为3个区间和6个阶段。

3个区间：机头段、中部段、机尾段。

6个阶段：机头斜切进刀、机头割三角煤、机头向机尾正常割煤、机尾斜切进刀、机尾割三角煤、机尾向机头正常割煤。

8个参数：

C_1：采煤机前推刮板输送机的距离；C_2：采煤机后推刮板输送机的距离；P_1：前滚筒距中心距离；P_2：后滚筒距中心距离；Q：安全距离；W：弯曲段长度；M：工作面长度；A：端头支架长度。

机头段：保证斜切进刀时，端头支架到弯曲段的最后一个支架都完成移架和推溜动作。

参数解算：根据设置的参数，确定三个区间分别的范围，单位为架。

$M=100$；$A=3$；$P_1=3$；$P_2=5$；$C_1=6\sim10$；$C_2=2\sim3$；$Q=4$；$W=9$。

解算得到机头段和机尾段的长度为：$(2\sim3)+8+4+9+(6\sim10)+8=$

(37～42)架。6.6.1节中建立的规则，在六个阶段是有不同适用范围的。True代表此规则在此工艺段内适用，False代表此规则在此工艺段内不适用，如表6-1所示。

表6-1 规则适用范围

工艺段	规则一	规则二	规则三
机头斜切进刀	True	True	True
机头割三角煤	False	False	True
机头向机尾正常割煤	True	True	True
机尾斜切进刀	True	True	True
机尾割三角煤	False	False	True
机尾向机头正常割煤	True	True	True

6.3.2 三机虚拟协同整体思路

综采工作面采运-支护装备（采煤机、刮板输送机、液压支架）是煤炭开采的关键设备，承担着采煤、运煤和支护任务。本章将在理想工况下对其进行虚拟协同运行研究。所谓理想工况是指不考虑综采工作面的地形因素，认为综采设备的工作底板是水平面。

在水平理想底板环境下，实现“三机”虚拟协同自动化运行，是解决“三机”自动化的基础问题。主要需要解决以下几个关键技术：

① 建立一套与实际“三机”完全一致的虚拟模型，具备真实“三机”运动的能力；这就需要利用模型构建与修补技术来对与真实物理模型相一致的虚拟模型的建立方法进行研究。

② 刮板输送机的虚拟弯曲仿真：各中部槽在应该与之相连的液压支架推移油缸的控制下协同完成刮板输送机的弯曲过程。

③ 采煤机沿着刮板输送机运行仿真：如何真实地沿着刮板输送机弯曲的形态进行左右牵引运动。

④ 采煤机在行走过程中，牵引速度受多因素影响，其中最主要的因素是液压支架的移架速度，而液压支架的移架动作也同时受周围其他液压支架动作的影响，主要以采煤机的定位为规则，清楚呈现和描述采煤机运行状态和液压支架群支护动作的相互感知与液压支架和相邻一定范围内的液压支架的感知关系，以保证整个虚拟“三机”运行正常。

6.4　液压支架群协同

6.4.1　液压支架相互感知与记忆姿态方法

6.4.1.1　液压支架相互感知技术

液压支架需具备感知周围一定范围内的支架动作的能力，在顺序移架时，在采煤机后滚筒位置已经激活液压支架相应动作时，液压支架还需感知前一架是否移架完毕，如果前一架仍然还在移架，则需等待前一架动作完成后，本架再开始移架动作。代码如下所示：

```
if((HouGunTongWeiZhi-cmj.transform.position > 2 * Dzj) && (GameObject.Find(NextID(YyzzID)).GetComponent<YyzzFMS>().State==5) && (YiJia==false))
{ State=2;YiJia=true;}
```

在多架同时移架时，需将支架感知范围扩大，比如同时移动两架时，需将支架感知范围设置为3，就可以感知距离较远的支架。

6.4.1.2　液压支架之间记忆姿态方法

在实际的工作面，液压支架的数量在百架以上，尽管每台支架独立运行，但所有看似分离的个体在某种运行规律的控制下共同完成顶板支护任务，因此在监测过程中需要从整体的角度对液压支架群进行姿态监测。

目前，针对液压支架姿态的监测方法主要是对其关键参数的监测，且依然停留在独立的水平上。而且现在的研究还没有考虑整个液压支架群各个循环之间以及采煤高度和液压支架支撑状态之间存在的内在联系。所以在整个监测过程中仍存在较大漏洞，而且不能及时对出现的问题做出判断，进而进行预警。

针对以上现状，本节基于采煤机记忆截割的方法理论，从大数据和全局的角度，提出一种VR环境下液压支架群记忆姿态方法，在目前单一监测方法基础之上将各单一数据融合起来，来对液压支架群进行监测。

1）液压支架记忆姿态思想来源

（1）思想方法来源

在采煤机“记忆截割”理论的前提下，沿着工作面方向的顶底板变化缓慢，只有遇到断层等地质构造时，顶底板才会发生比较明显的突变。因此“记忆截割”根据前几个循环的前后滚筒截割轨迹来预测后几个循环周期的截割轨迹，从而大幅度提高了采煤机自动化程度并降低了工人的劳动强度。

在液压支架整体推移过程中，采煤机前几个循环的上滚筒截割轨迹决定了后面几个循环液压支架的顶板支护状态，而下滚筒截割轨迹决定了支架向前推进的状态。因此在“记忆截割”理论的原理下，液压支架群也可根据类似规律的作用进行判断和运行。

但是与“记忆截割”方法的突出区别是，综采工作面一个循环的推移步距等于采煤机截深，因此采煤机的循环周期比较容易确定，而一台液压支架的顶梁支撑长度一般为五到七个截深长度，其底座也有三到四个截深长度，其运行周期不同，变化规律也更为复杂。前几个周期采煤机的截割高度共同对液压支架进行作用，因此液压支架对地形的变化应该较采煤机更加“不敏感”。

因此通过类似采煤机“记忆截割”的理论方法来预测整体液压支架群姿态，能够提前预知下一循环各个液压支架姿态的调整范围，通过实际姿态与预测姿态偏差比较，来表明运行状态的正常与否，从而使得对意外情况能够做出更加及时有效的判断。本节称其为“液压支架群记忆姿态方法”。

液压支架对顶板的支护状态主要体现在支护高度。目前已经有很多学者通过分别布置在底座、前后连杆和顶梁上的倾角传感器来对液压支架高度进行测量，这为本节的研究提供了基础。

(2) 横向预测和纵向预测

液压支架记忆姿态方法既包含横向循环内的预测，也包含纵向循环内的预测。其中，横向循环内的记忆姿态：在一个循环周期内，通过已经完成移架的支架姿态去预测仍未移架或正准备移架的支架姿态，体现出整个工作面横向地形的变化。纵向循环内的记忆姿态：在几个循环内，通过前几个循环所有支架的整体状态去预测下一个循环所有支架的整体状态，体现出整个工作面的沿工作面推进方向的地形变化。原理如图 6-2 所示。

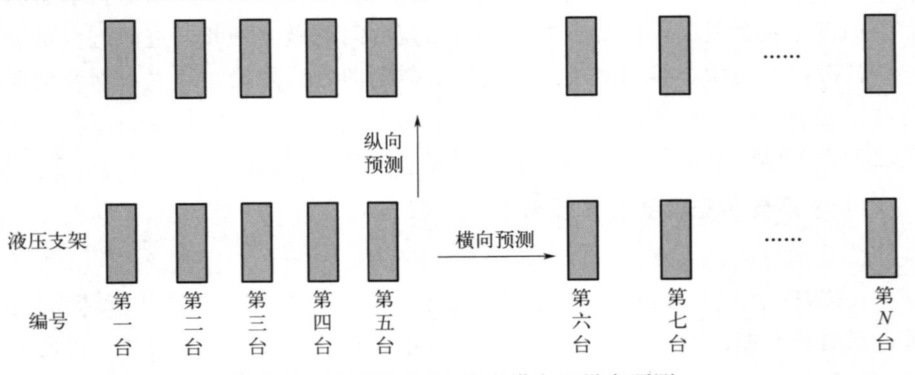

图 6-2　液压支架记忆姿态横向和纵向预测

实时将实测的姿态数据与预测的数据进行对比，如果相差较大，那么相对应的液压支架就很有可能处于相对异常状态。

实时利用实测数据去滚动预测修正理论模型，从而更加精确地提高预测精度。将记忆姿态作为数据序列，运用灰色理论，预测出下一个循环成组液压支架的姿态，在此基础上通过马尔可夫理论对预测结果进行修正，使得预测结果更加准确。

(3) 记忆高度、记忆角度

“液压支架群记忆姿态方法”分为对支撑高度的记忆姿态和对各关键倾角角度的记忆姿态等。

① 记忆高度。

利用相邻几个周期的采煤机截割高度，求解液压支架支撑高度，利用每一个求解出来的高度值组成循环序列进行预测，求解出下一个循环的高度值。

② 记忆角度。

利用①求解出来的记忆高度，然后利用公式反演再求解出每一个关键角度。井下实际工作液压支架的顶梁俯仰角不能超过 $\pm 7°$，顶梁俯仰角和底座倾角变化较地形变化敏感，不适于记忆姿态预测，但其变化很小。因此在高度可以进行预测的前提下，液压支架前后连杆倾角可以进行预测。需要注意的是：在此叙述的后连杆倾角和顶梁俯仰角均是相对于底座倾角的相对角度。

液压支架四连杆机构的运动可以用前连杆倾角独立进行标记，再加上顶梁倾角和底座倾角，就可完全表达液压支架姿态。

本节研究在接近水平工况下，设底座倾角为零，顶梁俯仰角和前连杆倾角上均安装有倾角传感器，进而对这两个关键角度进行实时标记。

(4) 液压支架群记忆姿态方法总体思路

本节方法总体思路如图 6-3 所示。

其中，H_{ij}^{cmj}：采煤机第 i 个循环的第 j 个截割点的实际截割高度；H_{ij}^{zj}：第 j 个支架的第 i 个循环的实际支撑高度；$H_{ij}^{cmj'}$：采煤机第 i 个循环的第 j 个截割点的预测截割高度；$H_{ij}^{zj'}$：第 j 个支架的第 i 个循环的预测支撑高度。

在灰色马尔可夫理论中：

$H_{ij}^{cmj'}$ 是由前六个实际采煤高度计算得出的。$H_{ij}^{zj'}$ 是由 $H_{ij}^{cmj'}$ 和前五个实际采煤高度，通过顶梁俯仰角求解法得出的（具体见后文）。

α_{ij}^{zj}、β_{ij}^{zj}、γ_{ij}^{zj} 分别代表相对应的顶梁、前连杆和底座倾角，通过反向映射方法得出。

每次利用灰色马尔可夫模型算出的采煤高度，预测支架支撑高度和关键倾角，然后进行这一支架的实测数据与预测数据的对比。如果没有问题，就利用

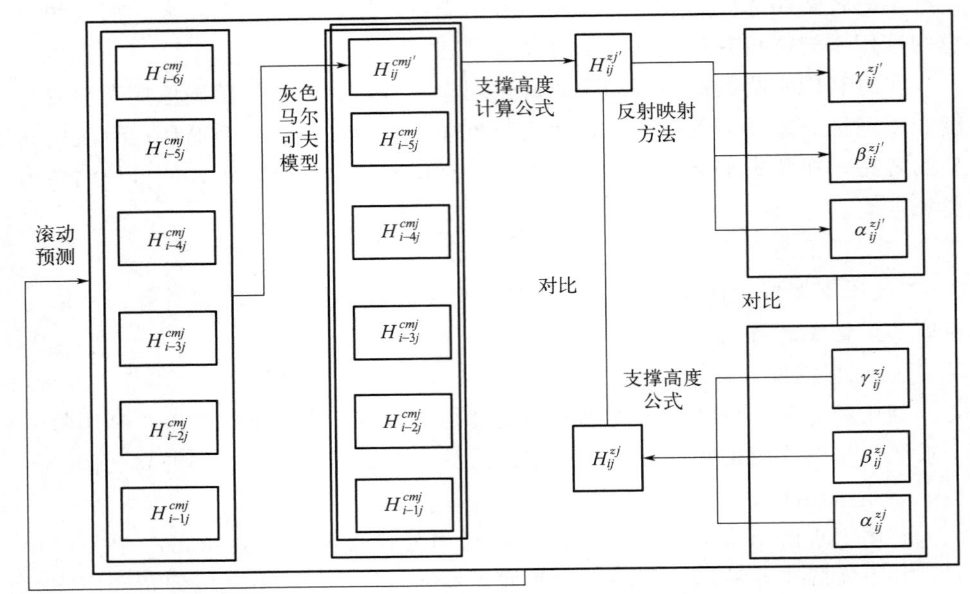

图 6-3　液压支架群记忆姿态方法思路

更新的实测数据继续进行下一阶段采煤高度的预测，这就是滚动预测。直到预测结束。

2）基于灰色马尔可夫理论与滚动预测方法的记忆姿态方法

灰色理论被广泛地运用到了采煤机记忆截割方面，通过运用此种方法，在理论上较好地对滚筒高度进行了预测。在实际运用中，仅仅运用灰色理论得到的预测结果，并没有很好的效果。灰色理论所需的信息少，计算简便，精度较高，但其预测模型是基于指数预测的，没有考虑到实际情况的随机性。而马尔可夫链运用偏移概率矩阵，通过判断已知状态和未知状态的转移概率来确定未知状态的参数，可以对灰色预测结果进行修正，从而提高预测精度。

（1）马尔可夫链方法

$p_{ij}(m)$ 表示系统由状态 i 经过 m 步转移到 j 状态的转移概率，转移概率只依赖于时间间隔的长短，与起始时刻无关。$\boldsymbol{P}(m)$表示系统内各个变量由状态 i 转移到状态 j 的转移概率矩阵。

$$p_{ij}=\frac{n_{ij}}{N_i} \tag{6-1}$$

其中，n_{ij} 表示状态 i 经过 m 步转移到状态 j 的总次数，N_i 表示状态 i 转移到其他状态的总次数。这样就可以求出系统所有状态从状态 i 经过 m 步转

移到状态 j 的转移概率矩阵。

$$\boldsymbol{P}(m)=\begin{pmatrix} p_{11}(m) & p_{12}(m) & \cdots & p_{1n}(m) \\ p_{21}(m) & p_{22}(m) & \cdots & p_{2n}(m) \\ & \vdots & & \\ p_{n1}(m) & p_{n2}(m) & \cdots & p_{nn}(m) \end{pmatrix}$$

用 $\boldsymbol{P}_p$ 表示某一对象位于 p 时刻在各个状态的概率矩阵。

$$\boldsymbol{P}_p=(p_p(1) \quad p_p(2) \quad \cdots \quad p_p(n))$$

那么经过 m 步状态转移后，位于 q 时刻在各个状态的概率为

$$p_q=p_p(1)p(m)+p_p(2)p(m)+\cdots+p_p(n)p(m) \tag{6-2}$$

(2) 采煤高度改进灰色预测模型

利用前一个循环成组液压支架的姿态预测移架后成组液压支架的姿态，本节通过灰色马尔可夫模型预测滚筒高度，然后求出液压支架状态。

根据 $GM(1,1)$求出移架后采煤机截割高度 $\widehat{h}^0(k)$，求出与上一个采煤机截割高度的残差：

$$\Delta(k)=h^0(k)-\widehat{h}^0(k) \tag{6-3}$$

残差相对值为：

$$\varepsilon(k)=\frac{h^0(k)-\widehat{h}^0(k)}{h^0(k)}\times 100\% \tag{6-4}$$

将残差相对值序列按照大小进行排序，划分残差状态，即 E_1，E_2，…，E_n，n 代表划分的状态总数。尽量使得位于每个残差状态的个数相等。找到各个残差值所对应的状态，此模型即为灰色马尔可夫模型，利用此模型对预测结果一一进行修正。

确定一步转移概率矩阵和初始状态后，就可以得到转移到各个状态的概率。找到概率最大时所对应的残差区间，利用

$$E_{\max}=\frac{h^0(k)-\widehat{h}^0(k)}{h^0(k)}\times 100\% \tag{6-5}$$

$$h'^0(k)=h^0(k)(1-E_{\max}) \tag{6-6}$$

其中，$h'^0(k)$ 为修正后的预测区间，取区间的中间值作为最终预测结果。

3）液压支架支撑高度与采煤机截割顶板轨迹关系分析

在确定采煤高度后，需要根据多个循环周期的采煤机截割顶板轨迹也就是采煤高度求解液压支架姿态数据。

(1) 顶梁俯仰角的确定

利用前文预测出的采煤高度求解液压支架支撑高度，为此第一步需要确定顶梁俯仰角。计算方法如图 6-4 所示。

编号 1～12 代表截深次序，对于 ZZ4000/18/38 型液压支架，顶梁和前梁跨过了 7～12 总共 6 个截深，顶梁的俯仰角由这六个截深所对应的采煤高度决定。

判断六个循环采煤高度的大小，找到最小的两个高度值序号，分别记为 m（最小）和 n（倒数第二小）。$H(m)$和 $H(n)$分别代表两个采煤高度值。

当 $H(m)<H(n)$时：

① $H(m)<H(n)$，可以判断出液压支架处于上仰状态；

② $H(m)>H(n)$，可以判断出液压支架处于下俯状态；

③ 特殊情况为 $H(m)=H(n)$，此时顶梁状态为水平。

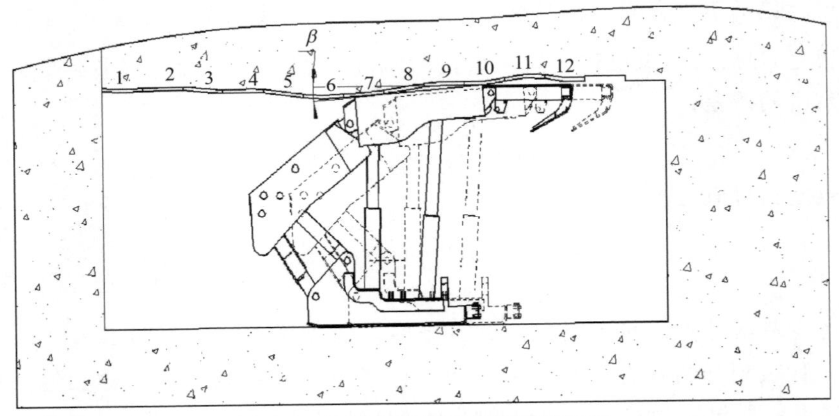

图 6-4　液压支架顶梁角度形成过程

顶梁俯仰角可由以下公式求出：

$$\alpha_{ij}^{zj}=\arcsin\frac{H(m)-H(n)}{J\times(m-n)} \tag{6-7}$$

其中，J 为截深。

液压支架支撑高度可以通过以下公式得出：

$$H_{H_{ij}}^{zj'}=H(m)-[J\times(m-5)\times\sin\alpha_{ij}^{zj}] \tag{6-8}$$

(2) 高度求解与反求程序

求解出顶梁倾角后，就可求出前连杆倾角和底座倾角。液压支架按照求解高度摆放，就可以确定整个虚拟场景的摆放方法。

液压支架高度公式可以表示为：

$$H_{zj}=f(\alpha_{ij}^{zj},\beta_{ij}^{zj},\gamma_{ij}^{zj}) \tag{6-9}$$

在本节中，δ_{ij}^{zj} 被假设为0°，所以 α_{ij}^{zj} 可以被以下方程组求解：

$$\begin{cases} f(\alpha_{ij}^{zj},\beta_{ij}^{zj})=H(m)-[J\times(m-5)\times\sin\alpha_{ij}^{zj}] \\ \alpha_{ij}^{zj}=\arcsin\dfrac{H(m)-H(n)}{J\times(m-n)} \end{cases} \tag{6-10}$$

（3）实测数据与预测数据进行对比

将计算出的三个关键角度与实际循环过程中所测得的实际角度进行对比，预测高度和三个角度计算出的实际高度进行对比，划分界限如下所示：

a. 如果大于85%，认定预测结果正确，支架处于正常运行状态。

b. 如果在85%～70%的范围内，认定预测结果基本正确，支架处于较正常运行状态。

c. 如果小于70%，认定预测结果基本不正确，支架很可能处于异常运行状态。需要对支架状态进行调整，以免发生严重问题。

（4）液压支架支撑高度和前连杆倾角的灰色马尔可夫预测

根据求解的液压支架支撑高度和前连杆倾角数据，也可进行灰色马尔可夫预测。

6.4.1.3　记忆姿态VR监测方法

VR场景可以实时以3D的形式显示整个液压支架群的运行状态。主要依靠工作面实时传回的数据。这就需要建立与实际支架完全一致的虚拟模型和虚拟场景，并将算法和公式编入程序中，预留接口，读取实时工作面数据，才可以保持与工作面状态实时同步。

6.4.2　液压支架群协同运动实现

利用有限状态机原理进行虚拟模型动作的转换，而触发转换的条件为液压支架与采煤机的距离。

液压支架感知采煤机：液压支架的状态包括稳态（0）、收护帮板（1）、移架（2）、推溜（3）。为场景中的每一架支架添加脚本YyzzYunXing.cs，脚本中建立函数ShouHuBangBan()、YiJia()、TuiLiu()，分别代表液压支架的三个状态。其中，将支架的降柱、移架、升柱、伸护帮板作为一个整体，放在YiJia()函数中。场景中的每一架支架都进行采煤机位置的读取，判断与自身的距离，满足关系的支架将抛出支架的状态值，使支架进行相应的动作，实现收护帮板、移架、推溜。部分代码如下：

QianGunTong＝GameObject.Find("Jishen").GetComponent<CmjYunXing>().ZuoGunTongXiaoZhou.transform.position.x;//获得采煤机前滚筒的位置

if(((QianGunTong-this.transform.position.x)＜60)&&((QianGunTong-this.transform.position.x)＞50))

{State＝1;}

//前滚筒与支架底座位置信息比较,满足条件收互帮板(1)

液压支架的相互感知：建立 ShangID（string YyzzID）函数，获得前一架的移架状态。当前一架为稳态且距离条件满足时，该架开始移架。部分代码如下：

if(((this.transform.position.x-HouGunTong)＞54)&&(GameObject.Find(ShangID(YyzzID)).GetComponent<YyzzYunXing>().State＝＝0)&&(YiJia＝＝false))

{State＝2;YiJia＝true;}

//当上一架状态为稳态（0）时，该架开始移架（2）

采煤机感知液压支架：为采煤机添加 CmjYunXing.cs 脚本，采煤机要实时获取正在移架的液压支架的位置，并与自身位置比较，符合条件时进行相应的速度调整。部分代码如下：

if(dist＜30f&&Cmj_speed＜＝6f)

{Cmj_speed＋＝0.01f;}

//二者之间的距离小于两架支架时，速度自动增加

6.5 采煤机与刮板输送机协同

6.5.1 采煤机与刮板输送机进刀姿态耦合方法

针对刮板输送机在弯曲过程中应具有“S 形”的良好姿态这一重要问题，研究了一种关键尺寸坐标解析法对弯曲段溜槽姿态进行解算。该方法修正并完善了现有弯曲段求解方法，可以精细求解弯曲段溜槽、销排以及每段溜槽对应的推移油缸的伸缩长度，进而能对采煤机进刀时通过“S 形”弯曲段过程中机身偏航角变化关系与行走轨迹进行研究。

6.5.1.1 总体方法与思路

通常针对弯曲段的研究主要集中在采用假设弯曲段形态的前提下进行分

析，而对刮板输送机弯曲段实际姿态的精确求解研究较少。运用这种假设求解方法，不仅加剧了对弯曲段动力学等问题的研究与实际情况的差异，而且对相关联的采煤机进刀轨迹和液压支架推移油缸伸缩长度的控制也造成了误差。本节从刮板输送机与采煤机、液压支架的整体连接关系角度提出一种对弯曲段进行精确计算的方法。

刮板输送机溜槽包括中部槽、过渡槽和变线槽等，在本节中全部统称为溜槽。“S 形”弯曲段溜槽姿态协同求解方法，共分为以下几个步骤，如图 6-5 所示。

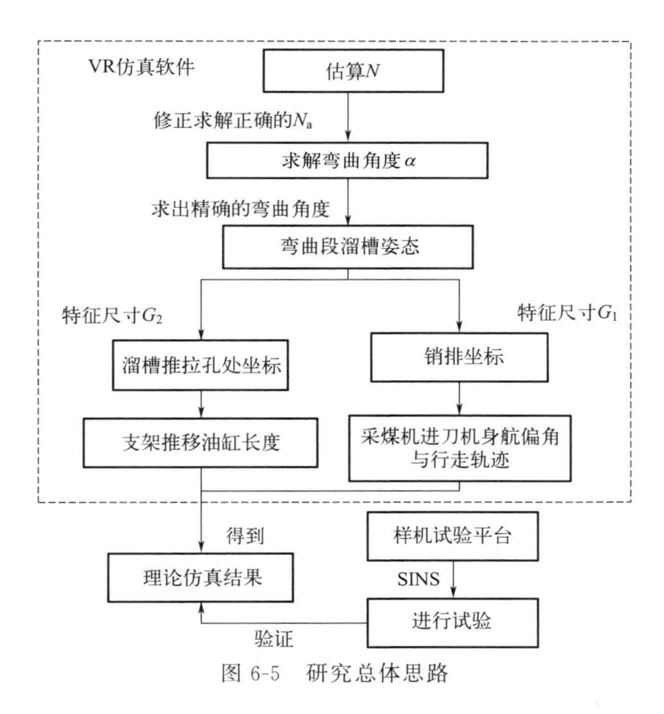

图 6-5 研究总体思路

① 初选弯曲角度 α 值，估算单边弯曲长度及段数 N，并对 N 进行修正，确定精确的 N_a 值。

② 利用 N_a 值反推弯曲角度，求出精确的弯曲角度 α_a。

③ 对弯曲段溜槽的结构进行解算，对每段溜槽的姿态进行求解。

④ 确定销排销孔坐标，根据采煤机行走模型，确定采煤机进刀机身航偏角和行走轨迹。

⑤ 确定溜槽推拉孔坐标，根据液压支架推移油缸解析模型，确定液压支架定量推溜方式。

⑥ 在 Unity-3D 软件下，将步骤①～⑤方法编入 VR 规划软件，并预留接

口，可以进行不同机身长度条件下和不同弯曲情况下的采煤机进刀姿态仿真。

⑦ 将 VR 规划软件进行仿真得到的采煤机进刀姿态理论曲线与实际利用捷联惯导系统 SINS 等传感器测得的采煤机进刀偏航角变化曲线进行对比，从而验证本方法的正确性。

6.5.1.2 弯曲段求解计算过程模型

(1) 弯曲段形成过程分析

刮板输送机各溜槽之间采用哑铃销或者套环等形式连接，每一段溜槽通过推移油缸与液压支架相连。随着各液压支架伸长长度的变化，各溜槽就可以形成两段长度相等、方向相反的对称弯曲段。而在采煤机斜切进刀时，也同样是要经过这样一个弯曲段以达到推进一个截深的作用。

(2) 现有解法介绍及问题

《连续输送机械设计手册》和姜学云分别给出了该弯曲区间长度的详细计算方法，其中后者更接近实际，计算公式如下所示：

$$N=\frac{1}{a}\arccos\left[\cos\frac{1}{2}\alpha-\frac{(B+a)\sin\frac{1}{2}\alpha}{L+b}\right]-\frac{1}{2} \tag{6-11}$$

式中，B 为刮板输送机的推移步距；a 为中部槽宽度；L 为中部槽长度；b 为相邻中部槽之间夹角所对应的弦长，因 α 值很小，弦长和弧长可视为相等。

溜槽弯曲段修正距离计算如图 6-6 所示，在弯曲区间范围内的溜槽最大水平转角为 $N\alpha$。这个公式忽略了 c_3（中板中心到中间溜槽接触点与纵向线之间的横向距离），这个距离在刮板输送机实际弯曲过程中不可忽略，因此需要对

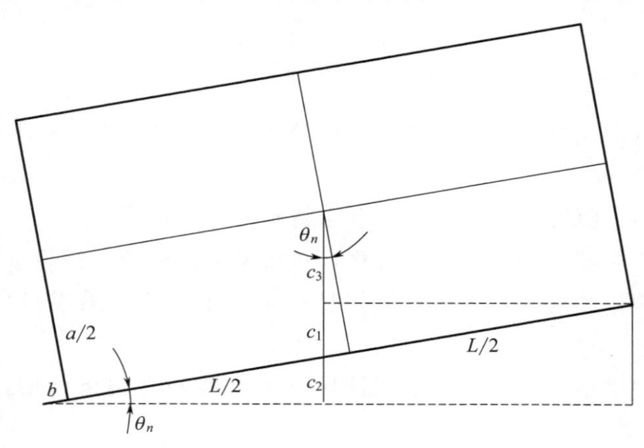

图 6-6 溜槽弯曲段修正距离图

公式进行修正。

(3) 弯曲段求解修正计算模型

设 θ_n 为单边出现的第 n 个弯曲段溜槽与煤壁线的夹角，可得 $\theta_1=\alpha$，$\theta_2=2\alpha$，…，$\theta_n=n\alpha$。由对称性及受力分析可知，当弯曲段溜槽总数为奇数时，弯曲段的溜槽节数为第 $2N-1$ 个溜槽，对称中心为第 N 个溜槽中板中心（图 6-7）。

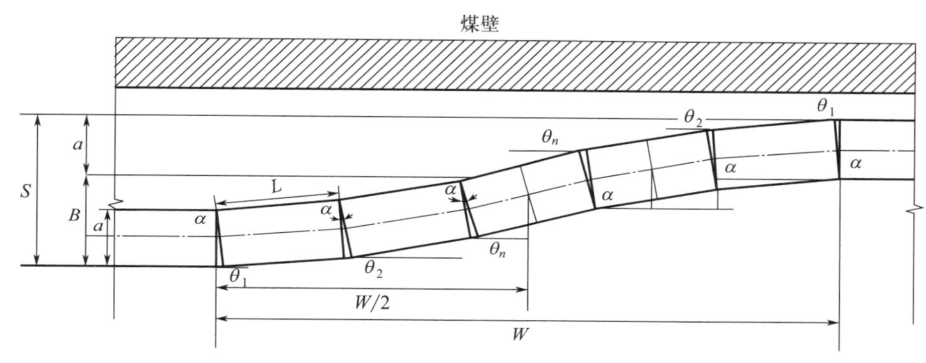

图 6-7　奇数段计算示意图

经过整理可求得单边弯曲段溜槽节数 N：

$$N=\frac{1}{\alpha}\arccos\left[\cos\frac{1}{2}\alpha-\frac{(B+a-a\cos N\alpha+L\sin N\alpha)\sin\frac{1}{2}\alpha}{L+b}\right]-\frac{1}{2}\tag{6-12}$$

(4) N_a 值的确定

N_a 为精确的弯曲对称区间中的单边中部槽节数，根据以下原则确定：

① 如果选取 α 度数较小，N_a 可以选小于 N 的最大正整数；

② 如果选取 α 度数较大，N_a 可以选大于 N 的最小正整数。

但是，在计算弯曲段中心坐标时，中心点的 Y 坐标在某种情况下会超过第 N_a 段溜槽中心的 Y 坐标，需要进一步进行修正。

(5) 精确弯曲角度的确定

把 N_a 值代入下式，可以求出精确弯曲角度 α_a。

$$S=2(L+b)\sum\sin(N_a\alpha_a)+a\cos(N_a\alpha_a)-L\sin(N_a\alpha_a)\tag{6-13}$$

6.5.1.3　弯曲段溜槽姿态求解

假设底板平整，不存在纵向弯曲，此时只需求出溜槽中板中心坐标以及溜槽偏转角度，就可以唯一确定溜槽的姿态。

(1) 溜槽姿态解算

以采煤机从右到左方向截割为例，选取各弯曲段溜槽的中板中心为各溜槽中心，设即将进入而还未进入推溜状态的溜槽（图 6-7 中靠左第一个溜槽）的右下顶点为坐标原点，如图 6-6，则弯曲段的第 i 个溜槽的中心坐标（弯曲段最左边第一个溜槽编号为 1）可以表示为下式形式：(X_i, Y_i, θ_i)。

其中三个变量均可以表示成如下分段函数形式：

$$X_i=\begin{cases}\left(b+\dfrac{L}{2}\right)\cos\theta_i-\dfrac{a\sin\theta_i}{2} & i=1\\ \displaystyle\sum_{j=1}^{i-1}(L+b)\cos\theta_j+\left(b+\frac{L}{2}\right)\cos\theta_i-\frac{a\sin\theta_i}{2} & 2\leqslant i\leqslant N\\ \displaystyle\sum_{j=1}^{N}(L+b)\cos\theta_j+\frac{L}{2}\cos\theta_i-\frac{a\sin\theta_i}{2} & i=N+1\\ \displaystyle\sum_{j=1}^{N}(L+b)\cos\theta_j+\sum_{j=N+1}^{i-1}L\cos\theta_j+\frac{L}{2}\cos\theta_i-\frac{a\sin\theta_i}{2} & N+1<i\leqslant 2N-1\end{cases}\tag{6-14}$$

$$Y_i=\begin{cases}\left(b+\dfrac{L}{2}\right)\sin\theta_i+\dfrac{a\cos\theta_i}{2} & i=1\\ \displaystyle\sum_{j=1}^{i-1}(L+b)\sin\theta_j+\left(b+\frac{L}{2}\right)\sin\theta_i+\frac{a\cos\theta_i}{2} & 2\leqslant i\leqslant N\\ \displaystyle\sum_{j=1}^{N}(L+b)\sin\theta_j+\frac{L}{2}\sin\theta_i+\frac{a\cos\theta_i}{2} & i=N+1\\ \displaystyle\sum_{j=1}^{N}(L+b)\sin\theta_j+\sum_{j=N+1}^{i-1}L\sin\theta_j+\frac{L}{2}\sin\theta_i+\frac{a\cos\theta_i}{2} & N+1<i\leqslant 2N-1\end{cases}\tag{6-15}$$

$$\theta_i=\begin{cases}0 & i\leqslant 0\\ i\alpha & 0<i\leqslant N_a\\ (2N_a-n)\alpha & N_a<i\leqslant 2N_a-1\\ 0 & 2N_a-1<i\end{cases}\tag{6-16}$$

(2) 中部槽结构解算

如图 6-8 为溜槽坐标解算图，选取溜槽中板中心为溜槽中心点，其中：

G_1：溜槽中心线到销排中心线的水平距离；G_2：溜槽中心线到溜槽推拉孔中心线水平距离；L_{g1}：溜槽中心线到溜槽中间销排轴孔中心线的距离；

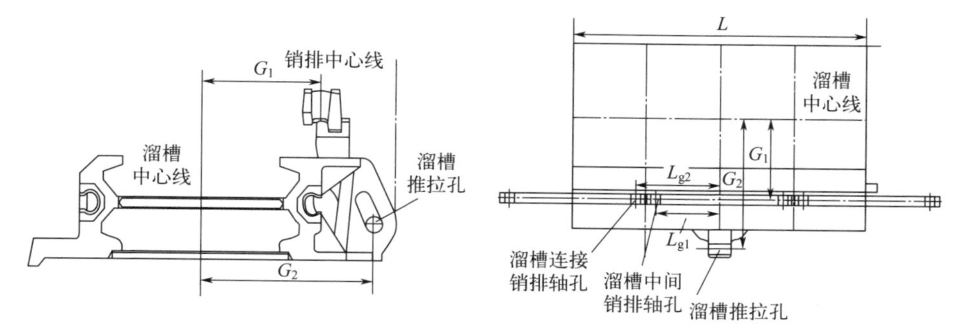

图 6-8 溜槽坐标解算图

L_{g2}：溜槽中心线到溜槽连接销排轴孔中心线的距离。

分析可知：

$$L_{g2}=L/2-L_{g1}$$

6.5.1.4 采煤机行走路径更新与解算

（1）采煤机行走模型

采煤机行走依靠牵引部行走轮与连接在溜槽上的销排啮合进行行走。采煤机牵引部行走轮与销排啮合类似齿轮齿条原理，其中两者之间还有导向套进行导向，导向套导向宽度＞销排外宽＞销排齿的宽度＞行走轮的宽度，使整个前后行走轮可以适应在销排微小弯曲的行走轨道安全平稳前进。

（2）溜槽销排坐标解析

销排分为溜槽中间销排和溜槽连接销排（图 6-8），均通过左右两个销轴与溜槽销排底座连接。中间销排随着溜槽整体进行运动，与各溜槽中心相对位置保持不变，而连接销排会随着相邻两溜槽的弯曲而发生相应变化。

经过计算，共有 $4N_a-1$ 个销排，其中包括 $2N_a-1$ 个中间销排和 $2N_a$ 个连接销排。

可以分别求得各轴孔坐标，然后进行拟合，进而得到销排曲线。

其中，溜槽中间销排右侧轴孔坐标为：

$$\left(X_i+\sqrt{L_{g1}^2+G_1^2}\sin\left(\arctan\frac{L_{g1}}{G_1}+\theta_i\right),Y_i-\sqrt{L_{g1}^2+G_1^2}\cos\left(\arctan\frac{L_{g1}}{G_1}+\theta_i\right)\right)$$

溜槽中间销排左侧轴孔坐标、溜槽连接销排左侧轴孔坐标和溜槽连接销排右侧轴孔坐标均可表示为上式类似形式，在此不做赘述。

（3）溜槽销排方程解析

中间销排弯曲角度：

$$\theta_{Mi}=\theta_i \tag{6-17}$$

连接销排弯曲角度：

$$\theta_{Ci}=(\theta_i+\theta_{i-1})/2 \tag{6-18}$$

结合每个轴孔坐标，就可以表示出销排的曲线方程。

(4) 采煤机进刀航偏角计算方法

得出销排曲线方程后，需要对采煤机在进刀过程中机身的航偏角进行研究。采煤机进刀过程中主要受两个行走轮和导向滑靴与销排轨迹的耦合作用，进而引起了采煤机机身偏航角角度发生变化，如图 6-9 所示。

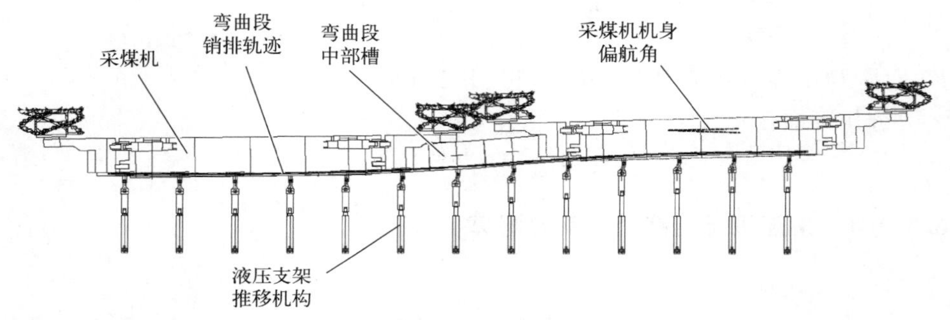

图 6-9 采煤机进刀偏航角变化情况

以左行走轮位置为采煤机特征点位置，然后根据机身长度在销排轨迹上寻找右行走轮位置，左右行走轮位置连接起来与横向线的夹角就是采煤机偏航角 ψ_{js}。采煤机偏航角与相对应左右行走轮所处位置销排的角度差就是采煤机行走轮与销排角度差。用下式可以得出 ψ_{js}：

$$\psi_{js}=\tan\frac{Y_{A_2}-Y_{A_1}}{X_{A_2}-X_{A_1}} \tag{6-19}$$

其中 A_1 点和 A_2 点分别是左行走轮和右行走轮的关键点。

根据某一系列与该型号刮板输送机匹配采煤机的机身长度，分别进行理论研究。采煤机的机身长度依次为 4500mm、4900mm、5327mm、5800mm 和 6300mm。

在 Unity-3D 中，将本节算法编入后台程序中，生成一个采煤机偏航角与刮板输送机形态耦合 VR 规划软件。进行编译并发布后，分别改变机身长度进行虚拟仿真，并实时把过程数据输出到 xml 文件中，再进行数据分析。虚拟 VR 规划软件界面如图 6-10 所示，得到的仿真结果如图 6-11 所示。

由仿真结果可知：

① 在相同的刮板输送机“S 形”形态条件下，随着采煤机机身长度的增

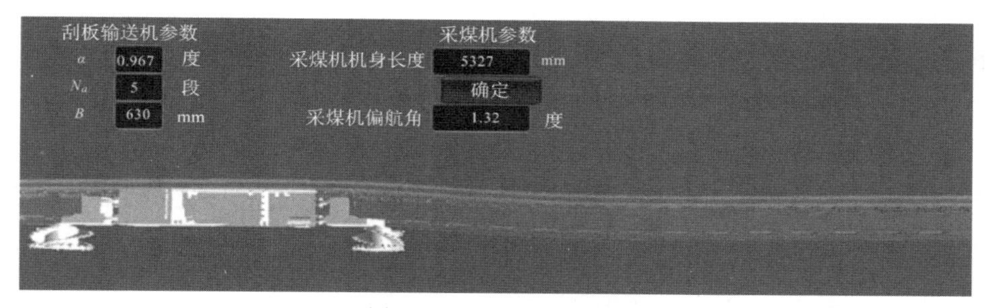

图 6-10 Unity-3D 软件

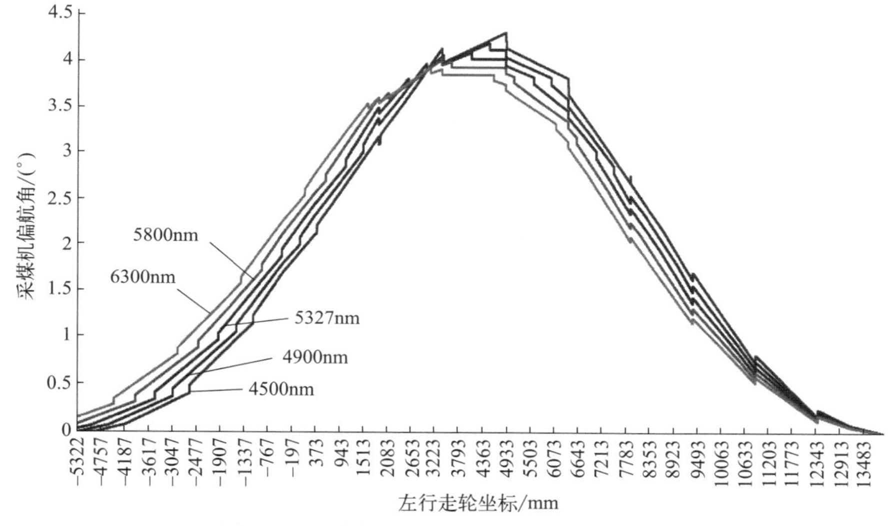

图 6-11 不同长度下采煤机斜切进刀偏航角

加，采煤机最大偏航角数值也增大。

② 以采煤机左行走轮作为采煤机位置定位点，在前半个周期，在相同的刮板输送机“S形”形态条件下，每当采煤机处在刮板输送机相同位置时，机身长度越大的采煤机，对应的航偏角越大；后半个周期则相反。

③ 通过判断左右行走轮与销排轨迹之间的相对角度来判定受力情况是否恶劣。如果相对角度越大，则受力情况越恶劣；相对角度越小，受力情况越正常。结果如图 6-12 所示，可以看到，左行走轮的轨迹在坐标为 0mm 以前与采煤机航偏角重合，右行走轮在 8500mm 后与采煤机航偏角重合。原因是此两个阶段是左行走轮未进入“S形”弯曲段阶段和右行走轮已经退出“S形”弯曲段阶段。在此两阶段中，左右行走轮所处位置销排弯曲角度为 0。

④ 以两个行走轮的综合效果来看，受力趋势为前半段逐渐增大，到中间

部分时又有小幅下降，后半部分又重新上升，最后又随着采煤机的运行逐渐下降。

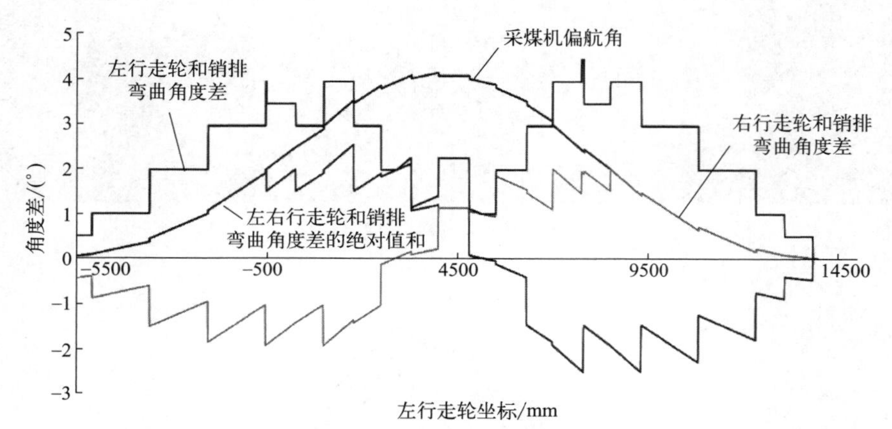

图 6-12　左右行走轮与销排轨迹之间的相对角度变化趋势

6.5.1.5　液压支架推移油缸伸长长度计算

液压支架推移油缸通过框架式连杆和连接块与溜槽推拉孔进行连接，所以可以通过对溜槽推拉孔坐标的解析，进而对支架推移油缸伸长长度进行求解。

(1) 溜槽推拉孔坐标解析

弯曲后第 i 段溜槽推拉孔坐标：$(X_i+G_2\sin\theta_i, Y_i-G_2\cos\theta_i)$。

弯曲前第 i 段溜槽推拉孔坐标：$\left(\frac{2i-1}{2}L, \frac{a}{2}-G_2\right)$。

(2) 液压支架推移油缸解析模型

以正拉式短推移杆分析为例，计算图如图 6-13 所示。

定义弯曲后第 i 段溜槽推拉孔坐标与弯曲前第 i 段溜槽推拉孔坐标差可以通过下式计算：

$$(\Delta X_i, \Delta Y_i)=\left(X_i+G_2\sin\theta_i-\frac{2i-1}{2}L, Y_i+G_2(1-\cos\theta_i)-\frac{a}{2}\right) \tag{6-20}$$

定义弯曲后第 m 段溜槽推拉孔坐标与第 n 段溜槽推拉孔坐标差可以通过下式计算：

$$(\Delta X_{mn}, \Delta Y_{mn})=(X_n-X_m, Y_n-Y_m) \tag{6-21}$$

定义 L_q 为液压支架推溜块长度，L_{ki} 为第 i 个液压支架推移框架与活塞杆长度和。假设液压支架推移框架与活塞杆只能沿着液压支架底座滑槽直线运动，则第 n 段相对于第 m 段推移油缸伸长长度可以表示为：

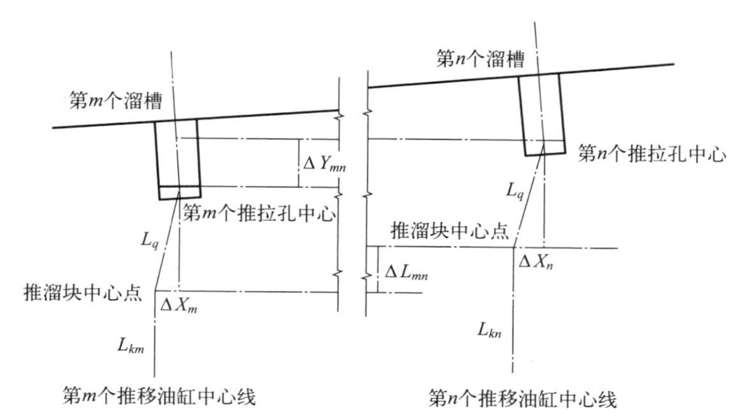

图 6-13 推移油缸伸长计算图

$$\Delta L_{mn}=L_{kn}-L_{km}=\sqrt{L_q^2-\Delta X_m^2}-\sqrt{L_q^2-\Delta X_n^2}+\Delta Y_{mn} \tag{6-22}$$

(3) 定量推溜方式

现在的大部分定量推溜方式为第 i 架推移 $i/(2N-1)$ 个行程，假设弯曲段由 9 段组成，则推溜长度依次为：弯曲的第 1 段推溜 1/9 行程，第 2 段推溜 2/9 行程，……

但是在实际推溜过程中，并不是严格按照此种规格进行推移，还需要运用本节方法进行计算并修正，这样才可以使刮板输送机弯曲段形态更加合理。

表 6-2 为液压支架推溜长度计算表。

表 6-2 液压支架推溜长度计算 mm

第 i 编号	油缸伸长长度（相对于第 0 段）	理论伸长长度	差值
0	—	0	0
1	13.88	70	−56.12
2	53.11	140	−86.89
3	119.29	210	−90.71
4	211.62	280	−68.38
5	329.75	350	−20.25
6	441.93	420	21.93
7	529.28	490	39.28
8	591.81	560	31.81
9	629.14	630	−0.86
10	635.15	630	5.15

注：0 号溜槽为此时即将进入但尚未进入弯曲段的第一个溜槽；1～9 号溜槽为弯曲段溜槽编号；10 号溜槽为刚刚退出弯曲段的第一个溜槽。

6.5.2 采煤机和刮板输送机联合定位定姿方法

针对当前综采工作面底板不平整工况条件下，关于采煤机与刮板输送机定位定姿的问题，大多数研究均是在比较理想的情况下进行的，并没有充分考虑采煤机与刮板输送机之间的姿态耦合关系。本节针对以上问题，提出了一种采煤机与刮板输送机联合定位定姿方法。

6.5.2.1 总体方法与思路

(1) 采煤机和刮板输送机的连接关系

如图 6-14 所示，采煤机在可弯曲式刮板输送机上行走。在采煤机运行过程中，左右导向滑靴分别与中部槽的铲煤板接触，左右行走轮分别与中部槽的销排进行啮合，这两种接触条件共同决定采煤机与刮板输送机的运行状态。因此，有必要分析这两个接触连接关系。

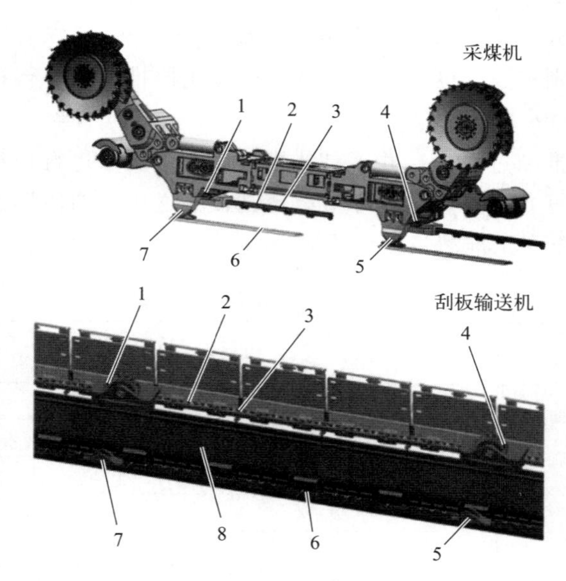

图 6-14 采煤机和刮板输送机的相关连接关系

1—左行走轮；2—中间销排；3—连接销排；4—右行走轮；5—左支撑滑靴；6—铲煤板；7—右支撑滑靴；8—中部槽

(2) 传感器的整体布置方案

传感器的布置方案如图 6-15 所示。每节中部槽上均通过双轴倾角传感器与 SINS 捷联惯导系统对各中部槽的实时横向倾角和纵向倾角进行标记。需要实时检测左右行走轮与销排的连接和左右支撑滑靴与铲煤板的连接，其中左右支撑滑靴与铲煤板的连接需要根据刮板输送机形态进行旋转，从而影响机身的俯仰角。

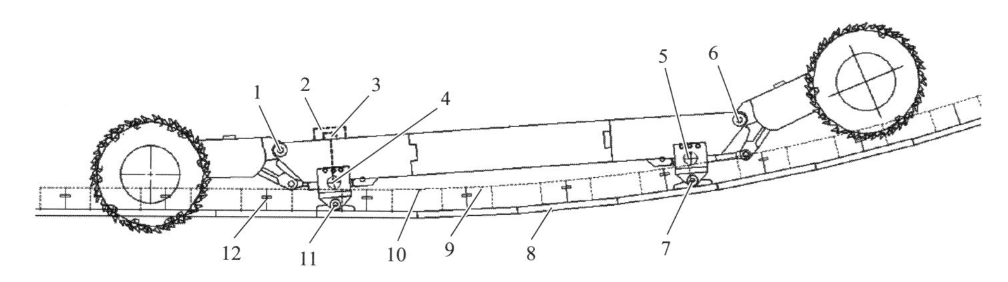

图 6-15　采煤机与刮板输送机连接及传感器布置示意图

1—左摇臂旋转销轴点（关键点 E_1）；2—采煤机机身双轴倾角传感器；3—SINS 捷联惯导系统；4—左行走轮关键点（关键点 D_1）；5—右行走轮关键点（关键点 D_2）；6—右摇臂旋转销轴点（关键点 E_2）；7—右支撑滑靴（关键点 O_2）；8—铲煤板；9—中间销排；10—连接销排；11—左支撑滑靴（关键点 O_1）；12—每段中部槽上安装的双轴倾角传感器

（3）整体研究思路

本节研究在各种复杂工况条件下的采煤机和刮板输送机的连接耦合关系，首先进行理论分析与计算，并且进行相关 VR 规划软件的编译，然后在采煤机运行过程中利用在两种设备上安装的传感器进行实时测量。总体方法思路如图 6-16 所示。

① 利用双轴倾角传感器和 SINS 捷联惯导系统，实时获取各中部槽的横向倾角和纵向倾角，求解刮板输送机当前的形态函数。

② 利用中部槽结构解析结果，求解刮板输送机铲煤板的形态函数和销排的形态函数。

③ 利用采煤机结构解析的结果，以左导向滑靴位置为采煤机定位特征位置，采煤机在刮板输送机运行过程中，在每一个采煤机的运行位置，均判断左右两个支撑滑靴与铲煤板之间的接触特征（全接触、半接触和悬空三种状态），进行结构结算，求解出左支撑滑靴的旋转关键点。

④ 利用求得的左支撑滑靴的旋转关键点，运用穷举法求解右支撑滑靴的旋转关键点。

⑤ 连接两个支撑滑靴关键点，求解机身俯仰角和两个支撑滑靴旋转角度。

⑥ 利用两个支撑滑靴关键点求解两个左右导向轮关键点，利用左右导向轮与销排之间的轨迹啮合来验证机身俯仰角。

⑦ 将以上①～⑥过程编入 VR 规划软件，利用测得的刮板输送机倾角输

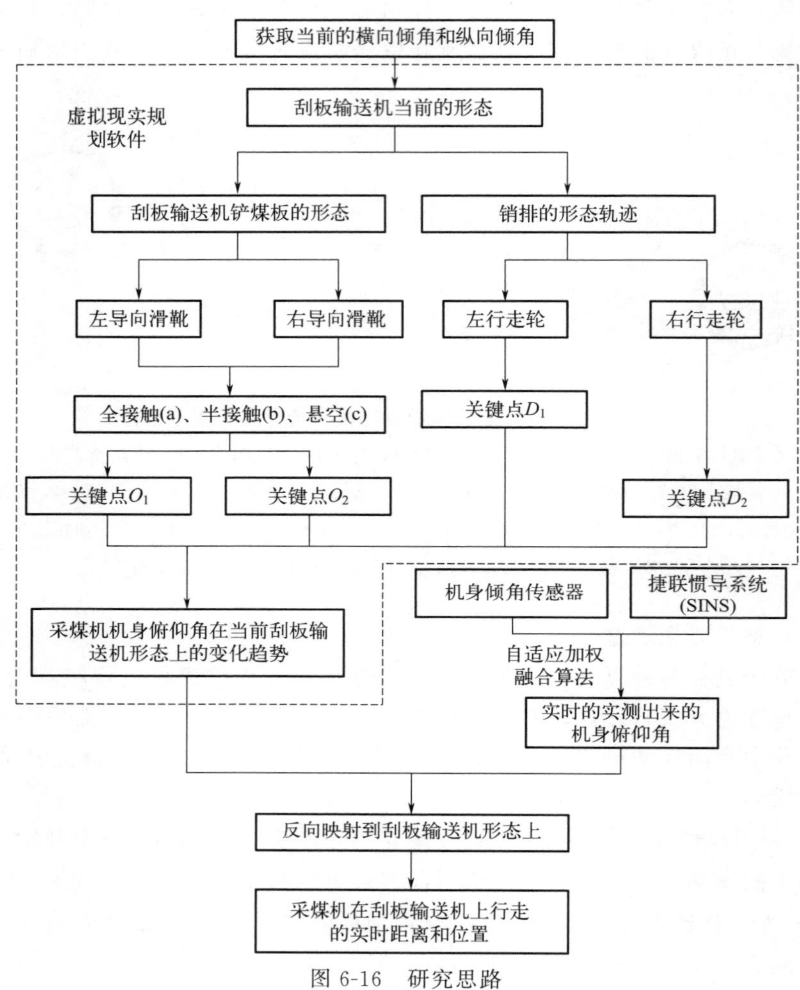

图 6-16　研究思路

入软件中去进行仿真分析，求解出采煤机在此刮板输送机形态上运行的机身俯仰角变化趋势。

⑧ 把⑦作为先验知识，在实际采煤机运行过程中经机身倾角传感器和 SINS 实时经过自适应加权融合算法得到的机身俯仰角反向映射到刮板输送机形态上，利用标记策略，从而得出采煤机在刮板输送机上行走的距离和位置。

6.5.2.2 单机定位定姿方法

(1) 采煤机姿态监测方法

可以实时计算这几个关键点（图 6-17）来对采煤机姿态进行描述，在有纵向倾角时，只需要根据纵向倾角进行换算，就可轻松计算出关键点坐标。采煤机姿态监测主要通过捷联惯导系统的定位计算出采煤机的精确位置，从而确定 O 点的坐标。再通过机身倾角传感器的角度信息和 SINS 的角度信息，实时计算输出精确的采煤机横滚角、俯仰角和偏航角等信息。再通过左右摇臂倾角传感器，求解出两个摇臂与机身的铰接点的绝对转动角度，从而完全表达采煤机的姿态。

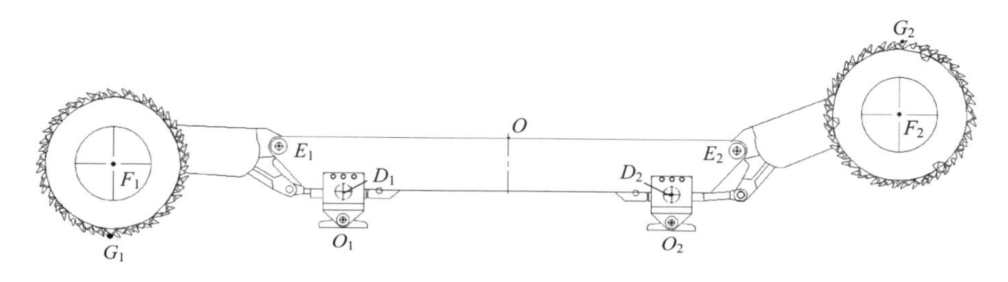

图 6-17 采煤机关键点解析

O_1—左支撑滑靴关键点；O_2—右支撑滑靴关键点；D_1—左导向轮的关键点；D_2—右导向轮的关键点；E_1—左摇臂铰接点；E_2—右摇臂铰接点；F_1—左滚筒旋转点；F_2—右滚筒旋转点；G_1—左滚筒计算点；G_2—右滚筒计算点

(2) 刮板输送机姿态监测方法

如图 6-18 所示，已知中部槽每节长度为 L_{ZBC}，并且每节中部槽横向倾角为 α_n，纵向倾角为 β_n。可知每个中部槽在 XY 平面内的分段函数：

$$\begin{cases} f_1(x)=x\tan\alpha_1, & 0\leqslant x\leqslant x_1 \\ f_2(x)=f_1(x_1)+(x-x_1)\tan\alpha_2, & x_1<x\leqslant x_2 \\ \vdots \\ f_{n-1}(x)=f_{n-2}(x_{n-2})+(x-x_{n-2})\tan\alpha_{n-1}, & x_{n-2}<x\leqslant x_{n-1} \\ f_n(x)=f_{n-1}(x_{n-1})+(x-x_{n-1})\tan\alpha_n, & x_{n-1}<x\leqslant x_n \end{cases} \tag{6-23}$$

上式中 x_i 是第 i 个中部槽在 X 轴上的边界点。

设采煤机关键点 O_1 位于刮板输送机第 k 节上的 p 处。则：

$$\frac{s}{h}=k\cdots p \tag{6-24}$$

式中，s 为采煤机的行程；h 为单节中部槽的长度；k 为商，代表采煤机所处中部槽的编号；p 为余数，代表采煤机在第 k 处中部槽的第 p 个位置。

求出刮板输送机第 k 个铰接点的坐标 (x_k, y_k) 以及刮板输送机第 k 节上

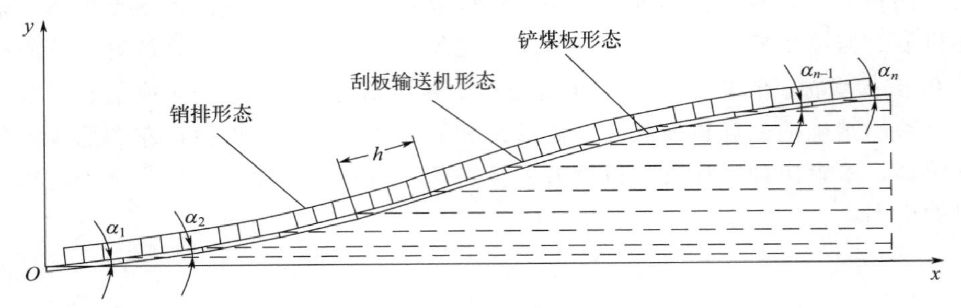

图 6-18 刮板输送机形态

的 p 处相对于点 (x_k, y_k) 的坐标偏移量 (x_p, y_p)。所以当采煤机的行程为 s 时，采煤机关键点坐标为：

$$\begin{cases} x_s = x_k + x_p = L_{\mathrm{ZBC}} \sum_{i=1}^{k} \cos\alpha_i + L_{\mathrm{ZBC}} p \cos\alpha_{k+1} \\ y_s = y_k + y_p = L_{\mathrm{ZBC}} \sum_{i=1}^{k} \sin\alpha_i + L_{\mathrm{ZBC}} p \sin\alpha_{k+1} \end{cases} \tag{6-25}$$

6.5.2.3 横向单刀运行采煤机与刮板输送机定位定姿耦合分析

由于采煤机的导向滑靴和销排形态耦合与支撑滑靴和铲煤板耦合实时同步进行，并且两组耦合关系作用直接影响机身俯仰角，因此有必要对这两组的耦合关系进行分析。

1）采煤机支撑滑靴与铲煤板的耦合关系

（1）支撑滑靴与铲煤板接触形式

采煤机机身角度反映的是前后两个支撑滑靴之间的起伏情况。左右支撑滑靴分别与铲煤板有三种接触方式，如图 6-19 所示。

（a）为全接触，支撑滑靴完全与中部槽接触。

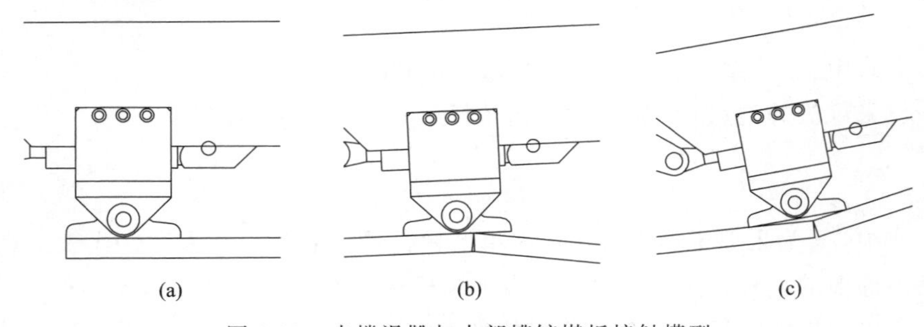

图 6-19 支撑滑靴与中部槽铲煤板接触模型

(b) 为半接触，支撑滑靴处在两段中部槽交叉处，且只能与一部分中部槽接触。

(c) 为悬空，支撑滑靴处在两段中部槽交叉处，且不能与两段中部槽接触，中间段悬空。

其判定规则如表6-3所示，将其定义为“0”“10”“11”和“2”四种模式。

表6-3 接触判定规则

模式	含义	条件	计算角度
0	全接触，支撑滑靴完全位于一段中部槽内	(1) $N_a=N_b$ (2) $N_a \neq N_b$ and FloatHA$[N_a]=$FloatHA$[N_b]$	N_a
10	半接触，并处于A点所在区间中部槽内	(1) $N_a \neq N_b$ and $N_a=N_{o1}$，FloatHA$[N_a]>$FloatHA$[N_b]$	N_a
11	半接触，并处于B点所在区间中部槽内	(1) $N_a \neq N_b$ and $N_b=N_{o1}$，FloatHA$[N_a]>$FloatHA$[N_b]$	N_b
2	悬空	(1) $N_a \neq N_b$ and FloatHA$[N_a]<$FloatHA$[N_b]$	利用悬空算法求解

注：A、B、O_1分别为支撑滑靴底线的左、右和中三点（图6-19），N_a、N_b和N_{O1}分别为A、B、O_1所处的中部槽区间序号，FloatHA $[i]$ 为第i个中部槽的横向角度。

(2) 支撑滑靴与铲煤板接触坐标解析

左右支撑滑靴均与刮板输送机有三种接触方式，所以三种情况组合起来，可能有九种接触方式，以最为复杂的半接触方式为例进行分析。X_{O1}为采煤机位置的关键点，为已知变量，如图6-20所示。求X_{O1}位置下的参数，其中X_A、X_B、θ_1和θ_2为未知数，L_H和ε是结构参数。其中，$N_a=p$，$N_b=p+1$。

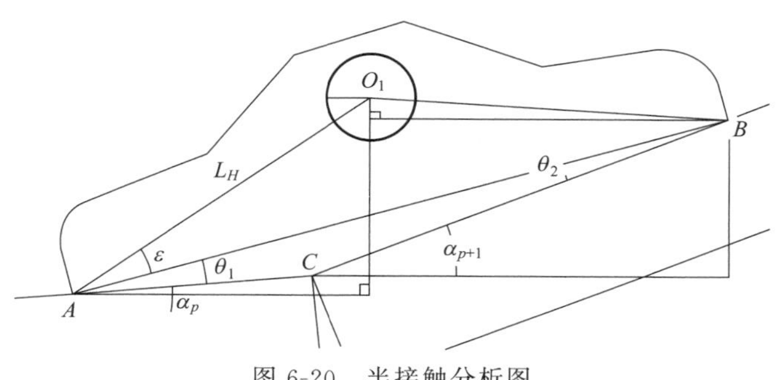

图6-20 半接触分析图

根据关系，可以列出以下公式：

$$\begin{cases} X_B - X_A = (2L_H \cos\varepsilon)\cos(\theta_1 + \alpha_p) \\ X_{O1} - X_A = L_H \cos(\varepsilon + \theta_1 + \alpha_p) \\ \dfrac{(X_B - X_C)}{\cos\alpha_{p+1}\sin\theta_1} = \dfrac{2L_H \cos\varepsilon}{\sin(\pi - (\alpha_{p+1} - \alpha_p))} \end{cases} \tag{6-26}$$

设 γ 是中间角度。M_1 和 M_2 是为了求解过程方便设立的中间参数，分别为：

$$M_1 = (-2L_H \cos\varepsilon \cdot \sin\alpha_p + L_H \sin(\varepsilon + \alpha_p) - C\cos(\alpha_{p+1}))/(X_C - X_{O1})$$

$$M_2 = (2L_H \cos\varepsilon \cdot \cos\alpha_p - L_H \sin(\varepsilon + \alpha_p))/(X_C - X_{O1})$$

$$\gamma = \arcsin(M_2/\sqrt{M_1^2 + M_2^2})$$

解得：

$$\theta_1 = \pi/2 - \gamma$$

$$X_A = X_{O1} - L_H \cos(\theta_1 + \alpha_p + \beta)$$

$$X_B = X_{O1} + 2L_H \cos\beta\cos(\theta_1 + \alpha_p) - L_H \cos(\theta_1 + \alpha_p + \beta)$$

而在图 6-19(a)、(c) 情况下，可以得出 Y_{O1}：

$$Y_{O1} = \begin{cases} f(X_A) + L_H \sin(\theta_1 + \alpha_p + \beta) & N_{O1} = p \\ f(X_A) + L_H \sin(\theta_1 + \alpha_{p+1} + \beta) & N_{O1} = p+1 \end{cases} \tag{6-27}$$

其中，对于 N_{O1} 来说，必须确定其所处中部槽的序号。

(3) 机身俯仰角求解

确定一个支撑滑靴状态后，需要对另一个支撑滑靴状态也进行判断。

可利用 O_1 点坐标（X_{O1}，Y_{O1}），求 O_2 点坐标（X_{O2}，Y_{O2}）。

$$\begin{cases} X_{O2} = X_{O1} + L_{js}\cos\alpha_{js} \\ Y_{O2} = Y_{O1} + L_{js}\sin\alpha_{js} \end{cases} \tag{6-28}$$

其中，α_{js} 是采煤机的机身俯仰角，L_{js} 是采煤机机身长度（关键点 D_1 到关键点 D_2 之间的距离）。

前后两个支撑滑靴组合后，共可能出现 9 种情况。由于直接求取有难度，因此本节利用间接计算方法。间接法的计算流程如图 6-21 所示。其中，S_1 为采煤机在刮板输送机上行走的极限位置，s 为采煤机的行程，k 为采煤机所处中部槽的编号，p 为采煤机在第 k 处中部槽的第 p 个位置。

点 X_{O1} 坐标加上 0.8 倍的采煤机机身长度后，对 X_{O2} 坐标进行解析，判断接触状态，并按照相应的算法进行求解，得出 X_{O2} 坐标。将 X_{O1} 与 X_{O2} 两点距离与机身长度进行判断，如果在很小的误差范围内，则说明求解正确；如果不在允许范围内，则继续加一个单位长度进行运算，直到满足条件，求解出

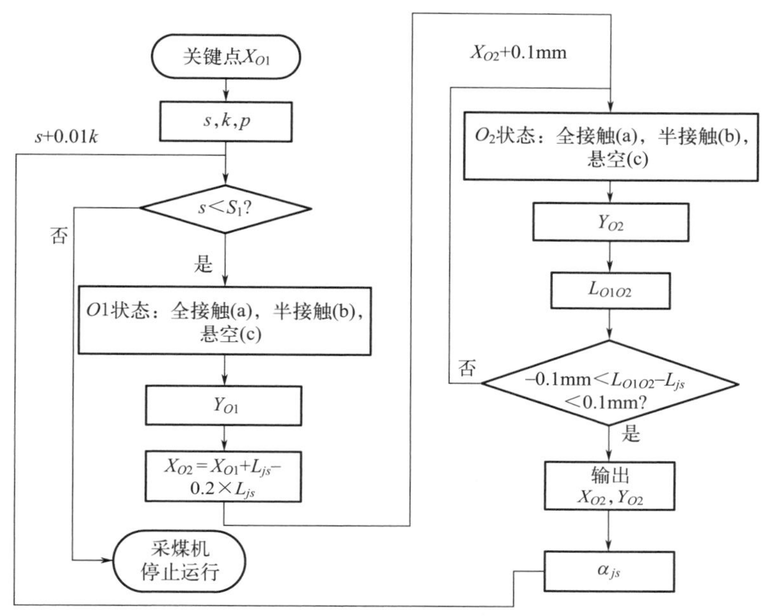

图 6-21　求解方法流程图

正确的 $O2$ 点坐标。

采煤机的定位点设置在左支撑滑靴位置，利用穷举法进行右支撑滑靴的计算，得出后，再结合此时左支撑滑靴的位置，从而确定采煤机实时俯仰角与刮板输送机的对应关系，如下式所示：

$$\alpha_{js}=\tan\frac{Y_{O2}-Y_{O1}}{X_{O2}-X_{O1}} \tag{6-29}$$

而左右两个滑靴与铲煤板进行自适应接触，也需要在原来正确的位置处旋转一定角度。

2）导向滑靴与销排形态的耦合关系

（1）溜槽销排方程解析

由于纵向倾角变化很小，连接销排会随着相邻两个中部槽的形态进行弯曲，它的俯仰角是相邻两段中部槽横向倾角的一半。

中间销排横向倾角：

$$\theta_{Mi}=\alpha_i \tag{6-30}$$

连接销排横向倾角：

$$\theta_{Ni}=\frac{(\alpha_i+\alpha_{i+1})}{2} \tag{6-31}$$

结合每个轴孔坐标，就可以表示出销排的曲线方程：

$$\begin{cases} g_1(x)=Y_{MXP}(1)+(x-X_{MXP}(1))\tan\alpha_1 & X_{MXP}(1)\leqslant x\leqslant X_{NXP}(1) \\ g_2(x)=Y_{NXP}(1)+(x-X_{NXP}(1))\tan\dfrac{\alpha_1+\alpha_2}{2} & X_{NXP}(1)<x\leqslant X_{MXP}(2) \\ \quad\vdots \\ g_{2n-1}(x)=Y_{MXP}(n)+(x-X_{MXP}(n))\tan\alpha_n & X_{MXP}(n)\leqslant x\leqslant X_{NXP}(n) \\ g_{2n}(x)=Y_{NXP}(n)+(x-X_{NXP}(n))\tan\dfrac{\alpha_n+\alpha_{n+1}}{2} & X_{NXP}(n)<x\leqslant X_{MXP}(n+1) \end{cases} \tag{6-32}$$

其中，$(X_{MXP}(i),Y_{MXP}(i))$和$(X_{NXP}(i),Y_{NXP}(i))$分别是第 i 段中部槽左右两个轴孔坐标。

(2) 行走轮与销排轨迹耦合验算分析

求出支撑滑靴关键点 O_1 和 O_2 后，利用机身的横向倾角和纵向倾角对行走轮的旋转点 D_1 和 D_2 进行求解。利用这两个点的坐标，与销排曲线进行耦合；再用结果去验证机身俯仰角，如果不合适，就调整机身纵向倾角直到满足为止。

6.5.2.4 基于 Unity-3D 的规划软件开发

将在 UG 软件中建立的模型经过模型修补和转换环节进入 Unity-3D 软件中去，并按照特定的规则进行虚拟场景的布置。利用本章前面的所有算法进行程序编译，并且建立可视化的人机输入交互界面，进行采煤机与刮板输送机联合定位定姿 VR 规划软件的开发。如图 6-22 所示。

在本 VR 规划软件中，将试验过程中实测的刮板输送机倾角输入进去，设置不同的采煤机机身长度与结构参数，就可进行可视化的仿真实验，并可实时将过程仿真数据（采煤机机身俯仰角）导出到 xml 文件中进行后续分析。

输入不同的每段中部槽参数，计算刮板输送机形态，后台实时计算采煤机行走的位置，并且以坐标的形式传递到虚拟采煤机上，将过程数据实时存入 xml 文件中。

利用实际采集的各中部槽的倾角数值输入到虚拟规划软件中可估计刮板输送机的形态。为协调此时刮板输送机的虚拟形态，虚拟采煤机的行走位置和行走姿态会被实时计算。然后将计算结果实时传递到虚拟规划软件画面中。

虚拟采煤机的运行速度依靠牵引速度的增量决定，在计算机计算压力和虚拟画面流畅度方面综合选定一个增量，使虚拟软件可以实时可视化地进行规划过程。

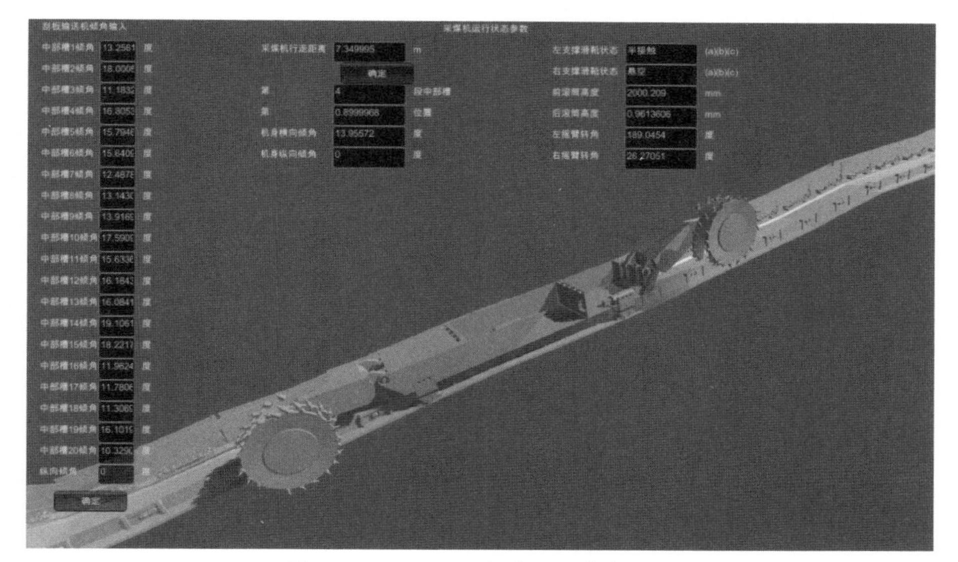

图 6-22　Unity-3D 复合工况仿真界面

6.5.2.5　基于信息融合技术的定位定姿融合策略

利用 SINS 和倾角传感器去分别测量采煤机机身俯仰角和每段中部槽的横向倾角与纵向倾角。在不同的温度和环境条件下，电磁干扰很容易造成传感器的噪声和失效。这就意味着原始数据的漂移现象很可能发生在单个的传感器上，从而造成通过传感器标记的采煤机和刮板输送机真实状态不准确。因此，需要利用信息融合算法将两种传感器的两个测量结果分别进行融合进而提高精度。

多传感器信息融合算法利用多个传感器在不同时刻采集到的多个数据，来标识两个设备的实际状态。自适应融合算法的前提是批处理算法，因此有必要对其进行说明，分别采用批处理估计算法和自适应加权融合算法进行计算说明。

批处理估计算法为 p 个测量值 $[\gamma_1, \gamma_2, \cdots, \gamma_p]$，采集来自一个传感器，相同采集频率的重复间隔，将其分为两组：

① 当 p 是一个奇数时，分成的两组是$[\gamma_1,\gamma_2,\cdots,\gamma_{(p+1)/2}]$和$[\gamma_{(p+1)/2},\gamma_{(p+1)/2+1},\cdots,\gamma_p]$。

② 当 p 是一个偶数时，分成的两组是$[\gamma_1,\gamma_2,\cdots,\gamma_{p/2}]$和$[\gamma_{p/2+1},\gamma_{p/2+2},\cdots,\gamma_p]$。

以第二种形式为例进行说明：

第一组的算术平均值 $\overline{\gamma}_1$ 和均方差 σ_1 可以表示为：

$$\begin{cases} \overline{\gamma}_1 = \dfrac{1}{p/2}\sum\limits_{i=1}^{\frac{p}{2}}\gamma_i \\ \sigma_1 = \sqrt{\dfrac{1}{p/2-1}\sum\limits_{i=1}^{\frac{p}{2}}(\gamma_i - \overline{\gamma}_1)} \end{cases} \tag{6-33}$$

第二组的算术平均值 $\overline{\gamma}_2$ 和均方差 σ_2 可以表示为：

$$\begin{cases} \overline{\gamma}_2 = \dfrac{1}{p/2}\sum\limits_{i=p/2+1}^{p}\gamma_i \\ \sigma_2 = \sqrt{\dfrac{1}{p/2-1}\sum\limits_{i=p/2+1}^{p}(\gamma_i - \overline{\gamma}_1)} \end{cases} \tag{6-34}$$

用以下公式计算单个传感器的批处理算法结果（估计值 $\overline{\gamma}$ 和方差 σ^2）：

$$\begin{cases} \overline{\gamma} = (\sigma_2^2\overline{\gamma}_1 + \sigma_1^2\overline{\gamma}_2)/(\sigma_1^2 + \sigma_2^2) \\ \sigma^2 = \sigma_1^2\sigma_2^2/(\sigma_1^2 + \sigma_2^2) \end{cases} \tag{6-35}$$

以上述批处理算法计算的角度作为准确的结果，对下一步自适应加权融合算法进行计算分析。不需要倾角传感器和 SINS 的先验知识，利用估计值进行自适应加权融合算法的计算。在两种传感器独立工作时，倾角传感器或 SINS 测得的每一个角度都受到噪声和振动等因素的干扰，因此，融合信息角度计算的角度值是随机的，可以表示为如下形式：

$$\gamma_m - (u_m, \sigma_m)$$

其中，u_m 是期望值，σ_m 是方差。

自适应加权融合算法利用彼此相互独立测量的倾角传感器进行计算，各部分权重值 W_1，W_2，…，W_m 和各部分算术平均值 γ_1，γ_2，…，γ_m 进行信息融合；因此，融合值 γ 需要满足以下关系：

$$\begin{cases} \gamma = \sum\limits_{i=1}^{m} W_i\overline{\gamma}_i \\ \sum\limits_{i=1}^{m} W_i = 1 \end{cases} \tag{6-36}$$

利用最小方差得到最优加权因子：

$$\begin{cases} W_i = \dfrac{1}{\left(\sigma_i^2\sum\limits_{i=1}^{z}\dfrac{1}{\sigma_i^2}\right)} \end{cases} \tag{6-37}$$

式中，z 为进行加权融合的传感器的数量。该传感器的采集频率确定为 50ms，以采煤机俯仰角为例进行自适应加权融合算法的说明。由于采煤机牵引速度一般在 6～8m/min 的范围内，在 0.5s 内行走距离非常小。因此，每隔 0.5s 采集倾角传感器和 SINS 的 10 组数据（表 6-4），并将其进行批处理估计计算，将得到的结果作为 0.5s 内两种传感器的测量值。

表 6-4　倾角传感器和捷联惯导系统测量采煤机机体俯仰角　　（°）

类型	数值									
	第一组					第二组				
	1	2	3	4	5	6	7	8	9	10
SINS	13.52	13.61	13.63	13.67	13.53	13.49	13.52	13.67	13.69	13.63
倾角传感器	13.69	13.70	13.90	13.84	13.84	13.69	13.71	13.82	13.86	13.87

然后再进行自适应加权融合计算，从而得到最终的自适应融合值。在本节中，使用自适应加权融合算法获得的融合值见表 6-5。这样，计算出一系列数据的融合值，见表 6-6。

表 6-5　捷联惯导系统和倾角传感器使用自适应加权融合算法获得的融合值　（°）

		倾角传感器	SINS
第一组	平均值	13.794	13.592
	均方差	0.0088	0.0042
第二组	平均值	13.790	13.61
	均方差	0.0071	0.0081
批处理估计算法	估计值	13.792	13.594
	方差	5.58×10^{-5}	1.39×10^{-5}
自适应加权融合算法	融合值	13.664	
	加权因子	0.354	0.646

表 6-6　捷联惯导系统与倾角传感器的一系列融合值　（°）

序号	SINS	倾角传感器	融合值	序号	SINS	倾角传感器	融合值
1	13.6	13.79	13.664	7	8.3	8.07	8.231
2	13.2	13.31	13.233	8	4.2	4.01	4.143
3	14.3	14.21	14.273	9	5.7	5.33	5.589
4	12.9	12.91	12.903	10	4.4	4.6	4.46
5	12.4	13.31	12.673	11	0.3	0.83	0.459
6	5.9	6.12	5.966	12	1.3	1.46	1.348

续表

序号	SINS	倾角传感器	融合值	序号	SINS	倾角传感器	融合值
13	8.3	8.74	8.432	25	−1	−1.42	−1.126
14	1.2	1.29	1.227	26	−0.8	−1.21	−0.923
15	−0.7	0.38	−0.376	27	−1.8	−1.46	−1.698
16	0	0.2	0.06	28	−0.2	−0.73	−0.359
17	−5.6	−5.63	−5.609	29	0.1	−0.32	−0.026
18	1.3	0.56	1.078	30	−0.9	−1.3	−1.02
19	5.5	5.28	5.434	31	−1.3	−1.45	−1.345
20	0.2	0.07	0.161	32	−2.2	−2.6	−2.32
21	0.6	0.08	0.444	33	−6.6	−7.08	−6.744
22	0.4	0.16	0.328	34	−1.2	−1.07	−1.161
23	−8.2	−8.8	−8.38	35	−8.4	−8.72	−8.496
24	0.7	0.15	0.535				

6.5.2.6 基于先验角度的反向映射标记策略

首先由信息融合方法提高刮板输送机的形态测量值，然后输入 VR 规划软件得出采煤机俯仰角变化趋势理论仿真结果。将其作为先验知识，在采煤机运行过程中，利用两种传感器的信息融合值来对先验知识进行标记并一一对应。尤其是一些关键点的位置，要判断出来进行实时修正。这就是基于先验角度的反向映射标记策略。

首先根据两个传感器分析结果，推断出采煤机位置，具体方法为：

① 根据曲线变化趋势，将理论曲线分为若干块和若干个阶段，并对关键点进行标记。

② 当实际值与理论值变化趋势相同，判断采煤机进入新的一个阶段后，对关键点进行修正。

③ 将实际值与理论值所处阶段的关键点继续对应和修正，进而将实际值反向映射到刮板输送机上。

从机头行走到机尾，进行完整分析与对应，从而实时反推出采煤机所处位置。

如图 6-23 所示，以此种情况为例进行反向映射标记策略的说明。先把理论曲线分为 A，B，…，M 区间，并找到区间分界点 a，b，…，m 点，作为先验经验。在采煤机实际运行过程中，利用得到的 a'，b'，…，m'点去实时

修正和验证 a，b，…，m 点，确定两者相对应区间，然后进行反向映射，从而找到相对应的点，确定采煤机在刮板输送机上的位置。

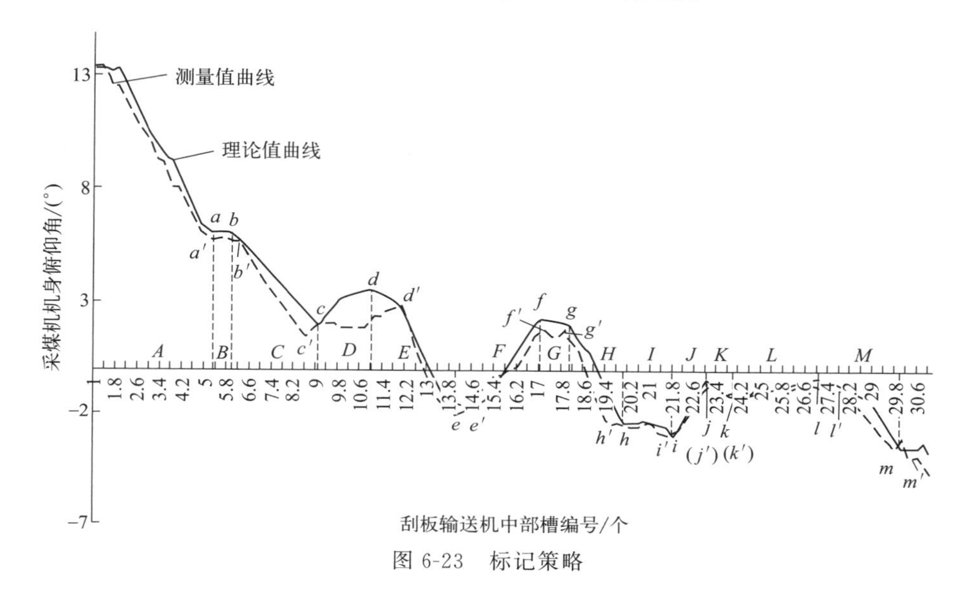

图 6-23　标记策略

6.5.3　采煤机与刮板输送机协同运动实现

综采工作面中，采煤机沿着刮板输送机运行，同时刮板输送机会根据采煤机的位置进行推溜，故虚拟采煤机在运行过程中需要时刻识别刮板输送机的排布状态，并驱动自身进行运动方向的调整，保证始终沿着刮板输送机运行，而各节中部槽要时刻判断自身与采煤机的距离，确定是否进行推溜。

虚拟路径的建立：虚拟路径是通过一系列航点连接到一起来创建的。通过对中部槽中心位置添加虚拟子物体作为虚拟路径的航点，在 CmjYunXing.cs 脚本中定义存储航点的 Transform[] 数组 path，同时建立存储航点在虚拟环境中坐标的 Vector[] 数组 pointA，在 Start() 函数中通过 for 循环对路径点进行初始化，识别虚拟环境中的路径点。部分程序如下：

path[n] = GameObject.Find(string.Concat("zhongbucao", b.ToString())).//发现路径点

pointA[i]=path[i].position;//存储路径点的坐标

虚拟采煤机的运行：采煤机自动搜寻设置好的虚拟路径，通过建立 RotateTo() 与 MoveTo() 函数，驱动虚拟采煤机沿着虚拟路径运行。其中，RotateTo() 函数的目的是：虚拟采煤机拾取当前位置与下一个路径点之间的朝

向角度，并以该角度设置采煤机的移动方向。MoveTo() 函数的目的是：计算采煤机当前位置与下一路径点的距离，驱动采煤机向下一路径点移动。

```
Viod RotateTo()
{      current=transform. eulerAngles. y;      //储存采煤机当前欧拉角度
this. transform. LookAt(TargetPoint);          //采煤机面向目标点
Vector3 target=this. transform. eulerAngles; //储存采煤机面向后的角度
next=Mathf. MoveTowardsAngle(current,target. y,10 * Time. deltaTime);
//以速度 10 从当前角度 current 转向目标点角度 target
this. transform. eulerAngles=new Vector3(0,next,0);//旋转执行}
Viod MoveTo()
{Vector3 pos1=transform. position;             //储存采煤机当前位置
Vector3 pos2=Target. transform. position;      //储存目标点位置
dist= Vector2. Distance (new Vector2 (pos1. x, pos1. z), new Vector2
(pos2. x,pos2. z));
//计算向目标位置移动的向量
this transform. Translate(new Vector3(0,0,dist/10f * Time. deltaTime));
//以 dist/10 的速度驱动采煤机向目标点运行}
```

中部槽推溜：中部槽需要识别当前位置与采煤机之间的距离，当达到要求时，该节中部槽开始推溜。部分语句如下：

```
Cmj_Position=GameObject. Find("Jishen"). GetComponent<CmjYunX-
ing>(). JiShen. transform. position. x;          //获得采煤机 X 方向的
坐标
ys[]. transform. RotateAround(ys[]. position, Vector3. up, -1);//该节
中部槽开始推溜
```

6.6 采煤机与液压支架群协同

6.6.1 采煤机与液压支架群动作耦合策略

每一个液压支架均有 YyzzControl. cs 控制脚本，每个采煤机有 CmjControl. cs 控制脚本。采煤机和液压支架的感知主要是通过以下三个规则进行的：

① 规则一：支架落后采煤机后滚筒两架，开始降—移—升动作。

② 规则二：支架落后采煤机 10～15m 开始进行推溜。

③ 规则三：支架超前采煤机前滚筒两架开始进行收护帮板动作。

每个液压支架实时获取采煤机前滚筒和后滚筒的位置。以在顺序移架方式下的动作进行分析：由于采煤机与液压支架的脚本不同，需要进行各脚本之间的交互以模拟虚拟物体之间的信息交互，通过 GameObject. Find（" 脚本所在物体名"）. GetComponent<脚本名>(). 函数名() 实现。其感知过程如下：

① 如果采煤机向左牵引，标记采煤机运动方向变量 $d(i)$ 为 true，采煤机的前滚筒就是左滚筒，后滚筒就是右滚筒，此时采煤机向右牵引，反之亦然。

② 设定好液压支架动作函数 $s(i)$：$s(i)=0$，推溜动作；$s(i)=1$，收护帮板动作；$s(i)=2$，降柱动作；$s(i)=3$，移架动作；$s(i)=4$，升柱动作；$s(i)=5$，伸出护帮板动作。

③ 前滚筒与液压支架位置信息比较，若满足条件则进行收护帮板动作。

④ 后滚筒与液压支架位置信息比较，满足规则 1 进行降柱动作，同时将标记第 i 架是否完成移架任务。变量 $y(i)$ 置为 true，激活移架变量，降柱完成后 $s(i)$ 变为 3，代表进行移架动作，移架完成后，$s(i)$ 变为 4，再进行升柱动作。

⑤ 后滚筒与底座信息比较，满足规则二就执行推溜动作。

⑥ 采煤机感知液压支架，如果液压支架跟机跟不上采煤机的牵引速度，导致空顶面积越来越大，当超过规定的支架后，采煤机会自行降低牵引速度，以使支架移架动作慢慢追上采煤机动作。

前面叙述的为顺序移架的方式，本系统设置选择工艺按钮，在不同的地质环境条件下，分别选择不同的移架方式。如果选择间隔交错移架方式，在当 $v_y<v_c<2v_y$ 时，可以激活分段跟机移架或多架插架移架等方式，采用多架同时移架才能实现该目标。

6.6.2 采煤机与液压支架群速度匹配计算

由于液压支架推溜动作速度相对采煤机牵引速度和液压支架移架速度较快，因此只需做好采煤机牵引速度 v_c 与液压支架移架速度 v_y 的协同，即可对“三机”自动化运行关系进行较好把握。

其中：

$$v_y=\frac{D_{zj}}{t_1+t_2+t_3} \tag{6-38}$$

式中，t_1 为降柱时间；t_2 为移架时间；t_3 为推溜时间。本书利用液压支架脱离顶板 200mm 为例进行计算。

当 $v_c < v_y$ 时，支架可以按照跟机顺序移架方式运行，跟机效果较好，不会出现丢架、移架不到位等问题。在采煤机位置触发下一组支架跟机移架前，上一组支架已经完成自动跟机移架，可以满足综采工作面跟机移架工艺有序进行。

当 $v_y < v_c < 2v_y$，支架跟机顺序移架方式已经无法满足支架追机要求，可以通过分段跟机移架或多架插架移架等方式，采用多架同时移架才能实现该目标，可以采用 1、3、5 架同时移架，再触发 2、4、6 架同时移架，大幅提升了移架速度。

在运动过程中，需要实时监测采煤机速度与空顶距离，自行控制改变支架跟机移架方式，通过对采煤机速度监测，实现跟机智能移架方式的自动切换，以满足工作面追机护顶护帮的需要。

6.6.3 采煤机与液压支架群协同运动实现

(1) 协同分析

采煤机与液压支架的协同主要是指：采煤机的速度、牵引方向与液压支架的动作协同。通过采煤机与当前液压支架的距离关系，触发该液压支架及采煤机进行相应的动作，具体感知关系如表 6-7、表 6-8 所示。

表 6-7 液压支架感知采煤机

距离条件	液压支架动作
液压支架距离采煤机前滚筒 2～3 架	收护帮板
液压支架距离采煤机后滚筒 2 架	推溜
液压支架距离采煤机后滚筒 12～15m	支架进行降、移、升

表 6-8 采煤机感知液压支架

距离条件	可能故障	采煤机动作
后滚筒距离移架支架大于 15m	煤壁坍塌	速度减小
后滚筒距离移架支架小于 3m	设备干涉	速度增大

另外，当液压支架进行移架时，需要判断前一架是否移架完成：若完成，则进行移架；若未完成，则需等待。

(2) 动作实现

见 6.4.2 节。

6.7　液压支架与刮板输送机协同

6.7.1　液压支架推移油缸解析模型

见 6.5.1.5 节（2）部分。

6.7.2　液压支架与刮板输送机弯曲段协同与速度协同

6.7.2.1　综采支运装备浮动连接机构运动规律的解析

液压支架和刮板输送机作为综采支运装备，二者之间的连接运动关系复杂，对其连接机构运动学过程进行分析对研究刮板输送机直线度等综采工作面智能化问题来说很关键。其中综采支运装备的连接关系是通过浮动连接机构实现的，需要建立浮动连接机构的空间运动模型，并借助工业机器人运动学知识对其运动规律进行解析。

1）综采支运装备浮动连接机构概述

推移机构是一个将液压支架与刮板输送机进行连接的浮动机构，可以将其称为液压支架与刮板输送机的浮动连接机构（本文简称为浮动连接机构），主要由液压油缸、活塞杆、推移杆、连接头组成；其运动包括活塞杆的伸长、推移杆的俯仰运动和偏航运动、连接头的偏航运动，其连接图如图 6-24 所示。可以看出对浮动连接机构进行相关研究分析是对液压支架与刮板输送机协同运

图 6-24　液压支架与中部槽连接图

动进行研究的关键之一。

液压支架与刮板输送机的浮动连接机构的运动不是简单的直线运动而是空间运动，致使在液压支架推溜时，刮板输送机的实际推移距离与理想推移距离存在误差，因而需要对液压支架与刮板输送机的浮动连接机构的运动规律进行解析。

2）浮动连接机构的空间运动模型分析

液压支架推移刮板输送机时，浮动连接机构各结构可以进行平移或者旋转运动，实现液压支架推溜时，浮动连接机构连接头位于推移耳座上方位置，液压支架移架时，浮动连接机构连接头位于推移耳座下方位置；而工业机器人通常由若干连接各运动部分的旋转关节和移动关节串联或并联组成，可实现旋转运动与平移运动及组合运动。因而可以基于液压支架与刮板输送机浮动连接机构的运动特性，建立相应的机械手模型，对其位姿进行解析后将其应用于仿真系统。在虚拟环境中，在刮板输送机推移耳座上标记液压支架推溜和移架时的关键点，作为等价机械手模型末端执行器的目标捕捉位置，实现液压支架对刮板输送机的精准推移。模型转换思路如图 6-25 所示。

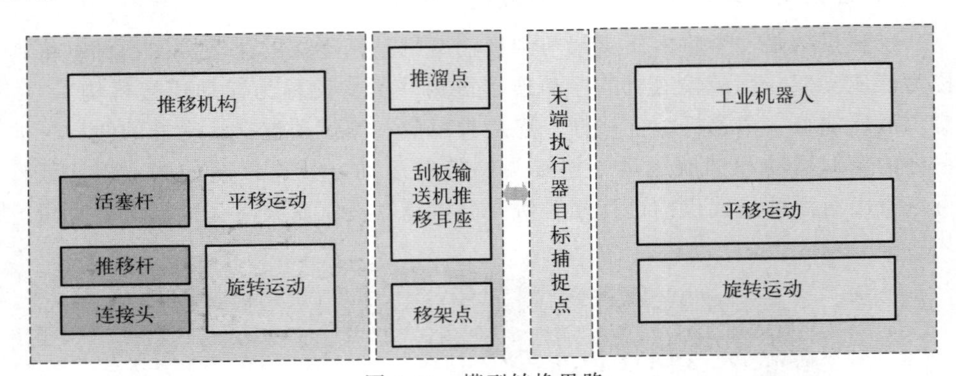

图 6-25　模型转换思路

3）基于工业机器人模型的浮动连接机构运动规律的确定

对浮动连接机构的空间运动模型进行分析后，需要建立相应的空间运动模型并对其运动隐含的规律进行解析，为后续研究奠定基础。工业机器人是通过旋转关节与棱柱关节将一系列连杆连接在一起而构成其框架结构，能够在运动范围内进行定位与定向。连杆运动一般包括旋转运动、平移运动、平移和旋转联合运动。浮动连接机构的运动是空间运动，包括活塞杆的平移运动、推移杆的俯仰运动和偏航运动、连接头的偏航运动，可以看出浮动连接机构的运动符合工业机器人的运动特征，因此将浮动连接机构转化为工业机器人机械手模型对其运动规律进行研究是一条可靠的思路。

（1）模型转换

在机器人运动学中，用横滚角、俯仰角、偏航角表示运动姿态，也可以通过角度的组合来描述机器人的运动姿态。在液压支架推溜刮板输送机时，液压油缸相对于底座处于静止状态，选取液压油缸为基座，将连接头的运动简化为末端执行器绕着手腕处的偏转运动，将连接头简化为末端执行器，连接头与推移杆的连接销轴简化为具有偏航运动的旋转关节，活塞杆与推移杆之间的连接销轴简化为机器人的具有偏航运动与俯仰运动的旋转关节，液压油缸与活塞杆简化为机器人的棱柱关节。最终建立的模型可以实现末端执行器绕着手腕处的偏转运动、机械手的伸缩及手臂的俯仰和偏转运动。如图 6-26 所示，图（b）为根据图（a）中各结构运动特性转换为相应的关节后得到的机械手模型。

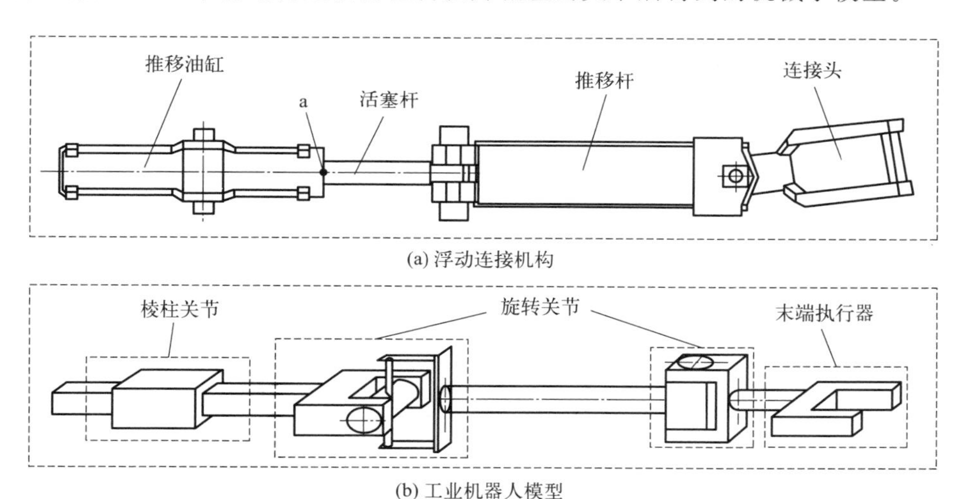

图 6-26　浮动连接机构转换模型

（2）D-H 坐标系统的建立

D-H 矩阵坐标系是指给每个关节指定的本地参考系，其必须指定一个 z 轴和一个 x 轴。如果关节是做旋转运动的，z 轴位于按右手旋转的方向。如果关节是做平移运动的，z 轴为沿直线运动方向。按照以上原则确定所有旋转关节和棱柱关节的 z 轴。当关节不平行或相交时，z 轴通常是斜线，总有一条距离最短的公垂线正交于任意两斜线，在此公垂线任意两方向上定义本地坐标系的 x 轴，按照此方法确定所有旋转关节和棱柱关节的 x 轴，根据确定的机械手模型各关节的相对运动关系，建立如图 6-27 所示的 D-H 坐标系统。

根据图 6-27 建立的 D-H 矩阵坐标系统，可以确定机械手模型的连杆是

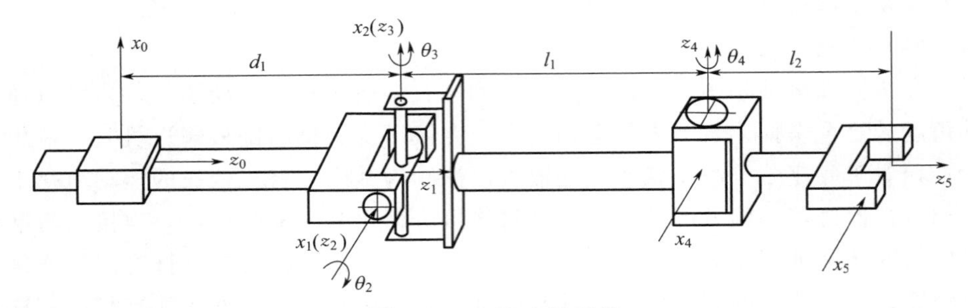

图 6-27 D-H 坐标系统

P||R(0°)，R⊥R(90°)，R⊥R(90°)，R||R(0°)，R⊥P(90°)，根据建立的 D-H 矩阵坐标系确定 D-H 参数表，见表 6-9。

表 6-9 D-H 参数表

关节序号	θ_i	d_i	a_i	∂_i
1	0°	d_1	0	0°
2	θ_2	0	0	90°
3	θ_3	0	0	90°
4	θ_4	0	l_1	0°
5	0°	l_2	0	0°

各关节变量的定义如表 6-10 所示。

表 6-10 关节变量的定义

关节变量		定义
关节角	θ_2	绕着 z_2 轴，从 x_1 旋转到 x_2 的角度
	θ_3	绕着 z_3 轴，从 x_2 旋转到 x_3 的角度
	θ_4	绕着 z_4 轴，从 x_3 旋转到 x_4 的角度
关节距离	d_1	沿着 z_0 轴，x_0 与 x_1 之间的距离
连杆长度	l_2	沿着 z_5 轴，x_4 和 x_5 之间的距离，连接头的长度
	l_1	沿着 x_3 轴，z_3 和 z_4 之间的距离，推移杆的长度
本地坐标系	x_0-z_0	0 号关节的本地坐标系
	x_1-z_1	1 号关节的本地坐标系
	x_2-z_2	2 号关节的本地坐标系
	x_3-z_3	3 号关节的本地坐标系
	x_4-z_4	4 号关节的本地坐标系
	x_5-z_5	5 号关节的本地坐标系

（3）基于逆向运动学的运动规律的解析

对浮动连接机构的运动规律进行解析的过程，也就是确定活塞杆的伸长量，推移杆绕连接销轴的偏航角、俯仰角，连接头的偏航角的关系式的过程，具体过程如式(6-39)～式(6-47) 所示。

式(6-39) 表示相邻两坐标系的变换矩阵：

$$^{i-1}\boldsymbol{T}_i=\begin{bmatrix}\cos\theta_i & -\sin\theta_i\cos\alpha_i & \sin\theta_i\sin\alpha_i & a_i\cos\theta_i\\ \sin\theta_i & \cos\theta_i\cos\alpha_i & -\cos\theta_i\sin\alpha_i & a_i\sin\theta_i\\ 0 & \sin\alpha_i & \cos\alpha_i & d_i\\ 0 & 0 & 0 & 1\end{bmatrix}\tag{6-39}$$

得到机械手模型的所有变换矩阵：

$$^{0}\boldsymbol{T}_1=\begin{bmatrix}1 & 0 & 0 & 0\\ 0 & 1 & 0 & 0\\ 0 & 0 & 1 & d_1\\ 0 & 0 & 0 & 1\end{bmatrix}\tag{6-40}$$

$$^{1}\boldsymbol{T}_2=\begin{bmatrix}\cos\theta_2 & 0 & \sin\theta_2 & 0\\ \sin\theta_2 & 0 & -\cos\theta_2 & 0\\ 0 & 1 & 0 & 0\\ 0 & 0 & 0 & 1\end{bmatrix}\tag{6-41}$$

$$^{1}\boldsymbol{T}_2=\begin{bmatrix}\cos\theta_2 & 0 & \sin\theta_2 & 0\\ \sin\theta_2 & 0 & -\cos\theta_2 & 0\\ 0 & 1 & 0 & 0\\ 0 & 0 & 0 & 1\end{bmatrix}\tag{6-42}$$

$$^{3}\boldsymbol{T}_4=\begin{bmatrix}\cos\theta_4 & \sin\theta_4 & 0 & l_1\cos\theta_4\\ \sin\theta_4 & -\cos\theta_4 & 0 & l_1\cos\theta_4\\ 0 & 0 & 1 & 0\\ 0 & 0 & 0 & 1\end{bmatrix}\tag{6-43}$$

$$^{4}\boldsymbol{T}_5=\begin{bmatrix}1 & 0 & 0 & 0\\ 0 & 1 & 0 & 0\\ 0 & 0 & 1 & l_2\\ 0 & 0 & 0 & 1\end{bmatrix}\tag{6-44}$$

根据 $^{0}\boldsymbol{T}_5={}^{0}\boldsymbol{T}_1{}^{1}\boldsymbol{T}_2{}^{2}\boldsymbol{T}_3{}^{3}\boldsymbol{T}_4{}^{4}\boldsymbol{T}_5$，建立机械手模型的正向运动矩阵：

$$
{}^{0}\boldsymbol{T}_5=\begin{bmatrix} r_{11} & r_{12} & r_{13} & r_{14} \\ r_{21} & r_{22} & r_{23} & r_{24} \\ r_{31} & r_{32} & r_{33} & r_{34} \\ 0 & 0 & 0 & 1 \end{bmatrix} \tag{6-45}
$$

其中，r_{ij} 表示正向运动矩阵中的各参数（$i=1$，2，3；$j=1$，2，3，4）。

$r_{11}=\cos\theta_2\cos\theta_3\cos\theta_4+\sin\theta_2\sin\theta_4$

$r_{12}=-\cos\theta_2\cos\theta_3\sin\theta_4+\sin\theta_2\cos\theta_4$

$r_{13}=\cos\theta_2\sin\theta_3$

$r_{14}=l_2\cos\theta_2\sin\theta_3+l_1(\cos\theta_2\cos\theta_3\cos\theta_4+\sin\theta_2\sin\theta_4)$

$r_{21}=\sin\theta_2\cos\theta_3\cos\theta_4-\cos\theta_2\sin\theta_4$

$r_{22}=-\sin\theta_2\cos\theta_3\sin\theta_4-\cos\theta_2\cos\theta_4$

$r_{23}=\sin\theta_2\sin\theta_3$

$r_{24}=l_2\sin\theta_2\sin\theta_3+l_1(\sin\theta_2\cos\theta_3\cos\theta_4-\cos\theta_2\sin\theta_4)$

$r_{31}=\sin\theta_3\cos\theta_4$

$r_{32}=-\sin\theta_3\sin\theta_4$

$r_{33}=-\cos\theta_3$

$r_{34}=-l_2\cos\theta_3+l_1\sin\theta_3\cos\theta_4+d_1$

当末端位置矢量为(x_0,y_0,z_0)时，正向运动矩阵可简化为式(6-46)：

$$
{}^{0}\boldsymbol{T}_5=\begin{bmatrix} r_{11} & r_{12} & r_{13} & x_0 \\ r_{21} & r_{22} & r_{23} & y_0 \\ r_{31} & r_{32} & r_{33} & z_0 \\ 0 & 0 & 0 & 1 \end{bmatrix} \tag{6-46}
$$

继而采用逆向运动学技术，对各运动参数进行求解，公式如下：

$$
\begin{cases}
{}^{4}\boldsymbol{T}_5={}^{0}\boldsymbol{T}_1{}^{-1}{}^{0}\boldsymbol{T}_5 \\
{}^{3}\boldsymbol{T}_5={}^{1}\boldsymbol{T}_2{}^{-1}{}^{0}\boldsymbol{T}_1{}^{-1}{}^{0}\boldsymbol{T}_5 \\
{}^{2}\boldsymbol{T}_5={}^{2}\boldsymbol{T}_3{}^{-1}{}^{1}\boldsymbol{T}_2{}^{-1}{}^{0}\boldsymbol{T}_1{}^{-1}{}^{0}\boldsymbol{T}_5 \\
{}^{1}\boldsymbol{T}_5={}^{3}\boldsymbol{T}_4{}^{-1}{}^{2}\boldsymbol{T}_3{}^{-1}{}^{1}\boldsymbol{T}_2{}^{-1}{}^{0}\boldsymbol{T}_1{}^{-1}{}^{0}\boldsymbol{T}_5 \\
\boldsymbol{I}={}^{4}\boldsymbol{T}_5{}^{-1}{}^{3}\boldsymbol{T}_4{}^{-1}{}^{2}\boldsymbol{T}_3{}^{-1}{}^{1}\boldsymbol{T}_2{}^{-1}{}^{0}\boldsymbol{T}_1{}^{-1}{}^{0}\boldsymbol{T}_5
\end{cases} \tag{6-47}
$$

(4) 最优解的确定

由于采用逆向运动学方法求解时会存在多解的问题，需要确定最优解，但是液压支架与刮板输送机的浮动连接机构的运动为四自由度的空间运动，各自由度运动具有随机性。Unity-3D 作为一种虚拟仿真引擎，可以将得到的运动规律赋予指定模型以达到控制其运动的目的。

将获得的运动规律赋给虚拟液压支架，在刮板输送机推移耳座内标记关键点作为机械手模型末端执行器的最终位置，由于虚拟刮板输送机的姿态是随着虚拟综采工作面的推进不断变化的，因而关键点的位置在虚拟环境下也是实时变化的，通过在刮板输送机上标记关键点位置来确定推溜点与移架点。在C#语言环境下，将未知的关节变量 d_1 定义为Position，θ_2 定义为ZhuanJiao2，θ_3 定义为ZhuanJiao3，θ_4 定义为ZhuanJiao4，把针对不同条件确立的最优解转化为C#语言的格式，通过Position、ZhuanJiao2、ZhuanJiao3、ZhuanJiao4控制虚拟浮动连接机构相关结构的移动和旋转，根据推移杆和连接头是否与液压支架底座、刮板输送机推移耳座干涉确定最优解。

$$d_1=z_0-\sqrt{(l_1+l_2)^2-(x_0^2+y_0^2)} \tag{6-48}$$

$$\theta_2=\arctan\frac{x_0}{y_0} \tag{6-49}$$

$$\begin{aligned}\theta_3 &=\arcsin\frac{l_2}{\sqrt{(x_0\cos\theta_2+y_0\sin\theta_2)^2+(z_0-d_1)^2}}+\\ &\arccos\frac{z_0-d_1}{\sqrt{(x_0\cos\theta_2+y_0\sin\theta_2)^2+(z_0-d_1)^2}}\end{aligned} \tag{6-50}$$

$$\begin{aligned}\theta_4 &=\arccos\frac{x_0-l_2\cos\theta_2\cos\theta_3}{\sqrt{(l_1\cos\theta_2\cos\theta_3)^2+(l_1\sin\theta_3)^2}}+\\ &\arccos\frac{l_1\cos\theta_2\cos\theta_3}{\sqrt{(l_1\cos\theta_2\cos\theta_3)^2+(l_1\sin\theta_3)^2}}\end{aligned} \tag{6-51}$$

如图6-28所示，在确定了推溜点和移架点的位置后，可以看出浮动连接机构各结构均到达了合适的位置，而且通过实际环境下与虚拟环境下的姿态对比发现，虚拟环境下浮动连接机构的姿态运动与实际环境下的一致，推移杆与连接头均发生偏摆，说明选择的运动规律是合理的。

(5) 浮动连接机构的运动规律的理论验证

在虚拟场景中，选取5号中部槽与对应液压支架为验证对象，得到推移耳座关键点 (x_0, y_0, z_0) 的位置坐标为 $(-36.30904, 4.289356, -3.525143)$，$\theta_1=2.819214°$，$\theta_2=0.3794653°$，$\theta_3=0.8236916°$，$l_1=5.5\text{cm}$，$l_2=9.8\text{cm}$，$d=7.640996\text{cm}$，根据中部槽与对应液压支架的位姿特点建立如图6-29所示验算模型。

(a) 实际环境下姿态

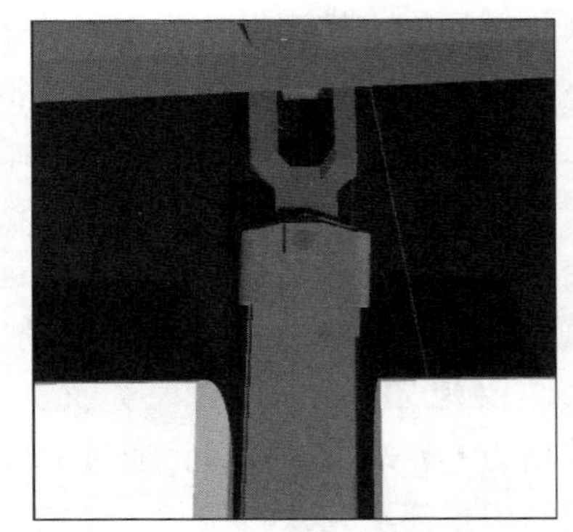

(b) 虚拟环境下姿态

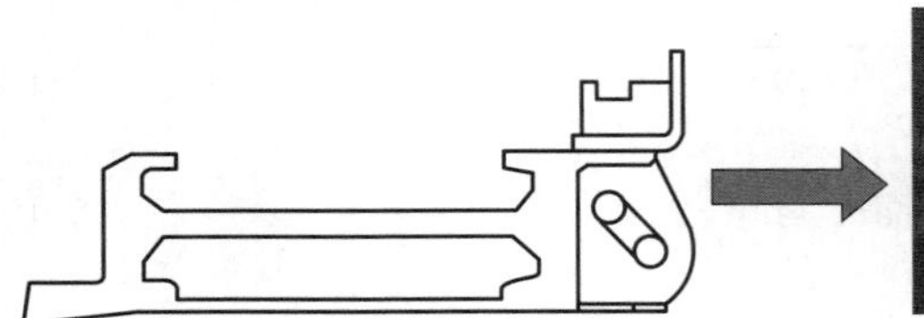

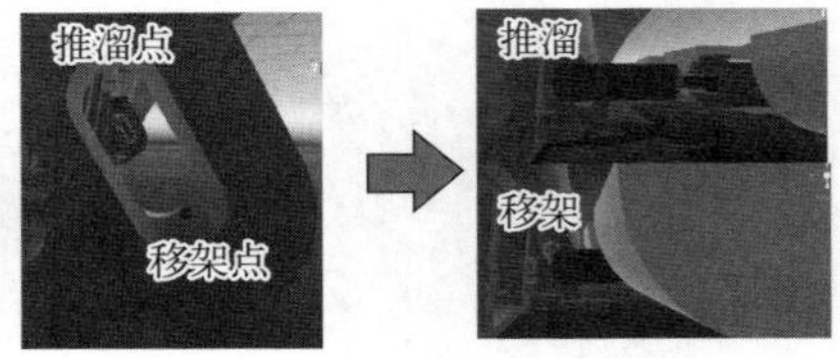

(c) 连接点位置

图 6-28 浮动连接机构的姿态

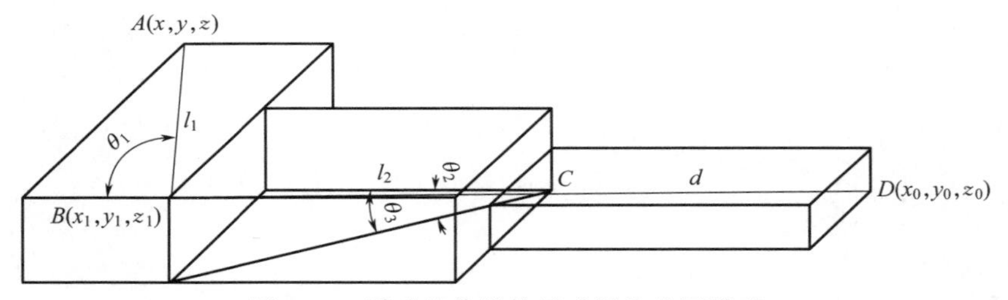

图 6-29 浮动连接机构运动规律验证模型

根据以下公式进行规律的正确性验算：

$$\begin{cases} x_0 = x + l_2\cos\theta_2\sin\theta_3 \\ y_0 = y + l_1\sin\theta_2 \\ z_0 = z - (l_1\cos\theta_1 + l_2\cos\theta_2\cos\theta_3 + d) \end{cases} \tag{6-52}$$

得到的计算结果如表 6-11 所示。

表 6-11 计算结果

结果	x 坐标/cm	y 坐标/cm	z 坐标/cm
理论坐标	−36.16613	4.39168	−26.71475
实际坐标	−36.17839	4.397459	−26.68799

续表

结果	x 坐标/cm	y 坐标/cm	z 坐标/cm
绝对误差	0.01226	0.00291	0.02676

由表 6-11 可以看出，采用该验算模型对所得运动规律进行验证时，绝对误差在 0.027cm 内，误差较小，说明本书得到的浮动连接机构的运动规律在理论上是正确的。

6.7.2.2 刮板输送机弯曲的实现

在刮板输送机各中部槽上安装 Character Joint 组件后，可对刮板链条的约束力或者是液压推溜力下的各中部槽绕旋转中心的相对旋转进行模拟。

根据已知的采煤机运行轨迹，将其在水平方向投影得到的轨迹反演至刮板输送机上，根据轨迹的弯曲情况确定各节中部槽的弯曲角度，以 GBJControl.cs 的脚本形式表示，并将该脚本安装在刮板输送机中部槽的父物体“GBJ”上，通过以下函数命令控制各节中部槽的转动。

this.transform.Rotate(new Vector3(eulerAngles.x, eulerAngles.y, eulerAngles.z),Space.Self);

如图 6-30 所示为刮板输送机在虚拟环境下的“S 形”弯曲的姿态图。

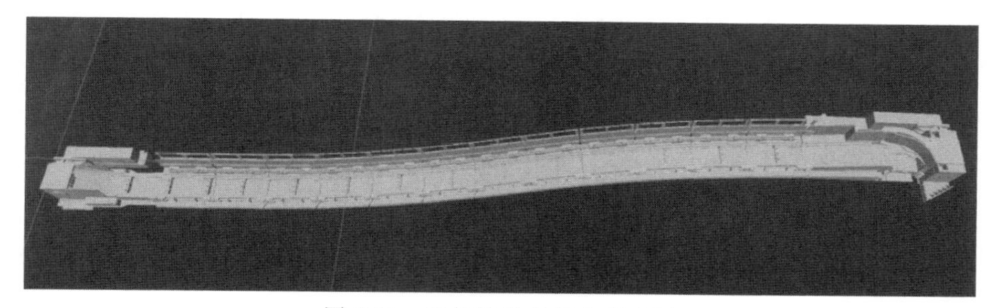

图 6-30 刮板输送机弯曲姿态图

6.7.3 液压支架与刮板输送机协同运动实现

选取底座和刮板输送机为研究对象，在虚拟环境中物理引擎的作用下，煤机装备自适应铺设在虚拟煤层底板上，刮板输送机在脚本的作用下自适应弯曲；基于浮动连接机构的运动规律，液压支架推移机构在脚本的控制下自动捕捉相应中部槽上的关键点，将刮板输送机推移成既定姿态，实现了液压支架较精准推移刮板输送机。如图 6-31 所示为液压支架与刮板输送机协同推进的过程。

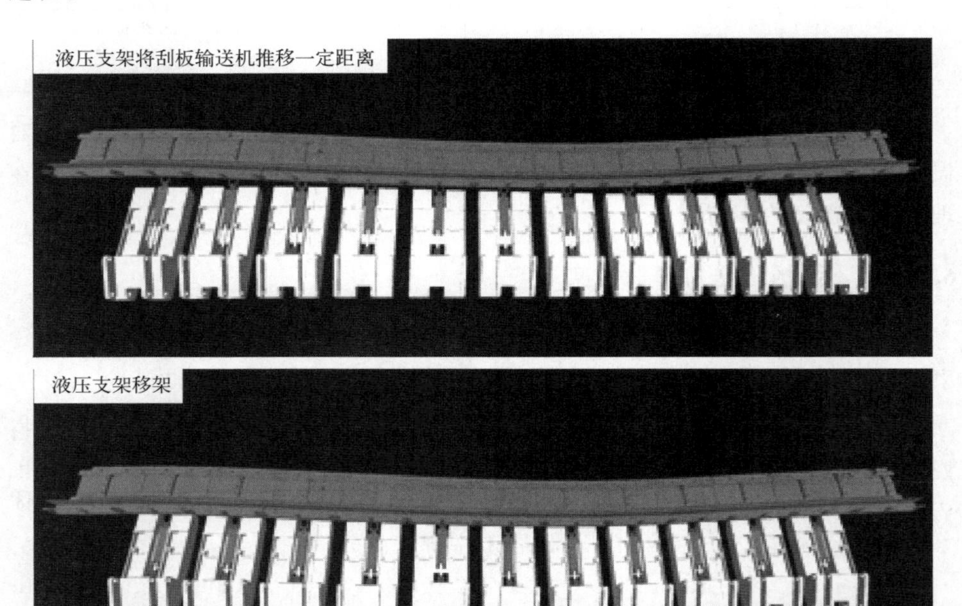

图 6-31　液压支架与刮板输送机协同推进示意图

第7章　VR虚实双向映射技术

7.1　综采工作面装备数字孪生理论

7.1.1　数字孪生理论介绍

数字孪生（Digital Twins）指的是以数字化方式在虚拟空间呈现物理对象，即以数字化方式为物理对象创建虚拟模型，充分利用物理模型、传感器更新、运行历史等数据，集成多学科、多物理量、多尺度、多概率的仿真过程，在虚拟空间中完成映射，模拟其在现实环境中的行为特征，从而反映相对应实体装备的全生命周期过程。

通俗来说，指的是以数字化方式复制一个物理对象，模拟对象在现实环境中的行为，实现整个过程的虚拟化和数字化，从而解决过去的问题或精准预测未来。

西门子公司将其应用于无人化工厂的设计，可以做到以下功能：

① 生产过程中所有的环节都模拟仿真分析；

② 在设计选型阶段就可以看到整个生产过程；

③ 规划操作细节和策略，提高效率；

④ 预测可能出现的问题，对整个系统进行优化；

⑤ 一开始就尽可能地检验一切；

⑥ 选型设计与工艺规划集成。

在 Digital Twins 实现的过程中，需要三个必要条件：

① 在不影响正常工作的前提下，在物理实体上采取相应的措施，布置适当的传感器，把特征变量采集下来，经过特殊的处理与算法，可准确得到设备的状态。

② 在虚拟世界中，建立物体虚拟镜像，需有在虚拟世界中模拟对应真实物理实体状态的能力。

③“实”和“虚”的接口：在①中采集的状态变量如何准确可靠地传输到

②中，并能无缝被②接收，并根据此信息做出相应动作。与真实物理实体保持数据同步，即所谓的 VR 监测。

7.1.2 综采工作面装备与“Digital Twins”融合

本章首先对“三机”Digital Twins 理论进行研究与分析。建立“三机”数字化信息模型，包括“三机”数字模型、“三机”信息化模型以及“虚拟”与“现实”的接口，如图 7-1 所示。

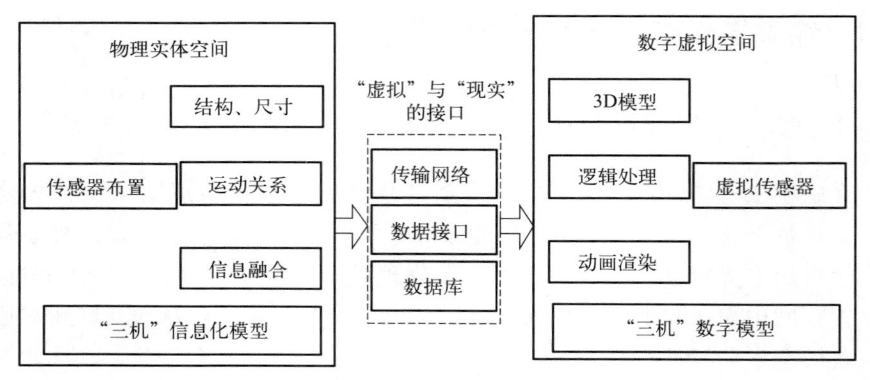

图 7-1 “三机”Digital Twins 理论体系

其中“三机”信息化模型是在“三机”本身的设计理论与方法基础上，建立在真实物理产品数字化表达基础上的数字样机，对实际工况下“三机”的姿态进行解析，得到“三机”状态同步特征变量合成方法，并研究信息融合算法，得到“三机”可靠性监测理论与方法。

“三机”虚拟数字模型主要是与实际状态“三机”完全一致的虚拟镜像，并在虚拟环境中对每一个零部件与周围零部件进行约束与定义，并预留接口变量，可以实时接收物理空间“三机”传回的运行状态数据。

“虚拟”与“现实”的接口可以将信息化模型和数字模型联合起来，通过布置的高速网络通信平台，实时接收“三机”上布置的传感器传回的数据，传输到数据库中并按照系统设计要求分别传送到实验室环境下的顺槽集中控制中心、远程调度室和 VR 实验室中 VR 监测主机的信息化模型接口。

这样可完成对“三机”的姿态和性能等运行状况进行准确的模拟和实时监测与同步，操作人员可以与该系统进行人机交互，在任意时刻穿越任何空间进入系统模拟的任何区域观察设备运行工况，对异常情况进行报警，及时发现并处理在运行中存在的故障和问题。

7.2　传感器布置与感知信息获取

7.2.1　采煤机传感器布置与位姿信息获取

为了满足全景采煤机姿态监测需求，采煤机传感器布置方案如图 7-2 所示。各传感器作用如下：

① 牵引部轴编码器：用于采煤机的粗略定位。

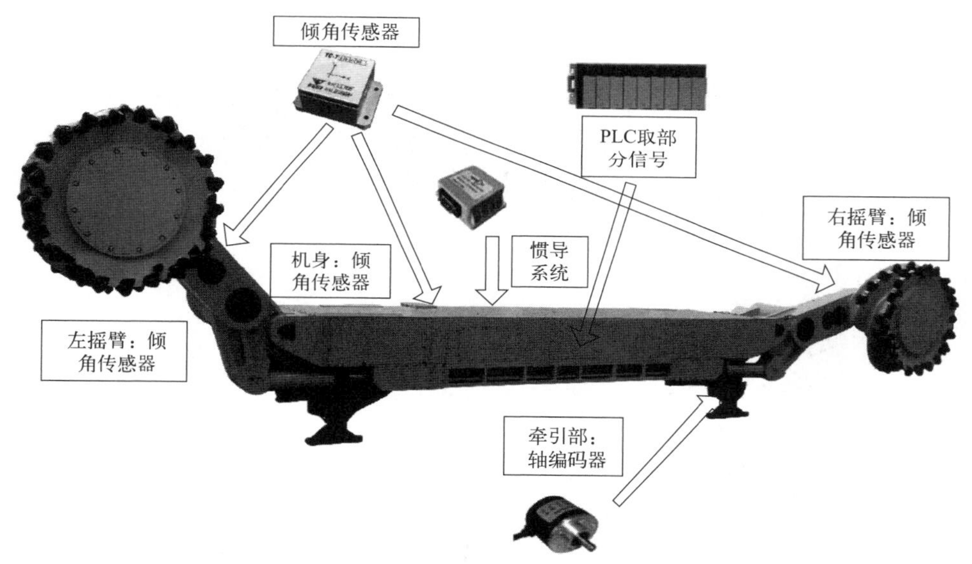

图 7-2　采煤机传感器布置

② 机身倾角传感器：用于采煤机机身的倾角监测，机身倾角传感器对采煤机的俯仰角和横滚角进行监测。可以在地形条件发生变化时，在记忆截割过程中对截割高度进行补偿，实现稳定和精确的记忆截割。

③ 摇臂倾角传感器：用于采煤机左右摇臂倾角的监测，与采煤机机身倾角联合进行实时运算，求解出两个摇臂与机身的铰接点的绝对转动角度。

④ 捷联惯导：将惯性测量器件直接固连在采煤机机身中心上，进行导航解算。捷联惯导装置由三轴陀螺仪、三轴加速度计和三轴磁偏计共计九个测量单元组成，可对采煤机进行精确定位；并可实时输出采煤机的横滚角、俯仰角和偏航角，与机身倾角传感信息进行实时融合，以提高测量精度。

全部信号通过机载 PLC 的 RJ45 信号端口和矿用本安无线基站返回顺槽集中控制中心。

7.2.2 液压支架传感器布置与位姿信息获取

液压支架传感器布置方案如图7-3所示，为了满足全景支撑掩护式液压支架姿态监测要求，需分别在掩护梁、前连杆、底座和顶梁处布置四个双轴倾角传感器，一级、二级护帮和伸缩梁布置接近传感器，要求液压支架进行电液控制改造，所有信号能接入网络I/O采集模块，然后再通过高速网络通信平台返回集中控制中心。监测方案的数据如下：

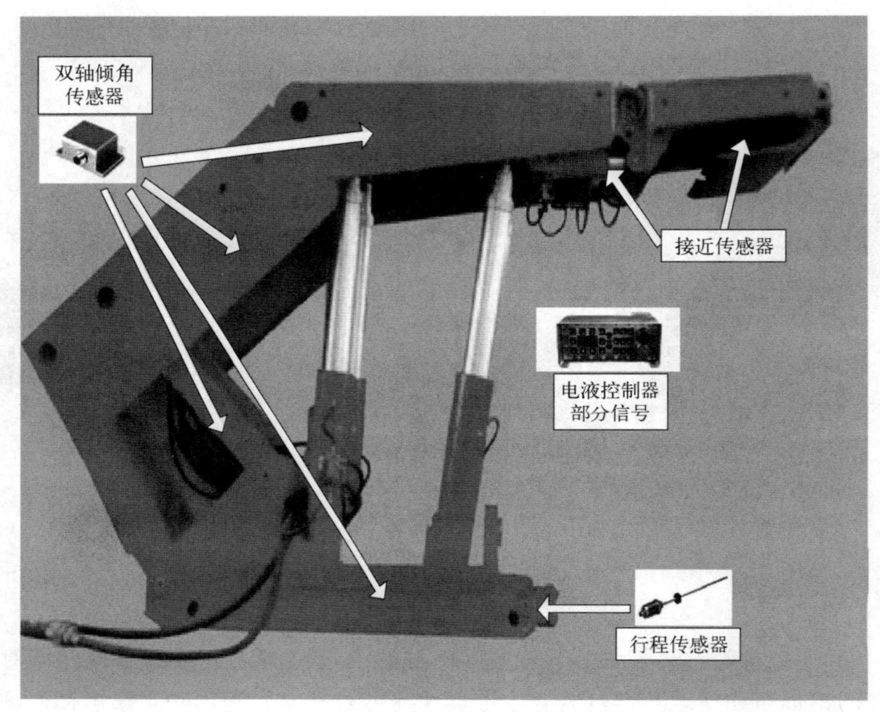

图7-3 单个液压支架上传感器的布置方案

① 顶梁倾角：顶梁结合底座倾角，实时计算顶梁俯仰角，一般俯仰角不得超过±7°。

② 支架支撑高度：通过顶梁、掩护梁、前连杆、底座处布置的倾角传感器，对支架支撑高度进行计算。

③ 液压支架姿态：通过顶梁、掩护梁、前连杆、底座处布置的倾角传感器，通过姿态解算，可以分别求解出四根立柱的伸缩长度，进而得到整个支架的姿态。

④ 一级、二级护帮和伸缩梁是否伸缩到位：伸缩到位后，接近传感器信

号出现变化。

⑤ 支架推移油缸位移与状态：通过推移油缸位移传感器，判断支架推移状态。

⑥ 支架的排列状态：多个支架的排列状态，比如两相邻的支架是否发生咬架、支架是否保持直线等，可通过求解的单架姿态进行综合计算。

7.2.3 刮板输送机传感器布置与位姿信息获取

刮板输送机地形监测示意图如图7-4所示，为了监测工作面底板形态，需要在每节刮板输送机溜槽上布置双轴倾角传感器。具体安装位置为每节溜槽的电缆槽下侧，实现每节溜槽双轴倾角的实时测量，完成对综采工作面地形状态的分析。采集每节溜槽姿态，通过计算方法分析汇总，还原工作面三维地形。在采煤过程中，通过对采煤机卧底量、采高和液压支架推移量的控制，及时调整工作面装备姿态。

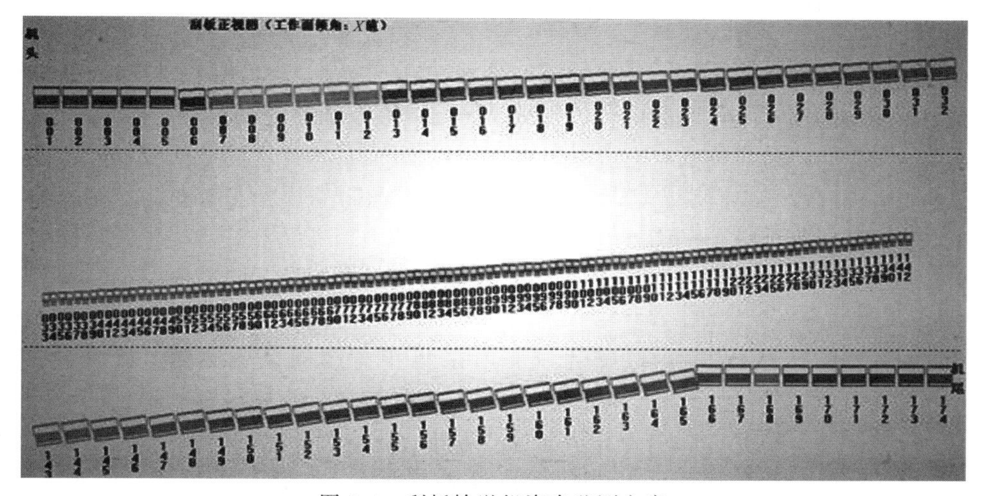

图7-4 刮板输送机姿态监测方案

7.2.4 传感信息数据的二次融合和修正

工作面装备数量过多，总会有一部分传感器发生问题。因此，在对工作面整体监测的过程中，利用数据直接驱动虚拟装备运行时，数据跳动或错误数据等都会导致虚拟装备运行状态出现突变，降低VR监测的可靠性。因此，虚拟监测系统必须具备实时判断的能力，只有通过了准确性判断的数据才可以显示到虚拟监测画面上去。

为了解决数据的不稳定性问题，必须对二次信息进行处理和融合。措施如下：

① 选用传感器时，在成本允许的情况下，使用内部抗振性能好，可以对噪声进行滤波的传感器，以减小数据信号的波动。

② 加装边缘计算装置，进行多源信息融合，将二次融合数据进行传递，既减小了中央计算机的压力，又保证了在数据波动的情况下的监测问题；由于中央计算机处理压力过大，必须通过边缘计算进行，采用 Zigbee 无线传输方法，布置大量的边缘计算节点，对采集的数据进行融合处理。

③ 将数据库里存放的前几个时刻的值进行融合，防止跳动。

④ 在虚拟现实软件底层编写相关程序和代码，避免传感器的波动。

7.3 实时交互通道接口关键技术

7.3.1 多软件实时耦合策略

网络 I/O 模块将各传感信息接入高速网络通信平台，通过 Modbus TCP 协议接入组态王监测主机，组态王监测系统可以将采集的数据实时上传至 SQL SERVER 数据库，VR 监测主机可以实时调用同处在一个局域网内的数据库中的数据，就完成了数据到 VR 主机的连接。如图 7-5 所示。然后通过 Unity-3D、Matlab 与 SQL SERVER 等软件进行实时交互。

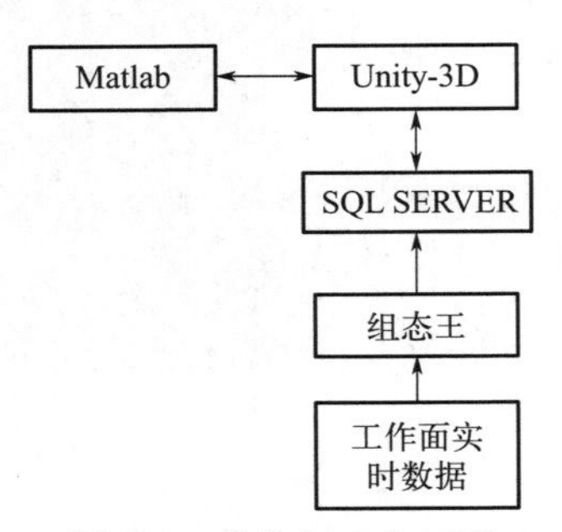

图 7-5　软件相互交互图

(1) 组态王+SQL SERVER

各部分组态王监测程序分别从信号采集与传输系统实时采集相对应的设备数据，并且通过 ODBC 接口传输到相对应的数据库。

以采煤机和刮板输送机组态监测程序为例进行分析，首先建立好 ODBC 接口后，在 KingView 软件中写入连接代码，开启监测界面，设置插入频率，就可以把数据实时传输到数据库服务器中。组态王数据存储命令如图 7-6 所示。

其中 DeviceID 为连接数据库时产生的设备标识，其在连接的过程中保持不变。存入数据时，根据上位系统与服务器之间唯一的设备标识，在组态系统中创建表格模板 ceshiCmj 和 ceshiGbj，建立记录体 Cmj 和 Gbj，然后分别通过 SQLInsert 命令进行关联，再通过 SQLConnect 命令使相关表格和记录体与 SQL SERVER 服务器中的 CmjGbj 表关联，SQLCommit 表示把数据插入到数据库中。本章设置插入频率为 200ms。

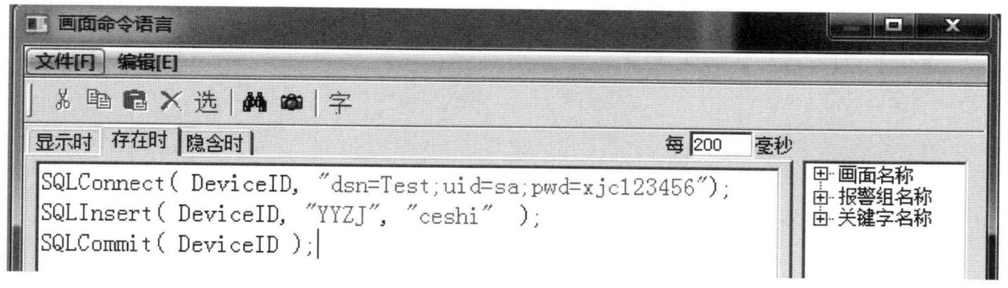

图 7-6 组态王与 SQL SERVER 连接

(2) SQL SERVER+Unity-3D

Unity-3D 中使用 Start()和 Update()等函数进行程序编写。其中 Update()是在每次渲染新的一帧的时候才调用，且根据电脑配置、画面质量不同，调用速度不一致；FixedUpdate()则是在固定的时间间隔执行，不受帧率的影响。本章选择 FixedUpdate()进行事件更新。

在数据可以实时传入 SQL SERVER 数据库后，需要 Unity-3D 软件利用 C#语言编写的接口与数据进行实时交互。在 VR 监测程序运行过程中，可设置相对应的读取更新频率，比如选择更新频率为 200ms，含义就是 1s 调用五次数据。读取信息后，按照信息融合算法进行处理，传递给虚拟模型，进行运动。如图 7-7 所示。

(3) Matlab 计算结果处理

数据分析服务器是集成有 Matlab 软件与 Unity-3D 软件的高性能服务器，可以实时获取数据库服务器的数据进行分析，包括虚拟姿态参数计算模块和预测模块，并且每个模块均已将算法编译好，发布为 dll 文件；所述虚拟姿态参数计算模块是通过多传感器信息融合技术，利用一个传感器一段时间内的多个数据，利用特定的算法进行计算以及多个具有相关度的传感器数据进行二次信息融合，最大限度地提高姿态参数数据的准确性。

实时采集综采装备的在线运行数据，经过一系列通道进入虚拟监测软件。其中，Unity-3D 作为软件平台，与组态软件、数据库、计算软件进行实时信息的交互，进而驱动虚拟场景实时同步，可直观监测整个工作面运行状态。数据库存储数据，后台可作为大数据进行监测分析，包括采煤机高效虚拟记忆截割、液压支架群记忆姿态和刮板输送机形态预测等方法，将数据与运算结果在云端进行传输与存储。以捷联惯导装置信号接入虚拟软件为例来进行分析，其流程如图 7-8 所示。

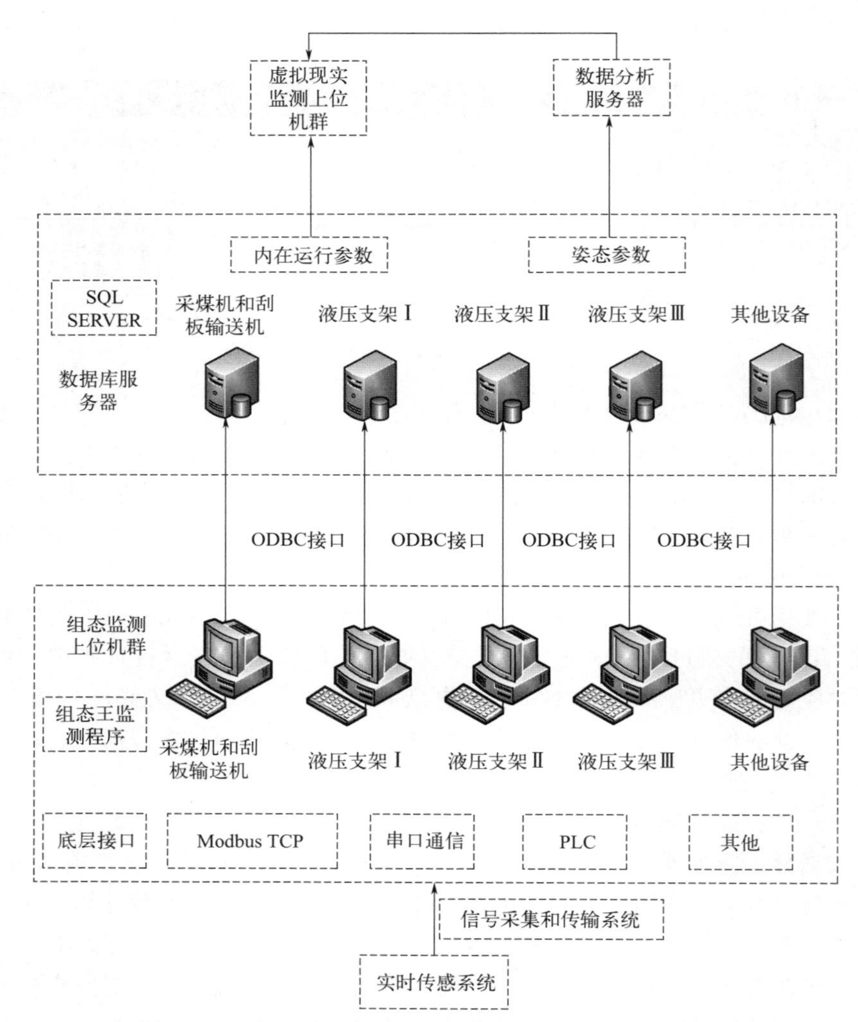

图 7-7　组态监测上位机群和数据库服务器的工作示意图

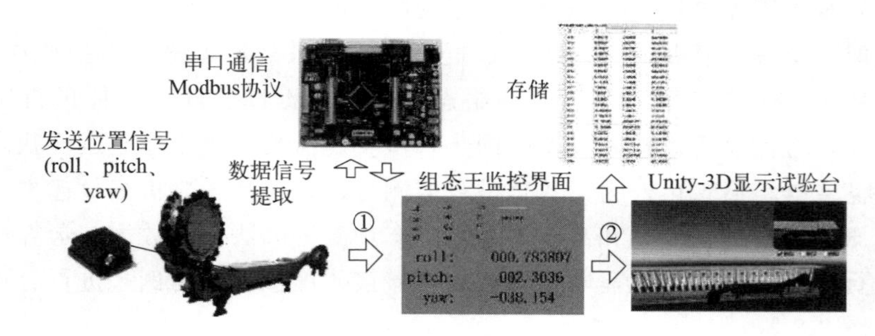

图 7-8　捷联惯导信号的实时传入过程

利用 MTi-300→单片机→组态王→Unity-3D 实时通信，将惯导装置的横滚角 roll、俯仰角 pitch、偏航角 yaw 值实时上传到上位机，上位机软件组态王与 Unity-3D 实验仿真平台通过 SQL SERVER 数据库进行实时的数据交互，最终实现在 Unity-3D 平台上的虚拟设备与物理设备的实时交互与控制。

数据传输方式包括 RS232 硬件协议和 Xsens 公司的 Xbus 软件协议。利用单片机串口技术，对惯导发送的 Xbus 数据包信息进行接收，提取需要的欧拉角数据信息；然后利用另一个串口，实现与上位机组态王实时通信，将数据上传给组态王。组态王对数据进行处理，将数据预存到 SQL SERVER 数据库。最后，利用 Unity-3D 编写 C# 脚本，将预存在数据库中的数据读取出来，实时地映射到虚拟数字模型。

7.3.2　分布式协同的驱动模式

当前，在井下集中控制中心配备的先进的防爆电脑配置有限，监测装备以及监测点众多，利用单台的虚拟监测主机对所有装备进行数据处理会导致卡顿、帧率下降等问题，严重影响监测效率。

为缓解单台主机的压力，需进行多台监测主机分布式的网络协同监测，分布式地处理获得的各装备实时运行的状态数据，各监测主机可实时分享和同步运行，减小网络压力，加快数据处理速度。

在 Unity-3D 软件中建立分布式的虚拟现实监测体系，建立多个子系统，编写子系统之间的同步通信程序并对同步方式进行研究。Unity-3D 实时读取数据库中的数据，并用数据库中的数据驱动虚拟监测画面中的模型发生动作；使用多台监测主机，搭建分布式的虚拟现实监测平台。经过试验，单台主机与多台协同对比结果如图 7-9 所示，使用多台协同方式帧率大幅度下降，信息传

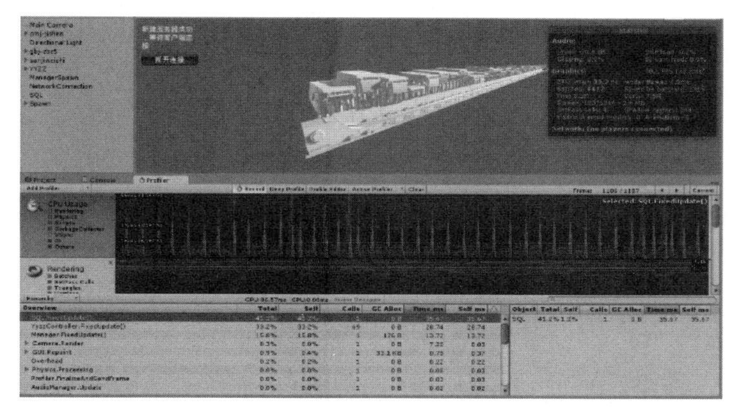

图 7-9　分布式与集中式协同绘制帧率与占用内存对比

输更加稳定可靠流畅，计算机占用内存也较小。

7.4 虚拟环境下综采工作面“三机”虚拟重构与监测

7.4.1 虚拟环境下综采装备单机驱动方法

传感信息数据不能直接驱动虚拟模型来实时地反映其所对应状态。原因是虚拟现实场景中装备是存在父子关系的，父物体运动会影响子物体，而子物体跟随父物体运动。以装备倾角为例进行说明：各部件所能驱动的角度信息应该是相对于上一级父物体之间发生的相对变化的数值，而传感器的数值是相对于时间坐标系的真实值，必须经过角度转换才能驱动虚拟物体运行。因此，要对采煤机滚筒高度进行监测，必须将摇臂上布置的倾角传感器的数值与机身的三维姿态角进行运算，才能求解出摇臂真实的转角。液压支架也必须以底座的角度为基础，将四连杆机构、掩护梁等进行实时的转换，才能获得准确姿态，并与装备虚拟仿真数据进行融合处理，提升虚拟呈现的精度，如 7-10 所示。

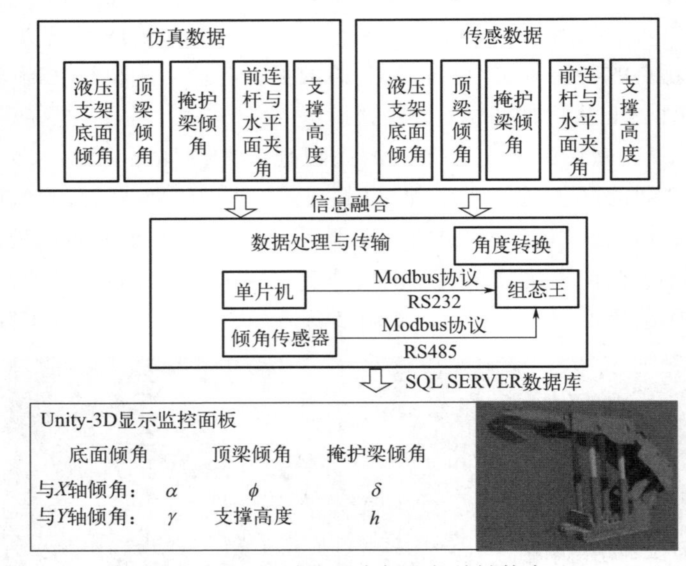

图 7-10 驱动液压支架运行关键技术

7.4.2 采运装备协同仿真与实时数据驱动

刮板输送机铺设在煤层底板上，呈现出三维形态，采煤机以刮板输送机为轨道进行牵引和截割。首先应解决采运装备仿真的问题（图 7-11）。主要有两种方法：①利用解析法进行采运装备的位姿实时求解；②利用物理碰撞法进行求解。为了避免不严谨性，必须遵守的原则是虚拟采煤机和刮板输送机不能彼此分离。这两种方法的对比如表 7-1 所示。

图 7-11　采煤机和刮板输送机协同运行关系图

表 7-1　两种方法的对比

方法	解析法	物理碰撞法
虚拟采煤机的可驱动性	较难	较容易
刮板输送机三维形态与煤层接触呈现出的真实形态接近性	难 较差	容易 较为接近
采煤机和刮板输送机形态拟合程度	较好，依赖于数学模型的准确性与模型之间的对准	任何形态，只要设置好参数，采煤机自行适应运行
刮板输送机三维形态参数化控制	较难控制，控制精度较好	较容易控制，但控制精度较差
采煤机解析方法	较准确，会出现频繁对准问题	可以精准确定
计算机运算压力	压力较大	需用物理引擎

由以上两种方法对比可知，两种方法各有利弊。解决方案：先按照刮板输送机与底板接触的碰撞特性确定刮板输送机形态，然后提取各中部槽相关角度数据，此时去掉物理引擎，采煤机和刮板输送机之间仍然采用物理引擎驱动方法。

接入实时数据，驱动方法为采煤机位姿信息反演。存在采煤机定位精度问题或者不稳定造成实时反演的刮板输送机在复杂煤层环境下三维形态不准确。如果利用传感器信息直接驱动，传感器在失效或者异常的条件下，会造成采煤机与刮板输送机的分离进而飞离出去的问题。尽管进行了二次传感信息融合，但势必会造成虚拟监测画面的不严谨性。为了避免相关问题，首先虚拟综采装备之间必须建立稳定可靠的连接关系，再通过实时传感信息进行解析重构。

具体为：由于刮板输送机之间的连接特点，采煤机的虚拟行走路径实际上是一条由各节中部槽销轴连接而成的三维折线，控制采煤机的两组滑靴沿着此折线移动即可实现采煤机贴合刮板输送机的虚拟行走。在 Untiy-3D 内置的物理引擎中，关节组件能够模拟物体之间以关节形式连接的动作，类似各节刮板输送机间哑铃销的作用，将关节组件赋予多个成串的物体之间，即可实现具有连带效果的物理模型；碰撞体、刚体、重力等组件则可共同实现准确的碰撞模拟。基于以上丰富的物理功能，首先，可以完成刮板输送机在煤层底板上自适应排布，虚拟“求解”刮板输送机的三维姿态；接着，选择各节刮板输送机连接销轴处即虚拟行走路径的关键航点。左右支撑滑靴沿着虚拟路径行走，则可共同实现采煤机机身的定位与定姿。

7.4.3 支运装备协同仿真与实时数据驱动

液压支架与刮板输送机浮动连接机构运动关系复杂，是实现二者虚拟协同运行的主要障碍，而液压支架与刮板输送机的协同是综采工作面“三机”协同技术的关键技术之一。因为液压支架与刮板输送机的浮动连接机构各结构均可以运动，需建立各结构的运动规律，以实现液压支架在虚拟环境下的精准推移，建立贴近真实条件下的虚拟截割底板仿真模型。最终实现液压支架群与刮板输送机在虚拟截割底板上的协同推进。

基于工业机器人的逆向运动学解析，虚拟现实软件可作为复杂空间问题求解器，求解不同底板起伏条件下的刮板输送机和液压支架姿态。

7.4.4 液压支架群协同仿真与虚拟驱动

在 Unity-3D 中为液压支架模型添加刚体（Rigidbody）组件和碰撞器（Collider）组件。在物理引擎的作用下，液压支架模型便可在自身重力影响下与煤层底板模型发生碰撞并生成相应的位置姿态，基于该碰撞姿态液压支架可完成推溜、移架等一系列动作，完成液压支架对煤层底板的协同运行。

如图 7-12(a) 所示，为液压支架添加一个虚拟顶梁，保证虚拟顶梁与液压支架模型中顶梁部件大小、位置相同。改变该虚拟顶梁物理特性中的重力方向使其向上，虚拟顶梁便可与煤层顶板模型产生碰撞。将虚拟顶梁产生的对煤层顶板的碰撞信息传递给液压支架模型中的顶梁部件，结合对液压支架模型逆运动学的分析，依据顶梁信息完成对液压支架各连杆机构转动角度和立柱伸长量的求解，液压支架模型就可以进行相应的支护姿态调整，从而完成液压支架基于煤层的运行。

如图 7-12(b) 所示，对虚拟环境中的每台液压支架进行编号。液压支架

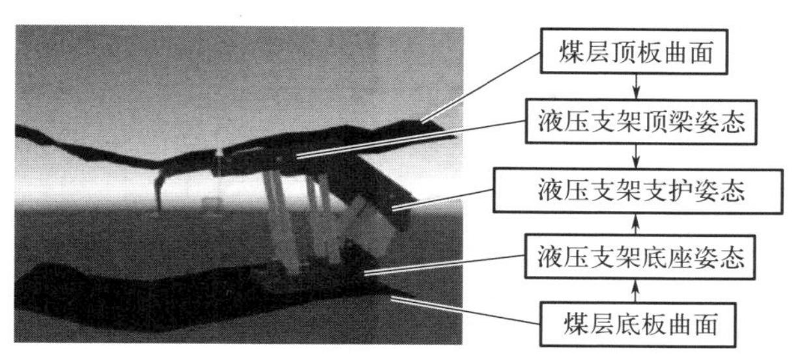

(a) 液压支架与煤层协同运行

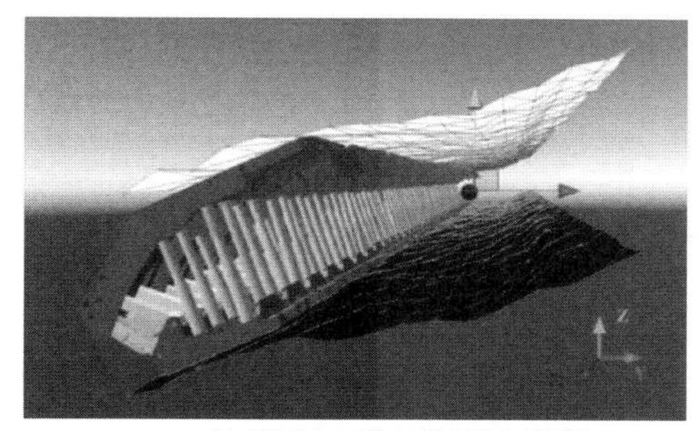

(b) 液压支架群与煤层协同运行

图 7-12 液压支架群协同运行

群在移架时需要保证一定的直线度，为此，将实时传感信息与仿真信息进行融合获得每台支架的位姿信息，联立起来后，可得出当前液压支架群的直线度情况，及时发出提醒警告，进行远程人工干预。在液压支架群基于煤层的协同运行中，还要避免出现液压支架的空间异常姿态。检测过程中，为群组中的每台液压支架都添加碰撞检测，及时发现具有异常姿态的液压支架编号。

7.5 虚拟环境下综采工作面“三机”反向控制

7.5.1 综采装备单机动作控制设计

本节基于 Unity-3D 虚拟现实引擎搭建了液压支架群仿真运行系统，系统框架如图 7-13 所示。总体分为三个步骤：①基于实际数据构建虚拟系统元素，包括虚拟液压支架及煤层底板模型；②根据实际综采工艺设计虚拟环境下的液压支架运行方法，包括虚拟液压支架群单机顺序移架及架间碰撞检测；③在本章建立的虚拟运行系统是进一步研究基于数据驱动的虚实系统交互方法的基础。

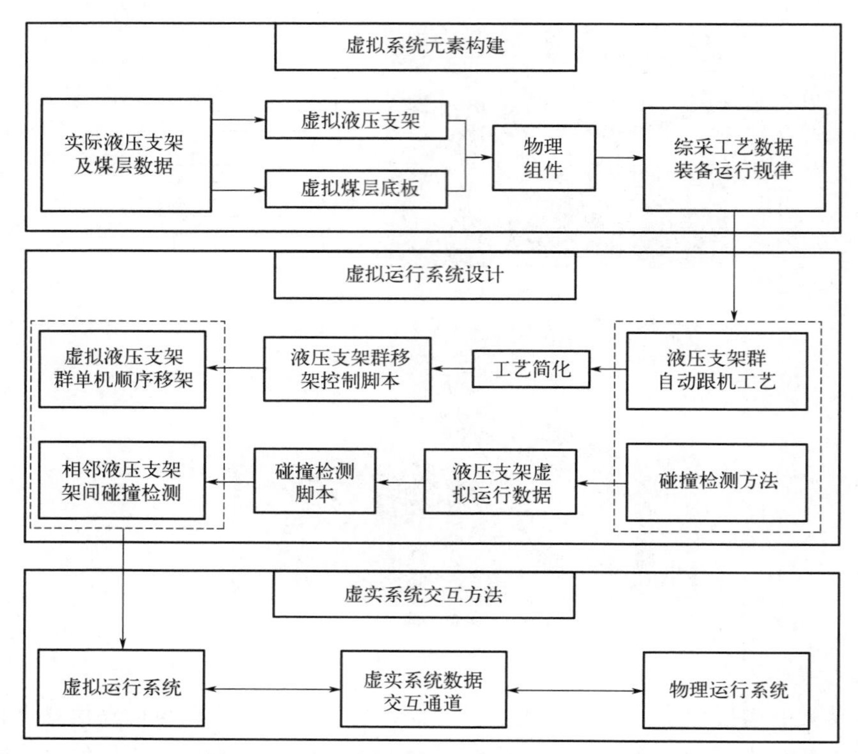

图 7-13　液压支架群虚拟运行系统总体框架

(1) 虚拟液压支架模型构建

虚拟环境下综采装备的建模技术已经较为成熟，具体构建过程如图 7-14 所示。首先，实际装备在 UG 软件内进行三维建模，有相对运动关系的部件，以连接销轴点为界限进行部件分别建模；完成 UG 环境下的建模后需要将模型导入至 3DSMAX 内进行格式转换，这一步将模型由 .stl 类型转换为 .fbx 类型，转换过程中同时注意部件的单位比例及坐标轴是否发生变化；完成模型格式转换后，将模型导入至 Unity-3D 内，到此，虚拟环境下的装备模型已基本建立。

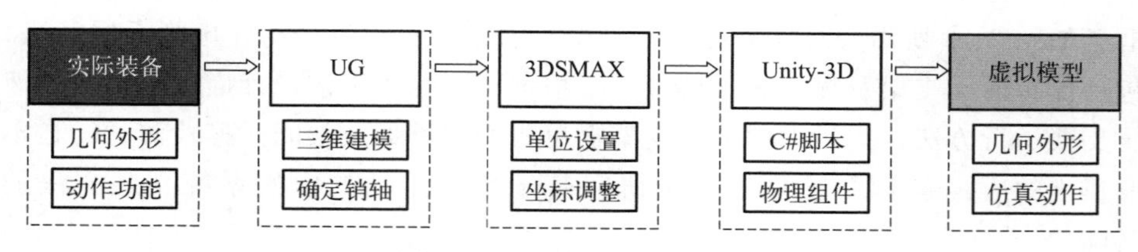

图 7-14　虚拟装备构建过程

根据上述虚拟装备建模方法，对 ZY4000/18/38 型液压支架进行了虚拟模型构建。除了对液压支架进行 1∶1 建模外，考虑到后续实物实验存在一定困难，本节还在该液压支架型号基础上进行结构简化及尺寸放缩，构建了 1∶18 等比例缩小的虚拟液压支架样机模型，用于后续的碰撞检测对比实验。虚拟环境下液压支架模型如图 7-15 所示。

(a) 液压支架虚拟模型

(b) 简化样机模型

图 7-15 虚拟环境下液压支架模型

完成虚拟环境下液压支架模型构建后，通过添加 C# 脚本实现虚拟液压支架各个动作的仿真控制。根据对液压支架的运动学分析可知，在支护高度及顶梁俯仰角度给定情况下，液压支架立柱伸长量、平衡千斤顶伸长量、后连杆倾角等各部件的形态可唯一确定。

参考本实验室对液压支架等综采装备的虚拟动作控制方法，基于液压支架 D-H 坐标系及相关运动学分析结果，为虚拟液压支架及样机模型添加控制脚本。通过控制脚本实现了虚拟环境下液压支架各仿真动作，包括：升柱、降柱、移架、推溜、伸出护帮板、收缩护帮板。以虚拟液压支架样机展示各仿真动作，如图 7-16 所示。

(2) 虚拟煤层底板搭建

虚拟煤层底板模型的构建过程与液压支架略有差异，课题组目前主要有两种方法根据煤层地质数据生成煤层模型，如图 7-17 所示。考虑到后续进行液压支架群位姿实验，首先根据真实煤矿地质探测数据在实验室条件下构建了等比例缩小的煤层底板模型，并对该底板模型进行了等距离标记及测绘，以测绘数据进行虚拟煤层底板的构建。具体方法如下：

方法 1：首先，将测绘数据以 txt 格式导入 UG 软件，生成三维空间内的点集；然后，借助软件曲面拟合功能生成煤层的三维曲面模型；之后，将模型导出至 3DSMAX 软件进行格式转换；最后，将转换后的模型导入 Unity-3D 中生成虚拟煤层底板模型。

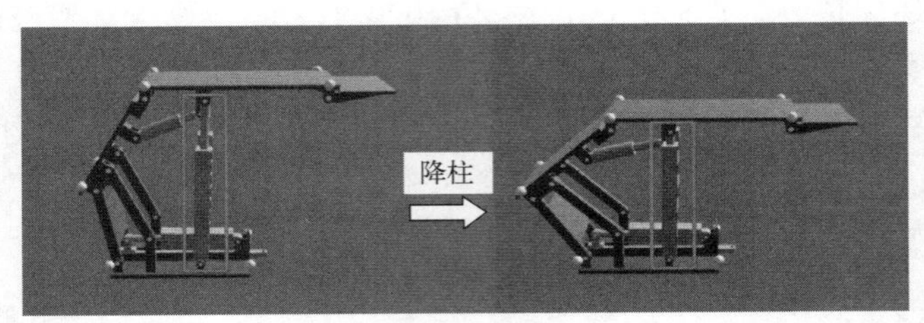

(a) 立柱升降

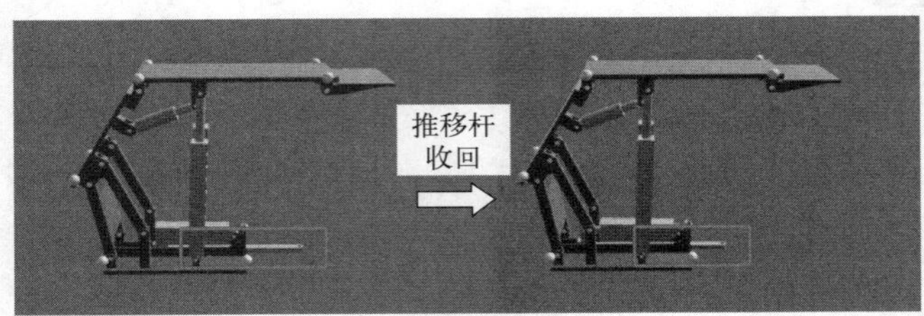

(b) 推移杆收回

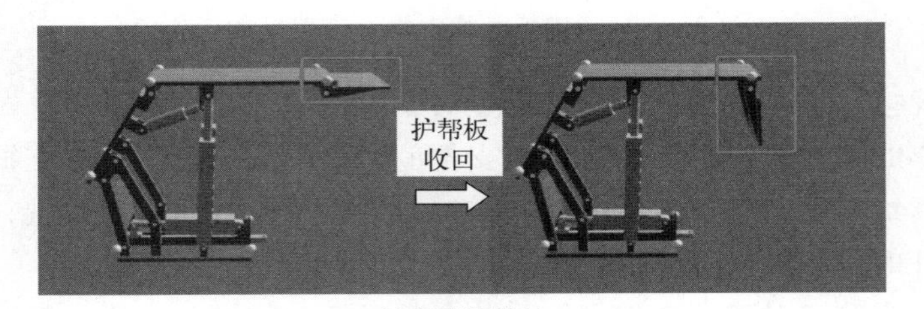

(c) 护帮板收回

图 7-16 液压支架仿真动作

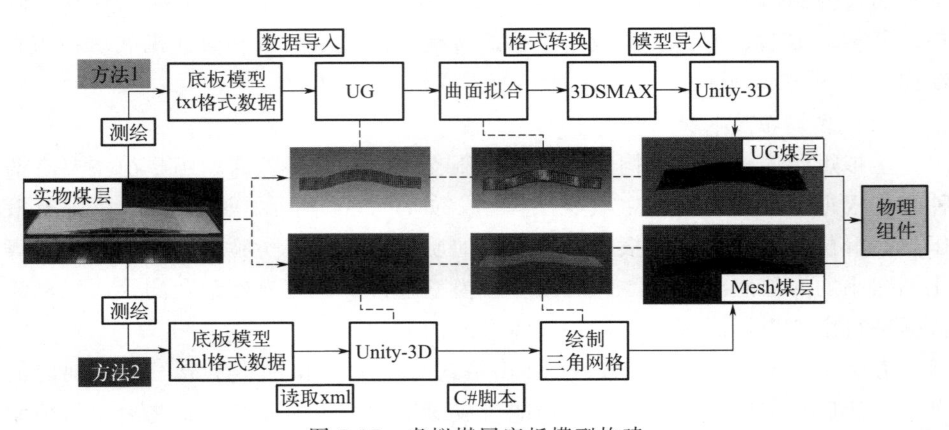

图 7-17 虚拟煤层底板模型构建

方法2：首先，将测绘数据整理为xml文件数据，并在Unity-3D中利用Mesh组件读取xml格式的煤层数据，生成网格顶点；然后，通过C#脚本编程，以相邻空间三点绘制三角面，进而生成煤层底板的三维曲面模型。

通过上述两种方法生成虚拟煤层底板模型后，为其添加材质即可在虚拟环境内显示。之后，还需根据实验需要对模型添加物理组件，使之模拟真实环境下对液压支架的支撑作用。

(3) 虚拟模型添加物理属性

完成液压支架及煤层底板建模后，还需在模型上添加物理组件，才能模拟实际工作面中的液压支架与煤层相互作用现象。根据模型类型不同，分别对液压支架底座部件添加了刚体及碰撞器组件，使得虚拟环境下液压支架模型受到重力作用；对煤层曲面模型添加了刚体及网格碰撞器组件，使得虚拟煤层可以完成对液压支架的支撑作用。在物理组件作用下，虚拟环境中液压支架群与煤层模型实现对真实环境下装备与煤层物理属性及相互作用过程的模拟。

在Unity-3D物理引擎作用下，液压支架姿态受到煤层底板形态的影响。在实际综采生产过程中，煤层底板对液压支架的姿态影响不仅发生在液压支架静止状态下，还包括液压支架的移架过程中，如图7-18所示。

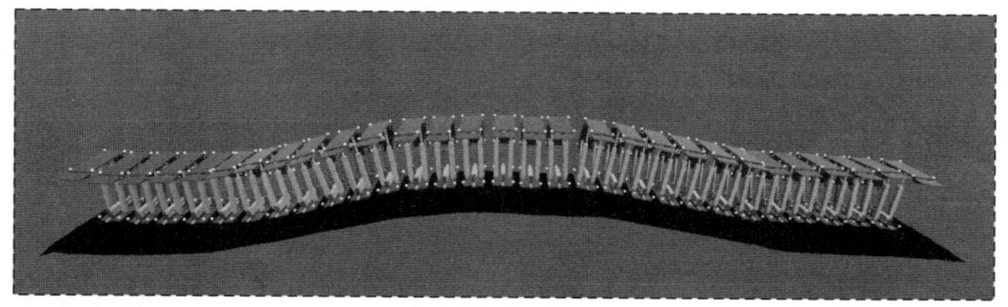

(a) 液压支架群工作面布置

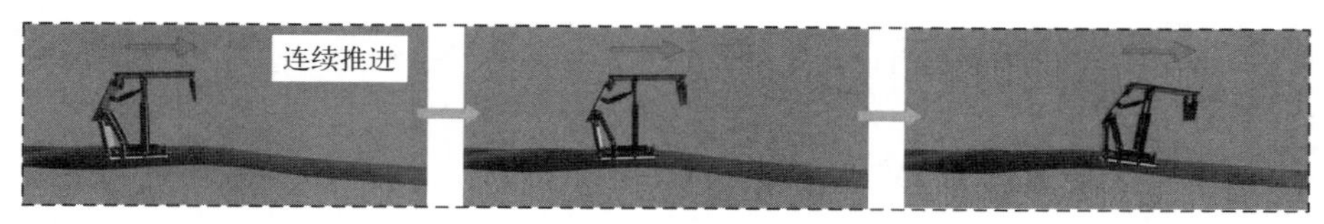

(b) 液压支架连续推进

图7-18 液压支架姿态受煤层底板影响

按一定间距排布在工作面的液压支架群在重力作用下，各液压支架姿态随煤层底板形态变化而变化，如图7-18(a)；对于进行前移运动的液压支架，其运动过程中的实时姿态及位置也受到煤层底板的影响，如图7-18(b)。需要注意，图7-18(a) 仅为说明煤层底板的形态对液压支架姿态的影响，实际工作面中液压支架的姿态应该是煤层顶板及底板共同作用的结果。

为了进一步研究液压支架群协同运行规律并方便后续群组实验的进行，本节通过对实际综采工作面液压支架自动跟机过程的分析，对于虚拟环境下液压支架群与煤层的耦合运行方法进行了研究。

（4）液压支架群自动跟机过程

综采生产过程中，液压支架群对煤层顶底板的稳定支护及工作面的整体推进随着自动跟机移架过程进行。在对液压支架群架间碰撞现象进行分析时，对综采工作面的自动跟机技术进行了简要介绍，侧重于对跟机过程中液压支架架间相对位姿的分析。为进一步明确液压支架协同运行规律，此处对于液压支架群自动跟机过程的实现流程进行了更详细的介绍。

液压支架自动跟机移架技术：工作面液压支架通过红外传感器获取与采煤机的相对位置并将位置数据上传至集中控制中心，工作面集中控制中心根据采煤机在工作面上的相对位置将控制指令传输至各相应液压支架的电液控制系统，液压支架在电液控制系统控制下执行不同动作。

自动跟机过程中各液压支架的具体行为：采煤机前进方向一定距离的液压支架收回并及时进行移架和顶板支护工作，保证煤层顶底板稳定；采煤机后方稍远距离的液压支架推移刮板输送机，为采煤机下一刀截割工作做准备。随着采煤机沿工作面不断地截割煤壁，与采煤机处于不同相对位置的液压支架通过进行收护帮板、移架支护、推溜等，共同实现了对煤层顶底板的稳定支护与整体推进。工作面液压支架群自动跟机移架过程如图 7-19 所示。

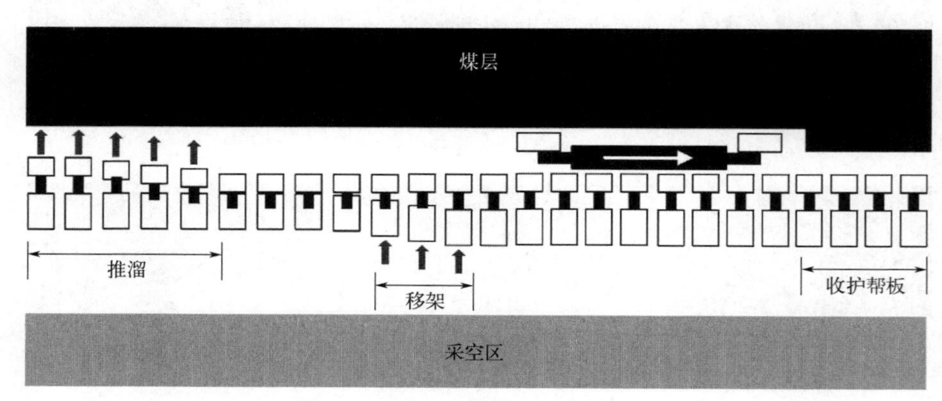

图 7-19　液压支架群自动跟机移架

目前，自动跟机移架过程中主要有三种方式控制液压支架群进行移架，分别为单机顺序式、成组顺序式、分组间隔交错式。单机顺序移架指液压支架沿采煤机前进方向单机依次前移一个截深；成组顺序移架指沿采煤机前进方向液压支架成组顺序前移，每组两到三台液压支架；分组间隔交错移架指沿采煤机前进方向液压支架成组交错前移。

实际工作面需要综合考虑移架速度、顶板状况等选用不同移架方式。单机顺序移架由于每次仅进行一台液压支架的前移，移架速度慢但顶板下沉量较小，这种移架方式在实际工作面应用较多，研究以单机顺序移架方式为背景。

(5) 虚拟液压支架群协同推进运行

参考实际工作面跟机移架过程实现虚拟环境下液压支架群的跟机移架运行仿真。虚拟环境下实现液压支架群的协同运行控制，首先需要实现各液压支架单机动作仿真控制。基于前文的运动学分析，已实现了液压支架单机的升柱、降柱、移架、推溜、伸出护帮板、收缩护帮板动作仿真。在此基础上，对于自动跟机过程中的工作面不同位置，液压支架的动作执行通过脚本控制实现。

根据对实际自动跟机过程的分析可知，不同位置的液压支架的动作控制方案如图 7-20 所示。

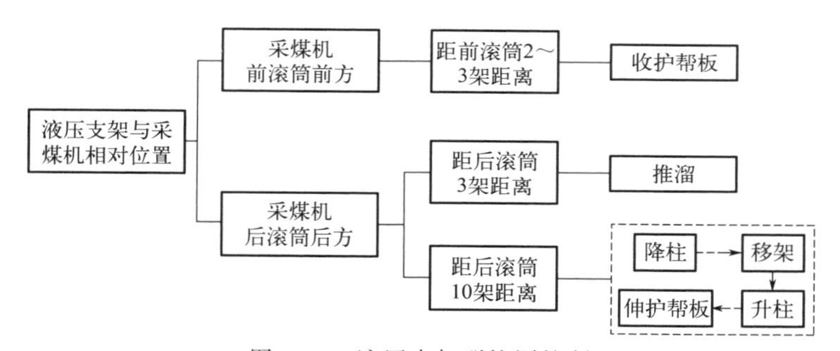

图 7-20 液压支架群协同控制

考虑到研究对象主要是液压支架群，且关注于移架过程中的液压支架位置及姿态信息，故对上述跟机过程进行了简化，以给定变量表示当前采煤机与液压支架的相对位置，实现了虚拟环境下的液压支架群单机顺序移架运行，如图 7-21 所示。

综采工作面液压支架往往单重可达 30t 左右，实验室条件下利用支架真实

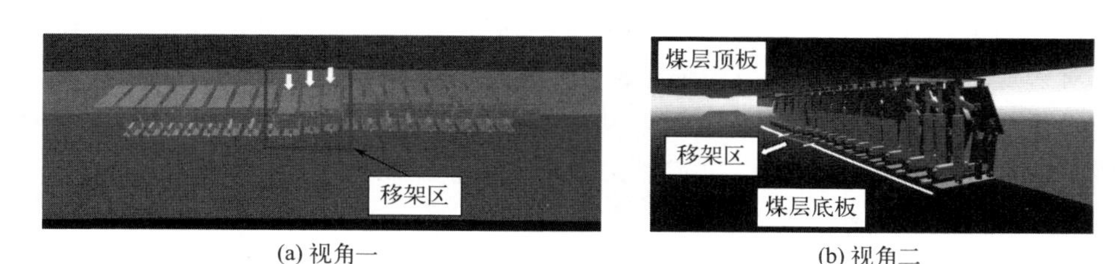

(a) 视角一　　(b) 视角二

图 7-21 虚拟液压支架群单机顺序移架运动

装备进行运行实验存在周期长、操作困难、安全性低等问题，因此，通过建立液压支架样机进行相关实验研究。在工作面液压支架运行时，布置在支架不同部位上的多种传感器组成液压支架状态监测系统，确保工人可实时获取液压支架运行状态。为保证液压支架物理样机系统与真实支架的一致性，基于单片机技术设计了液压支架样机监控系统，实现对液压支架样机姿态的实时监测与控制。

(1) 液压支架样机监控系统

在综采生产过程中，液压支架上的倾角传感器、推移行程传感器、压力传感器等实时获取监测支架状态信息。由于研究主要涉及液压支架的姿态监控，故在参考实际装备传感器布置方案的基础上，以 Arduino 单片机配合各类型传感器设计构建了液压支架样机姿态监测系统，以电机推杆实现了支架样机的动作控制，系统组成如图 7-22 所示。

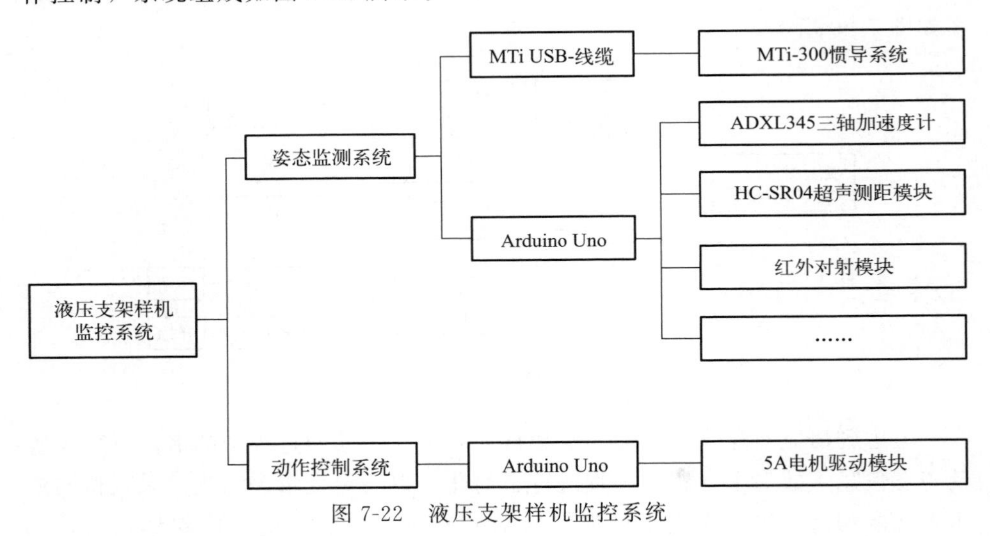

图 7-22 液压支架样机监控系统

液压支架样机监控系统包括姿态监测系统与动作控制系统两部分。姿态监测系统以 Arduino Uno 开发板配合 ADXL345 三轴加速度计进行支架部件及整体角度测量，使用 HC-SR04 超声测距模块进行顶梁与底座高度测量，使用红外对射模块进行液压支架与采煤机样机的相对位置测量。此外，使用 MTi-300 惯导系统辅助配合完成角度测量。动作控制系统以 Arduino Uno 开发板配合微型电动推杆及电机驱动模块实现支架样机动作控制。

(2) 样机姿态监测系统

Arduino Uno 开发板是一块集成多类型 I/O 接口的成品化单片机，其核心库文件基于 C/C++混合编写并将部分参数设置函数化，方便用户利用

Arduino Uno 开发板进行快速高效的程序开发设计。考虑液压支架样机监控功能，选用 Arduino Uno 配合 Arduino IDE 软件进行支架监控程序开发，如图 7-23 所示。

(a) Arduino Uno开发板

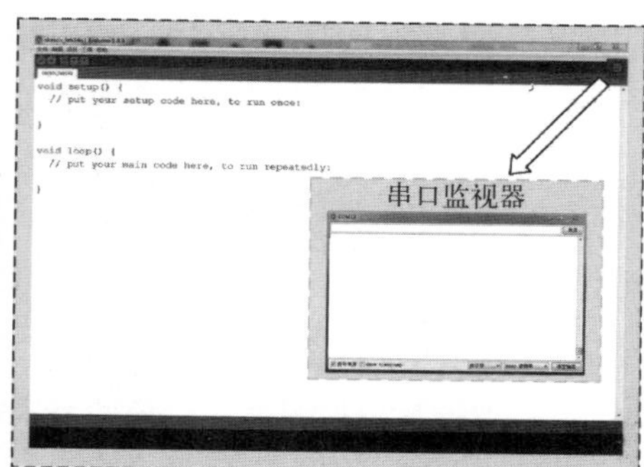

(b) Arduino IDE编译器

图 7-23 Arduino Uno 开发板及编译软件

Arduino Uno 开发板的主要功能参数由板上核心微控制器 ATmega328 决定，包括了 14 个数字输入/输出引脚（其中 6 个可用于 PWM 输出），6 个模拟输入引脚，一个 16MHz 的晶体振荡器，一个 USB 接口，一个 DC 接口，一个 ICSP 接口，一个复位按钮。通信方面，Arduino Uno 支持 UART TTL（5V）串口通信，也可利用 Arduino IDE 自带的 Wire、SPI 库驱动开发直接进行 I2C 及 SPI 通信。

实际使用时 Arduino Uno 开发板硬件与 Arduino IDE 软件配合使用共同建立起一套 Arduino 开发标准。Arduino IDE 是 Arduino 团队提供的一款专门为 Arduino Uno 设计的编程软件，包括菜单栏、工具栏、编辑区、状态区、串口监视器等界面功能区。

液压支架样机监测信息获取通过布置在样机上的不同类型传感器实现。参考真实液压支架在样机护帮板、顶梁、后连杆、底座上均布置了 ADXL345 三轴加速度计，在样机立柱上布置了红外对射模块，在底座上布置了 HC-SR04 超声测距模块。

此外，为了提高姿态数据准确性，在后续实验中也使用 MTi-300 捷联惯导系统进行样机姿态数据监测。根据测量需求，惯导系统被布置在支架不同部位上。液压支架样机传感器布置方案如图 7-24 所示。

将不同传感器布置在支架样机上后，通过 Arduino IDE 软件编写监测程序并烧录至开发板可实时获取样机姿态监测信息。各传感器的关键参数如表 7-2 所示。

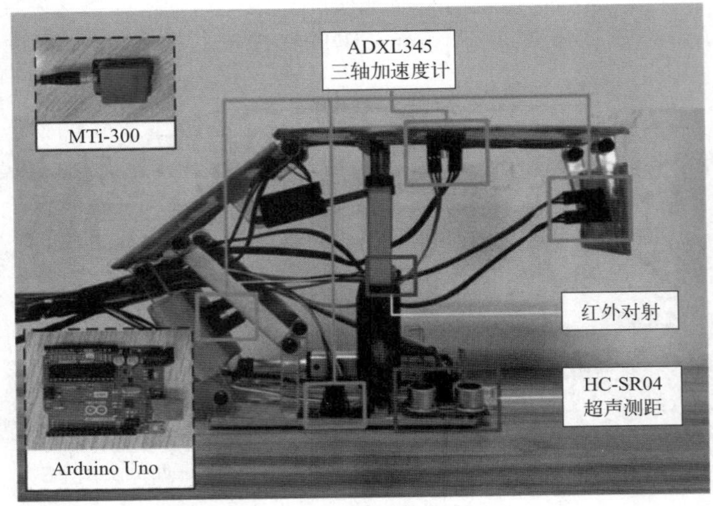

图 7-24　传感器布置方案

表 7-2　传感器参数及功能

传感器	关键参数	功能
ADXL345 三轴加速度计	3.3～6V 工作电压；标准的 I2C/SPI 数字接口； 最高 +/− 16g 加速度测量；4mg/LSB 灵敏度	获取护帮板、顶梁、后连杆、底座倾斜角
HC-SR04 超声测距及红外对射	DC5V 工作电压；射程范围 2～400cm	获取样机支护高度
MTi-300 捷联惯导系统	陀螺仪量程及零偏稳定性：±450(°)/s、10(°)/h；加速度计量程及零偏稳定性：±20g、15μg	获取样机俯仰角、横滚角、偏航角

实时对液压支架样机监测过程中，各传感器数据采集需要借助 Arduino 操作函数实现。通过查阅传感器说明书及数据手册，在 Arduino IDE 内对不同传感器编写数据采集函数。以超声测距模块为例，其通过测量超声波从发射到返回的时间间隔来计算传感器到测量物体间的直线距离，配置关键代码如下：

```
pinMode (Trig, OUTPUT);              //Trig 引脚为控制端
pinMode (Echo, INPUT);               //Echo 引脚为接收端
digitalWrite (Trig, HIGH);           //Trig 引脚置高电平，控制发射方波
delayMicroseconds (10);
digitalWrite (Trig, LOW);            //Trig 引脚置高电平，控制停止
```

```
                                         发射方波
distance=pulseIn (Echo, HIGH);          //读取从发出方波到接收回波的
                                         时间间隔
(duration/2) * vct;                     //根据声速计算传感器与障碍物
                                         之间的距离
```

各 Arduino 操作函数如表 7-3 所示。

表 7-3　传感器控制函数

控制对象	函数	函数功能
串口	Serial. begin(9600); Serial. available(); Serial. read()	开启串口并设定波特率为 9600bit/s 判断串口缓冲区是否有数据 从串口缓存区读取一个字节数据
引脚	digitalWrite(trigPin,LOW); SPI. begin()	设置 trigPin 引脚为低电平 使用 SPI 协议进行数据传输
ADXL345 三轴加速度计	SPI. setDataMode(SPI_MODE3); SPI. transfer(val)	设置 SPI 工作模式 SPI 传输函数,参数 val 为要发送的字节
HC-SR04 超声测距模块	pinMode(trigPin,OUTPUT); pulseIn(echoPin,HIGH)	设置 trig 引脚为输出模式 检测引脚输出的电平的脉冲宽度
红外对射模块	pinMode(hongwai,INPUT); digitalRead(hongwai)	设置红外检测引脚模式 将红外引脚电平返回 HIGH/LOW

(3) 样机动作控制系统

样机动作控制系统由 Arduino Uno 开发板、微型电动推杆及电机驱动模块组成，如图 7-25 所示。微型电动推杆内部装有精密齿轮，可以实现推杆伸缩长度的精确控制，最大推拉力为 60N，行程范围 30～50mm，负载速度有

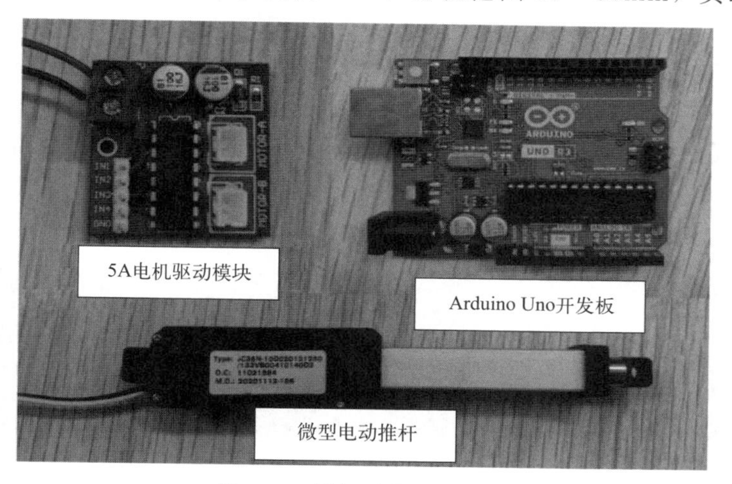

图 7-25　样机动作控制系统

4mm/s、8mm/s 及 15mm/s 三种。

微型电动推杆需要 12V 电压驱动工作，直接使用开发板供电会导致单片机的供电不足、电压不稳定等问题。因此，选用 L298N 直流电机驱动模块进行电机供电及控制。该驱动模块可实现 2 路直流电机的独立驱动控制，将驱动模块输入端直接连接 Arduino 数字引脚，输出端与电机相连接，控制 Arduino 数字引脚，参考表 7-4 进行输出即可实现对电机的正转、反转、制动、待机控制。

表 7-4　电机引脚控制

IN1	IN2	电机状态
1/PWM	0	正转
0	1/PWM	反转
0	0	制动
1	1	待机

7.5.2　综采装备自适应控制和协同控制

以综合机械化为特征的煤炭开采过程融合了人员、多类型煤机装备、复杂矿井环境等生产要素，系统运行伴随着大量人员信息、装备信息、煤层地质信息及耦合关联信息等多源分散异构数据。数字孪生技术的广泛应用实践证明其在实现信息物理融合方面的有效性。通过构建物理实体高仿真度孪生模型，借助虚拟模型与物理实体间的实时交互与双向演化，数字孪生充分利用模型、数据及多学科技术优化拓展了物理实体现有功能属性。在数字孪生五维模型中，实时交互连接是驱动孪生系统运行的核心要素，为虚拟模型、物理实体、数据、应用服务间进行动态信息传递提供支持。

在综采过程虚拟仿真方面，虚拟空间下对于核心综采装备如采煤机、液压支架的运动控制已有了系统的仿真方法，虚拟装备模型在几何外形及行为特性等方面与实物装备保持高度一致，如图 7-26 所示。在此基础上，将装备实际

(a) 采煤机

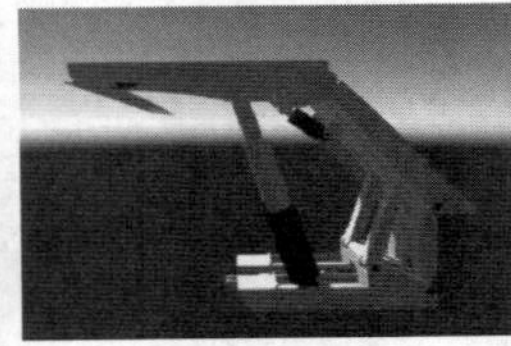
(b) 液压支架

(c) 综采工作面

图 7-26　虚拟综采装备

传感信息接入虚拟环境中，驱动虚拟模型同步运行与实时映射，可以进一步提高对综采装备运行状态监测的有效性。

此外，在虚拟环境下进行的装备群分布式监测方法、工艺规划、煤层装备协同运行仿真等方面的研究工作有效推动了对综采系统复杂运行规律的理解和认识，如图7-27所示。研究成果对于指导实际系统运行、生产工艺优化具有重要意义。在对综采系统进行虚拟仿真基础上，通过虚实双向数据通道将仿真结果信息实时反向传递至物理空间，可以实现数字模型对物理装备及系统实际运行状态的动态调控。

(a) 分布式液压支架群虚拟监测系统

(b) 采煤机截割工艺规划系统

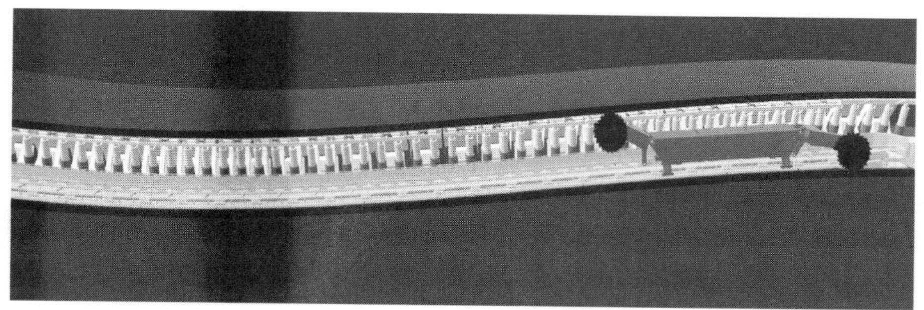

(c) 煤层装备联合仿真系统

图7-27 综采虚拟仿真研究实践

综采系统虚实交互包括物理综采系统运行状态在虚拟环境下的实时映射，以及虚拟综采场景仿真结果对物理系统运行的实时控制。其中，虚实系统间高效实时的信息传输是实现虚实系统动态交互优化的基础。通过双向信息传递，物理系统运行的海量分散异构数据进一步在虚拟环境内得到系统集成，并借助虚拟仿真方法实现了对系统运行规律的研究及运行特性分析；虚拟环境下进行综采系统的运行仿真，仿真结果信息再反向传递至物理系统调整控制系统运行，物理系统的稳定性、可靠性以及运行效率进一步提高。

综采系统虚实交互是数字孪生技术在综采生产中的进一步实践应用。虚实交互过程以虚实系统实时运行数据为核心，虚拟系统与物理系统通过不断双向交互实现迭代优化。以综采系统中的液压支架为主要研究对象，在搭建支架群虚拟运行场景的基础上将虚拟空间接入物理环境，通过虚实系统数据传递实现液压支架运行虚拟监测及状态反向控制。

7.5.2.1 液压支架运行系统虚实交互方法

物理样机系统为液压支架群位姿研究提供了实验平台，在此基础上搭建物理样机系统与虚拟运行系统数据通道，实现虚实空间双向信息传递与交互驱动探索，实现综采生产系统数字化与智能化的重要研究内容。本节基于前文液压支架物理样机系统与虚拟运行系统，研究基于数据驱动的虚实系统交互方法。

（1）运行系统虚实交互结构

虚实系统动态交互是进一步提高综采生产系统运行过程数字化与智能化程度的有效手段。在液压支架群虚拟运行系统及样机物理系统基础上，基于数字孪生理念提出如图 7-28 所示的液压支架群虚实系统交互结构。

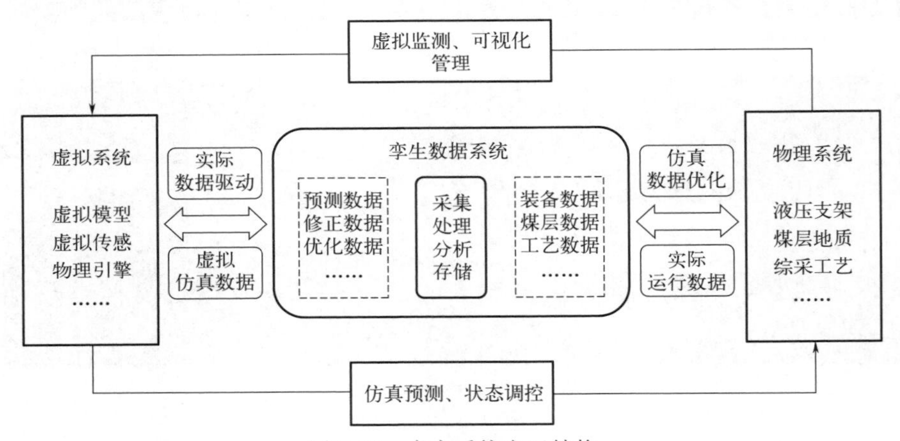

图 7-28 虚实系统交互结构

液压支架群虚实系统交互主要包括四个部分：虚拟系统、物理系统、孪生数据系统、交互连接。

① 物理系统：包括液压支架物理样机及姿态监控系统、煤层顶底板、综采工艺等物理实体及信息。

② 虚拟系统：包括液压虚拟模型、煤层虚拟模型、虚拟传感、用于虚拟仿真的物理引擎等。

③ 孪生数据系统：物理系统与虚拟系统元素信息及运行信息均以数据形式传递至孪生数据系统，实现数据的采集、处理、分析及存储。

④ 交互连接：不同系统间进行数据传递的通道。虚拟系统、物理系统通

过交互连接将数据实时传递至孪生数据系统，进行集成管理分析，进而实现虚实系统的双向驱动交互。

(2) 虚实系统交互通道搭建

高效实时的数据通道是实现液压支架虚拟与物理系统双向交互的现实基础。在液压支架虚拟运行场景、物理样机系统的配置基础上，通过串口通信实现虚实系统间实时双向数据传输。液压支架样机物理系统的监控依靠Arduino Uno单片机实现，并通过串口通信将数据传输至上位机。对于虚拟场景来说，只要实现与单片机串口的数据读取与写入，即完成了虚拟空间与物理空间的数据建立。

C#提供了SerialPort类用于实现串口控制，命名空间为System. IO. Ports。在Unity-3D内使用SerialPort类可快速建立虚拟场景与串口间的数据通信。SerialPort类库的常用属性及方法如表7-5、表7-6所示。

表7-5 SerialPort类的常用属性

名称	说明
BaseStream	获取Stream对象的基础SerialPort对象
PortName	获取或设置通信端口
IsOpen	获取一个值指示SerialPort对象的打开或关闭状态
BaudRate	获取或设置串行波特率
BytesToRead	获取接收缓冲区中数据的字节数
BytesToWrite	获取发送缓冲区中数据的字节数

表7-6 SerialPort类的常用方法

名称	说明
Open	打开一个新的串行端口连接
Close	关闭端口连接,将IsOpen属性设置为False
Read	从SerialPort输入缓冲区中读取
ReadByte	从SerialPort输入缓冲区中同步读取一个字节
Write	将数据写入串行端口输出缓冲区
WriteLine	将指定的字符串和NewLine值写入输出缓冲区

Ardity是一款基于SerialPort类开发的用于Unity-3D与其他串口设备进行双向数据通信的脚本插件，利用该插件可快速、稳定建立Unity-3D与多个串口间的数据通信。使用Ardity插件在前文建立的虚拟场景基础上实现了与多个液压支架样机监控系统开发板的数据传输。首先，将Ardity插件导入虚拟场景，并通过预制体建立多个通信对象；然后，对于每个串口对象配置相关

参数，如串口编号、波特率等；最后，在 C# 脚本内通过程序读取/写入串口数据，数据通道如图 7-29 所示。

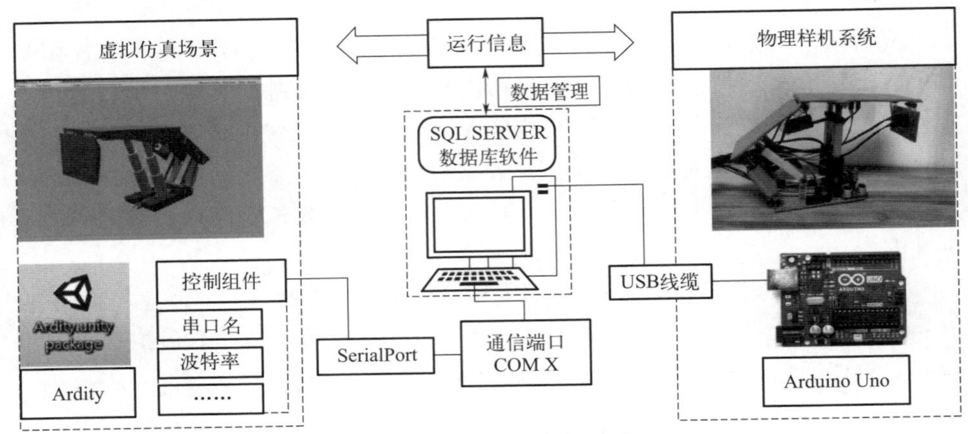

图 7-29　虚实空间数据通道

（3）虚实系统交互功能设计

基于双向数据传输，实现了液压支架样机运行姿态在虚拟环境下的全景监测，同时通过虚拟场景向样机控制系统发送控制指令，实现了对液压支架实物样机动作的实时反向控制，具体过程如图 7-30 所示。

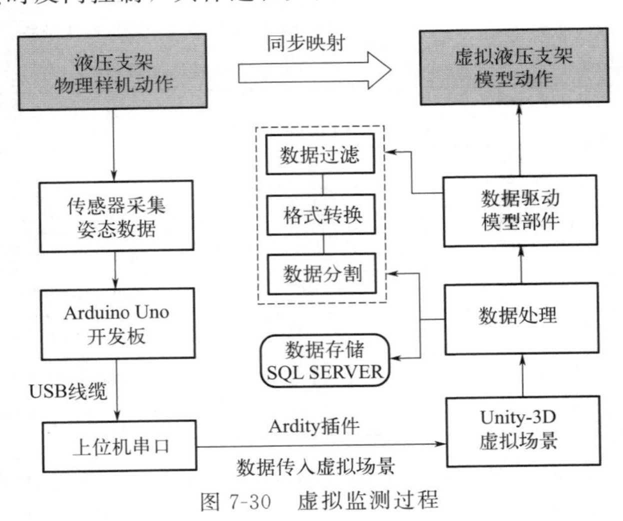

图 7-30　虚拟监测过程

液压支架实物样机动作时，布置在支架上的传感器进行数据实时采集，通过 Arduino 串口将数据传输至上位机。虚拟场景通过虚实数据通道实时读取支架姿态监测数据，数据在 C# 脚本内进行异常数据过滤、分割、格式转换等处理后赋值给虚拟模型相应部件，驱动虚拟模型实时动作。

对监测数据进行处理时，首先需要将包含空置的数据剔除，然后对监测数据帧按“;”“,”符号进行分组，分别获取支架的高度、不同部件角度等监测数据，最后对支架顶梁、后连杆及护帮板角度进行计算，消除底座俯仰角及横滚角的影响。处理后的数据复制给虚拟支架模型的不同部件，即可驱动虚拟模型与物理样机同步动作。监测姿态数据处理关键代码如下。

```
//读取串口打印的液压支架姿态监测数据
data_message=serialController. ReadSerialMessage();

//舍去串口采集数据中的空值 if
(data_message==null)
return;

//对 data_message 数据进行处理分割
data_ver=data_message. Split(';');

dataheight=data_ver[0];                    //数组第一位为支架高度数据
data_height=dataheight. Split(',');        //高度字符串再次按','拆分为数组
height=float. Parse(data_height[1]);       //转换为浮点类型数据

...

Zhijia_number=data_ver[6];                 //当前监测支架编号
data_Zjnumber=Zhijia_number. Split(',');
zjnumber=float. Parse(data_Zjnumber[1]);

//消除底座俯仰角及横滚角对后连杆、顶梁、护帮板测量角度的影响
houlianganAngle1 = Mathf. Asin ( Mathf. Sin (( houlianganAngle-dizuo-
Pitch)
 * Mathf. PI/180 )/Mathf. Cos ( dizuoRoll * Mathf. PI/180 )) * 180/
Mathf. PI; dingliangPitch1 = Mathf. Asin ( Mathf. Sin (( dingliangPitch-dizuo-
Pitch) * Mathf. PI
/180)/Mathf. Cos(dizuoRoll * Mathf. PI/180)) * 180/Mathf. PI;
hubangbanAngle1 = Mathf. Asin ( Mathf. Sin (( hubangbanAngle-dizuo-
```

Pitch) * Mathf. PI/180)/Mathf. Cos(dizuoRoll * Mathf. PI/180)) * 180/Mathf. PI;

在对监测数据处理后，将监测数据同步存储至 SQL SERVER 数据库内，方便后续对数据的进一步集中管理及分析研究。数据存储过程的关键代码如下。

```
//配置连接数据库所需参数
Sqlstring="Data Source=127.0.0.1;initial catalog=zutaiwang;user id=sa;password=123456";SqlCommand cmd=new SqlCommand()
                                                    //定义新的操作指令
cmd.Connection=sqlcon                               //定义连接指令
cmd.CommandType=System.Data.CommandType.Text;
                                                    //定义操作命令为文本类型
string sql1="insert into Zhijia_Data values('"+zjnumber.ToString()+"','"+height.ToString()+"','"+…+Current_Time+"')";   //定义存储指令内容

sqlcon.Open();                                      //打开连接
SQLHelrer.ExecuteNonQuery(sql1);                    //执行存储指令
sqlcon.Close();                                     //关闭连接
```

SQL SERVER 软件内需要提前建立好支架姿态数据的存储表格，支护高度、后连杆倾角、顶梁俯仰角等各类型数据需要与液压支架物理样机上安装的传感器一一对应。通过上述代码可将实时姿态数据存入数据库内，并为进一步的数据分析、数据处理、虚实系统数据驱动提供服务。SQL SERVER 内的液压支架姿态数据如图 7-31 所示。

虚拟反向控制以通过虚拟仿真优化调控实际装备运行状态为主要目标，具体过程如图 7-32 所示。首先在虚拟场景内进行装备的运行仿真，仿真结果会

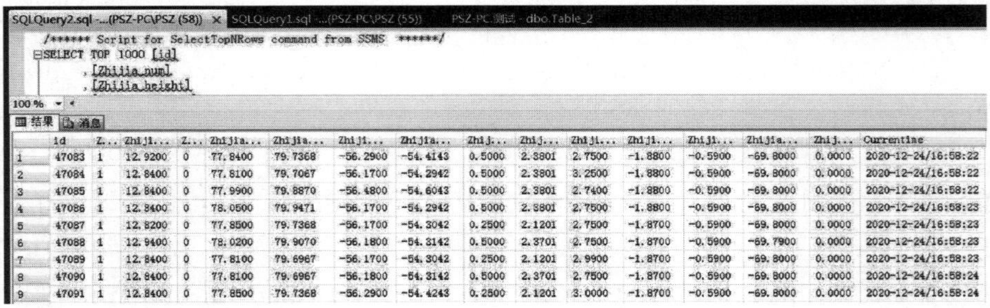

SQLQuery2.sql -...(PSZ-PC\PSZ (58)) × SQLQuery1.sql -...(PSZ-PC\PSZ (55)) PSZ-PC.测试 - dbo.Table_2

```
/****** Script for SelectTopNRows command from SSMS  ******/
SELECT TOP 1000 [id]
      ,[Zhijia_num]
      ,[Zhijia_height]
```

100 %

结果 | 消息

	id	Z...	Zhiji...	Z...	Zhijia...	Zhijia...	Zhiji...	Zhijia...	Zhij...	Zhij...	Zhij...	Zhiji...	Zhiji...	Zhiji...	Zhijia...	Zhij...	Currentime
1	47083	1	12.9200	0	77.8400	79.7368	-56.2900	-54.4143	0.5000	0.5000	2.3801	2.7500	-1.8800	-0.5900	-69.8000	0.0000	2020-12-24/16:58:22
2	47084	1	12.8400	0	77.8100	79.7067	-56.1700	-54.2942	0.5000	0.5000	2.3801	3.2500	-1.8800	-0.5900	-69.8000	0.0000	2020-12-24/16:58:22
3	47085	1	12.8400	0	77.9900	79.8870	-56.4800	-54.6043	0.5000	0.5000	2.3801	2.7400	-1.8800	-0.5900	-69.8000	0.0000	2020-12-24/16:58:22
4	47086	1	12.8400	0	78.0500	79.9471	-56.1700	-54.2942	0.5000	0.5000	2.3801	2.7500	-1.8800	-0.5900	-69.8000	0.0000	2020-12-24/16:58:23
5	47087	1	12.8200	0	77.8500	79.7368	-56.1700	-54.3042	0.2500	0.2500	2.1201	2.7500	-1.8700	-0.5900	-69.8000	0.0000	2020-12-24/16:58:23
6	47088	1	12.9400	0	78.0200	79.9070	-56.1800	-54.3142	0.5000	0.5000	2.3701	2.7500	-1.8700	-0.5900	-69.7900	0.0000	2020-12-24/16:58:23
7	47089	1	12.8400	0	77.8100	79.6967	-56.1700	-54.3042	0.2500	0.2500	2.1201	2.9900	-1.8700	-0.5900	-69.8000	0.0000	2020-12-24/16:58:23
8	47090	1	12.8400	0	77.8100	79.6967	-56.1800	-54.3142	0.5000	0.5000	2.3701	2.7500	-1.8700	-0.5900	-69.8000	0.0000	2020-12-24/16:58:24
9	47091	1	12.8400	0	77.8500	79.7368	-56.2900	-54.4243	0.2500	0.2500	2.1201	3.0000	-1.8700	-0.5900	-69.8000	0.0000	2020-12-24/16:58:24

图 7-31 SQL SERVER 内液压支架姿态数据

转换为装备的状态调整指令并通过数据通道传输至Arduino开发板，物理样机的控制系统接收到控制指令后将其转换为I/O引脚的电平控制方案，控制调整样机驱动部件的实时状态。

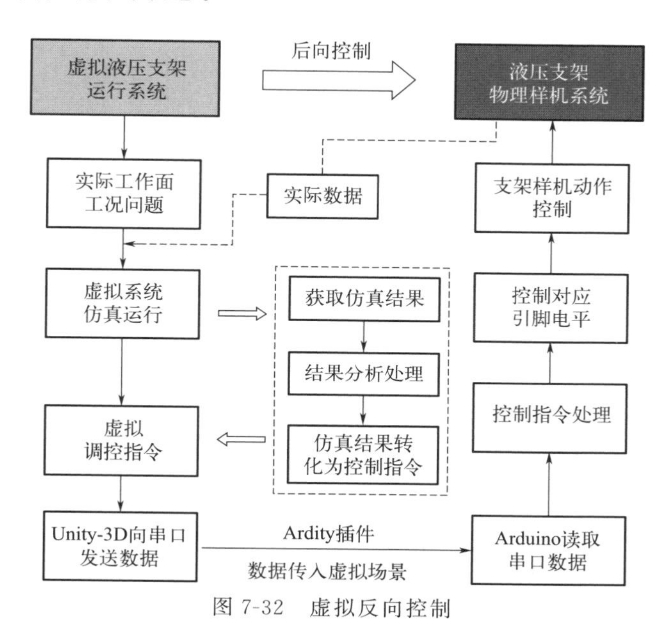

图7-32　虚拟反向控制

7.5.2.2　液压支架群移架过程平行控制

针对液压支架群移架过程的异常位姿状态，本书提出碰撞检测方法并将该方法融入虚拟移架系统中，可实现对物理工作面液压支架群移架后的位姿状态的仿真预测。数字孪生理论提出通过构建虚拟系统、物理系统并借助虚实交互与数据驱动实现虚拟系统与物理系统优化迭代。在数字孪生系统及模型基础上，进一步研究虚拟系统对物理系统运行过程的驱动控制方法，是当前虚实交互技术的重要研究内容。针对物理系统的优化控制问题，以虚拟系统为主体，基于仿真预测结果与平行控制理论对物理系统进行平行控制，进一步提高物理系统效率与稳定性。

平行系统指由现实系统与一个或多个虚拟人工系统组成的共同系统，强调通过虚实交互、计算仿真与平行执行来提高实际系统的性能。在平行系统理论基础上，针对复杂系统的管理与控制方法，平行控制提出通过虚拟系统对物理系统进行建模，对仿真进行分析评估，并以平行执行方式实现对复杂系统的优化控制。

基于平行控制理论，对液压支架群的移架过程优化方法进行研究，提出如图 7-33 所示的移架过程平行控制方法。

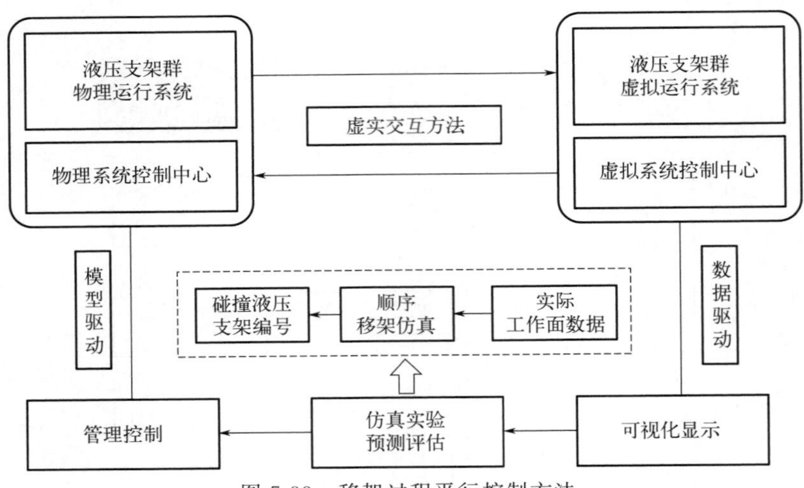

图 7-33　移架过程平行控制方法

控制过程具体为：①基于物理系统实时运行数据，液压支架群虚拟运行系统对物理系统运行状态进行实时全景显示。②虚拟系统基于实时运行数据进行液压支架群虚拟移架仿真，仿真过程中碰撞检测方法实时进行架间碰撞检测，仿真结束后获取碰撞支架编号及相关位姿参数。③虚拟系统基于仿真数据对物理系统运行过程进行管理控制，当实际系统中液压支架即将发生碰撞现象时，虚拟系统发出移架停止指令。液压支架群虚拟系统与物理系统组成一平行系统，通过平行控制方式，虚拟系统实现对物理系统运行的主动控制。

7.5.2.3　虚拟场景与 PLC 系统数据通信方法

综采装备的自动控制以可编程逻辑控制器（Programmable Logic Controller，PLC）为核心。PLC 承担综采装备运行过程中的数据采集、处理，指令接收与装备动作控制等功能。以采煤机为例，PLC 控制器存储着采煤机的运行数据并与远程控制器通信，控制继电器的数据并实现对采煤机运行状态的实时监测。

在上述单片机物理系统与虚拟系统交互方法基础上，进一步研究了虚拟系统与 PLC 系统间的数据通信方法。本书基于 S7. net 驱动脚本实现了虚拟系统与实物 PLC 之间的数据双向传输。如图 7-34 所示。

上位机与 PCL 有多种通信方式，将 PLC 内数据读取至 Unity-3D 虚拟场景内可以通过引用 S7. net 库方便快捷实现。以仿真 PLC 进行测试，开发环境

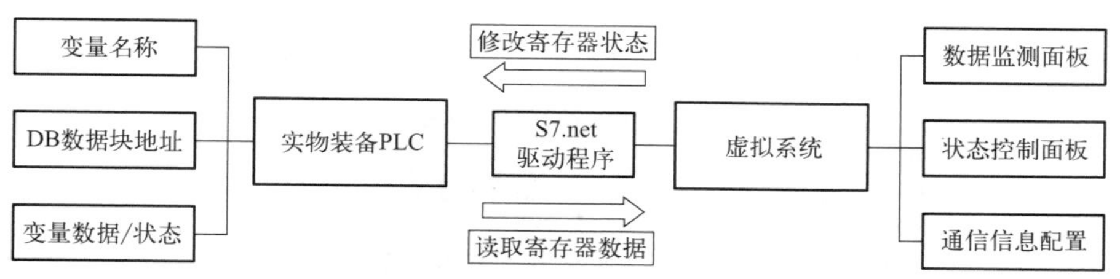

图 7-34 虚拟系统与 PLC 通信方法

包括 TIA Portal V16、S7-PLCSIM V16、Unity-3D 2019.1.9f1。S7.net 库提供了对 PLC 连接、DB 数据块的实时读取与写入等功能。

配置及数据操作过程主要通过 C# 编程实现，过程如下：

① 首先，根据给定的实物 PLC 类型、IP 地址等参数，定义连接 PLC 对象。本节以西门子 PLC S7-1500 为研究对象，进行虚拟系统与 PLC 的数据通信研究。C# 环境内对 PLC 的定义代码如下：

```
Plc plc_Lj=new Plc(CpuType.S71500,"192.168.1.8",0,1);
```

② 根据给定变量参数表及 DB 数据块地址，在 C# 脚本内新建接口变量。接口变量与给定参数的类型应对应一致，PLC 内开关量对应 C# 内 bool 变量，PLC 内 Read 变量对应 C# 内 float 变量。变量定义代码如下：

```
public bool state_begin;          //bool 对应 PLC 内 Bool 类型变量
public float e_current;           //float 对应 PLC 内 Read 类型变量
```

③ 不同类型变量使用不同语句读取与写入，对于 PLC 内寄存器状态的读取与写入使用如下代码实现：

```
state_begin=(bool)plc_Lj.Read("DB1.DBX0.0");   //bool 类型变量的读取
plc_Lj.Write("DB1.DBX34.0",!(bool)plc_Lj.Read("DB1.DBX34.0"));
                                               //bool 类型变量的修改
e_current=(float)plc_Lj.Read(DataType.DataBlock,1,2,VarType.Real,1);
                                               //Read 类型变量的读取
```

④ 在完成数据读取与写入代码后，需要进一步在虚拟系统内将获取的 PLC 数据进行实时显示。本节通过 OnGUI() 函数新建标签 Lable 及按钮 Button，在 Unity-3D 场景内，面板对 PLC 内寄存器数据进行实时显示与控制。虚拟场景内的监测控制界面如图 7-35 所示。

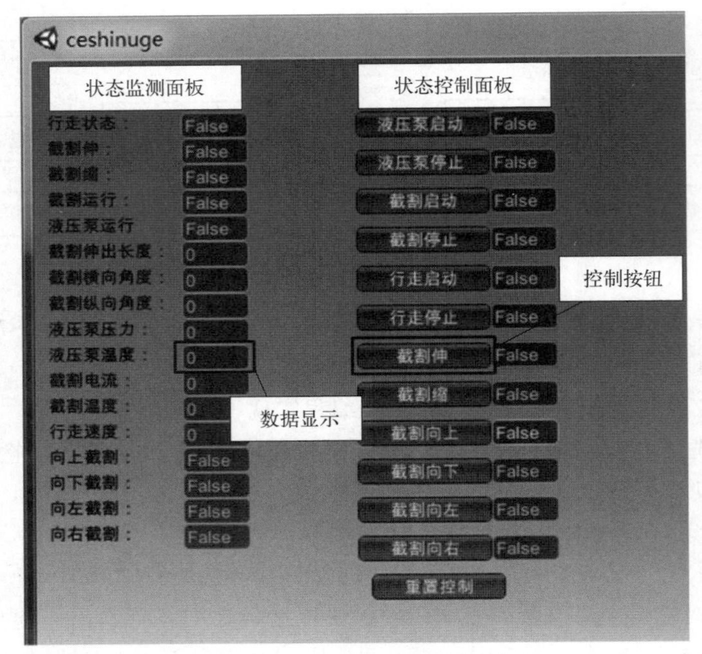

图 7-35　对 PLC 的虚拟监控界面

7.5.3　基于 GUI 的虚拟控制面板设计

在虚拟环境下分别控制实物样机完成升柱、降柱、移架、推溜动作，观察实物样机是否发生相应动作。在控制样机动作时，虚拟液压支架模型在传感器实时数据驱动下也发生相应动作。图 7-36 为虚拟监测及反向控制时虚拟系统界面，图 7-37 为虚拟监测系统不同视角下的支架姿态画面。

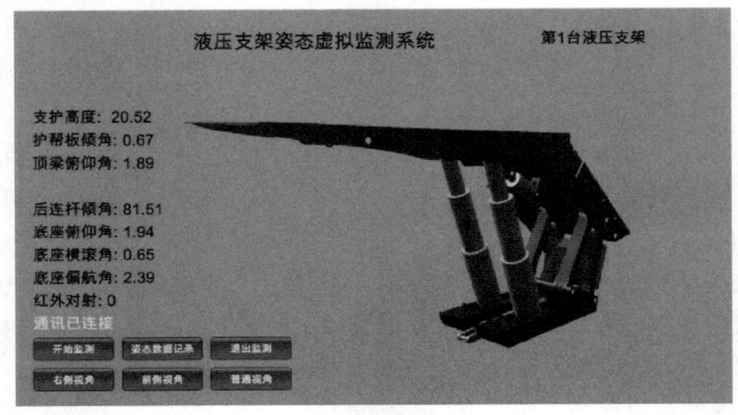

(a) 虚拟监测

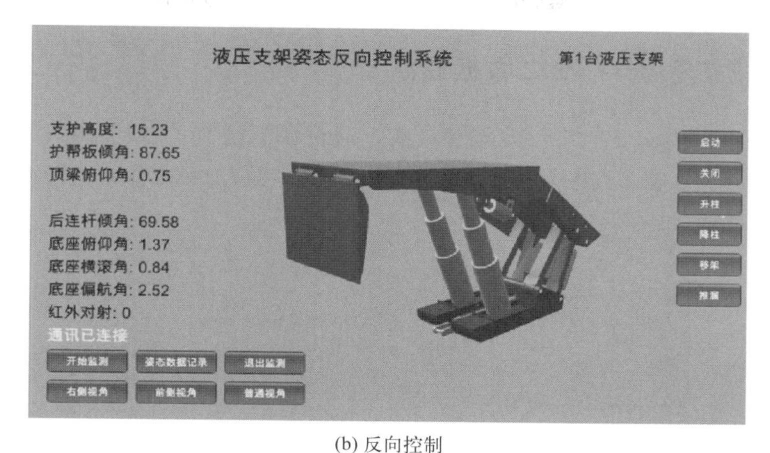

(b) 反向控制

图 7-36　液压支架虚拟监测与反向控制界面

(a) 右侧视角下虚拟监测画面

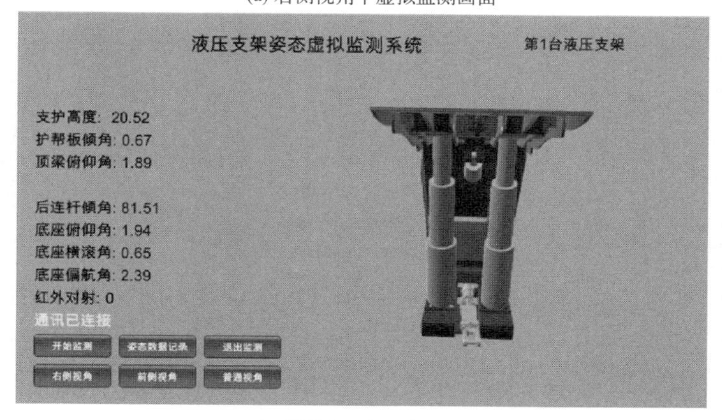

(b) 前视角下虚拟监测画面

图 7-37　不同视角下液压支架姿态虚拟监测界面

7.5.4 虚拟系统与 PLC 数据通信

以西门子 PLC S7-1500 为实验对象，通过博图仿真 PLC 软件 S7-PLCSIM Advanced V3.0 在上位机生成 S7-1500 仿真 PLC 并与虚拟系统进行连接通信。仿真 PLC 配置如图 7-38 所示。

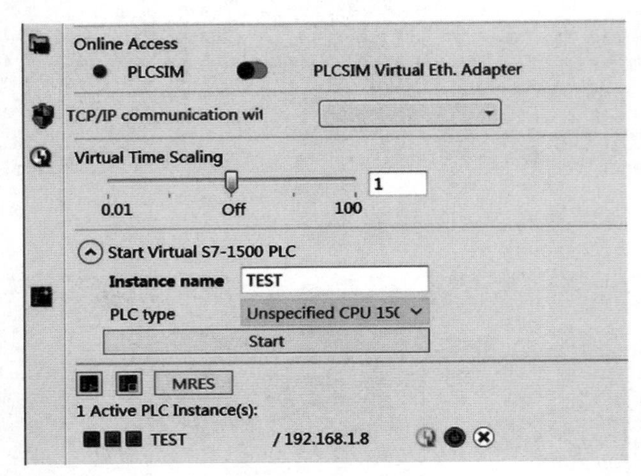

图 7-38 仿真 PLC 界面

成功生成仿真 PLC 后将界面 Online Access 按钮拨动至右侧，使得仿真 PLC 具有 TCP/IP 通信功能。打开博图组态软件 TIA Portal V16 及虚拟场景，两软件界面如图 7-39 所示。实验过程如下：

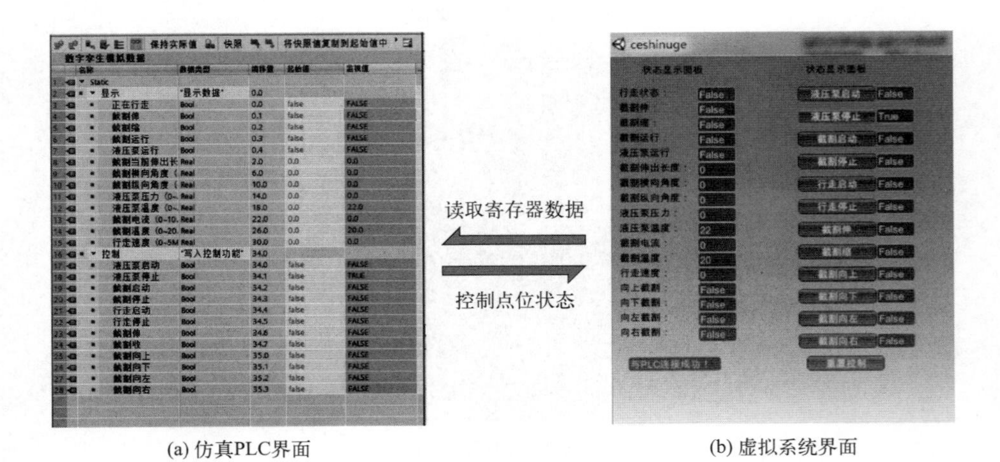

(a) 仿真PLC界面 (b) 虚拟系统界面

图 7-39 仿真 PLC 与虚拟系统数据通信

① 在虚拟系统与PLC建立连接后，场景内即可实时显示对应PLC寄存器的数据，对比两界面内变量数据是否对应相同。

② 在博图组态软件内控制修改对应寄存器数据，观察虚拟场景内的监测变量是否同步变化。

③ 在虚拟系统内通过控制按钮修改对应bool类型变量状态，观察组态软件内对应数据是否变化。同时，由于组态软件内的控制变量与状态变量已相互关联，观察组态软件内与控制变量关联的数据是否发生同步变化。

虚拟系统监控界面可实时显示组态软件内PLC的寄存器数据，通过虚拟场景内控制按钮可实时修改PLC对应变量状态，且对应关联变量数据可实时显示在虚拟界面内。对数据延迟及通信断连进行了测试。其中，控制与数据显示过程中数据变化延迟不超过0.1s，虚拟系统持续运行24h未发生断连。

根据研究需要，对上述虚实系统交互过程在某煤矿进行了测试，现场测试如图7-40所示。

图7-40 实时数据驱动的虚拟采煤机运行

实验中，通过采煤机实时运行数据驱动虚拟采煤机同步运行。具体过程为：采煤机实时运行过程中，其PLC控制系统采集采煤机实时运行数据，包括左右摇臂倾角、运行速度、当前位置等信息；采煤机运行数据通过井下防爆交换机及工业以太网上传至地面监控中心上位机，采煤机运行数据实时存储至上位机数据库内；虚拟系统读取数据库内采煤机运行信息，并驱动虚拟采煤机同步运行。

对比虚拟系统与二维组态监控系统中采煤机的实时采高、运行速度、工作面位置等信息，如图7-41。虚拟系统可实时全景显示采煤机当前运行状态，虚拟系统运行无明显卡顿，帧率稳定维持在 60 帧/s。

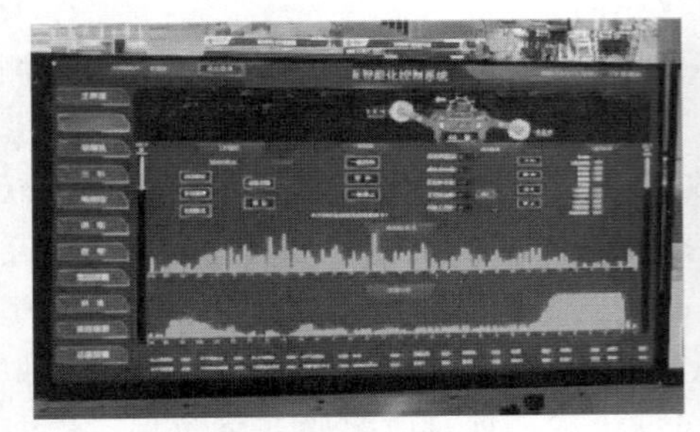

(a) 二维组态监控界面

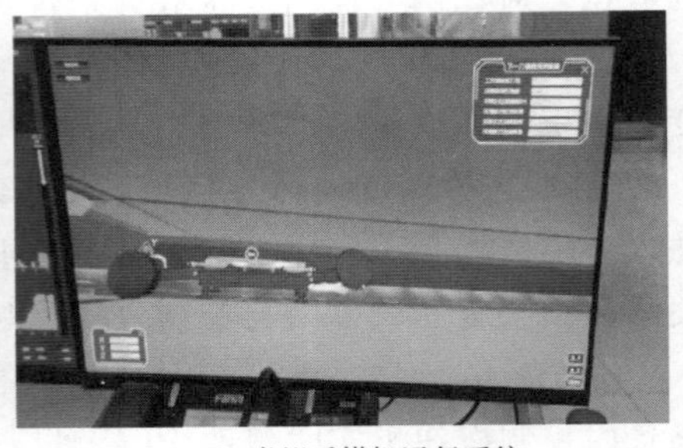

(b) 虚拟采煤机运行系统

图 7-41　虚拟系统与二维组态监控系统对比

第8章 VR人机交互技术

8.1 VR人机交互技术概述与规划

人机交互（Human-Computer Interaction，简写 HCI），是人与计算机之间以一定的交互方式，完成确定任务的人与计算机之间的信息交换过程。其主要研究系统与用户之间的交互关系。

系统的人机交互功能是决定系统“友善性”的重要因素。人机交互功能主要靠可输入输出的外部设备和相应的软件来完成。可供人机交互使用的设备主要有键盘显示、鼠标、各种模式识别设备等。与这些设备相应的软件就是操作系统提供人机交互功能的部分。人机交互部分的主要作用是控制有关设备的运行和理解并执行通过人机交互设备传来的有关的各种命令和要求。早期的人机交互设施是键盘、显示器。操作员通过键盘打入命令，操作系统接到命令后立即执行并将结果通过显示器显示。打入的命令可以有不同方式，但每一条命令的解释是清楚的、唯一的。

随着计算机技术的发展，操作命令也越来越多，功能也越来越强。随着模式识别，如语音识别、汉字识别等输入设备的发展，操作员和计算机在类似于自然语言或受限制的自然语言这一级上进行交互成为可能。此外，通过图形进行人机交互也吸引着人们去进行研究。这些人机交互可称为智能化的人机交互。

人机交互的目标是生产可用和安全的系统，以及功能性系统，并从尊重用户的角度来改善用户和计算机之间的交互，从而使计算机系统更加容易使用。因此可以将人机交互的目的分为两个部分：一是建立一个功能性的系统，实现系统的所有目标性的功能，使系统具有实际的使用价值；二是在实现了功能的基础上从用户的角度出发去提高系统的用户体验，满足用户在实际使用中心理和情感需求。

8.2 基于 HTC Vive 的机械产品人机交互技术

8.2.1 基于 HTC Vive 的全景虚拟现实漫游技术

之前的章节已较为完善地介绍了系统的人机交互部分，为了进一步拓展系统的人机交互方式并提高系统的沉浸性、交互性，本节将把 HTC Vive 交互设备集成到人机交互系统中，使之前的人机交互功能通过 HTC Vive 也能实现，并通过 HTC Vive 设备实现在虚拟综采工作面场景内的大范围传送，详细介绍 HTC Vive 的环境配置及 Unity-3D 中 SDK 的使用。

8.2.1.1 HTC Vive 调试安装

由于虚拟现实的硬件交互设备 HTC Vive 整体的部件较为复杂，安装过程具有一定的繁复性，所以本节对 HTC Vive 设备的安装与配置进行说明。

首先是 HTC Vive 的定位基站安装。HTC Vive 操作的活动空间主要是由它的定位基站来确定的，通过定位基站确定的空间范围来划定头盔和手柄的活动范围。定位基站支持的最大活动空间为对角线为 5m 的立方体，所以在安装定位基站时大致可以选定对角线为 3～4m 的活动空间。同时，三维空间不仅涉及地面活动范围的大小，同样还包括对高度的影响，基于对人体高度范围数据的基础分析，可以得出定位基站的高度要超过 2m 才能保证大部分用户的正常使用。定位基站的高度决定了活动空间的大小，定位基站高度应高于头戴显示器，所以在安装基站时推荐使用 HTC Vive 固定支架安装并将高度调节至 2m 以上，基站安装完成后指示灯亮起表示基站可以正常工作。定位基站的工作方式有两种：无线同步方式和有线同步方式。选择无线同步方式时，将两定位基站分别调节至 B、C 频道，基站则可通过无线同步。如需切换至有线同步，则通过数据传输线将两定位基站连接并将工作频道都调至 A。为了获得最佳操作体验和保障自身安全，应尽量移开体验区中的多余物体，以免培训过程中发生碰撞影响体验，如图 8-1 所示。

然后是将 HTC Vive 头戴显示器与电脑主机通过连接器连接起来。连接器两侧端口差别较大，可明显区分出不同接口的形状。

硬件部分正常安装后，需要进行软件安装和调试。首先下载安装 Steam 程序并创建 Steam 账户，在 Steam 菜单栏中找到“库”标签页来安装 SteamVR 程序。启动 SteamVR 程序，并将头戴显示器和手柄放在两定位基站划出的空间内，连接 HTC Vive 设备，当设备正常连接时，如图 8-2 所示。其中设备分别为头戴

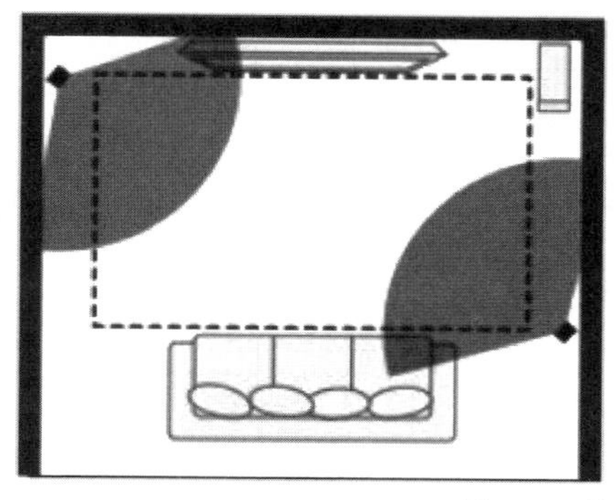
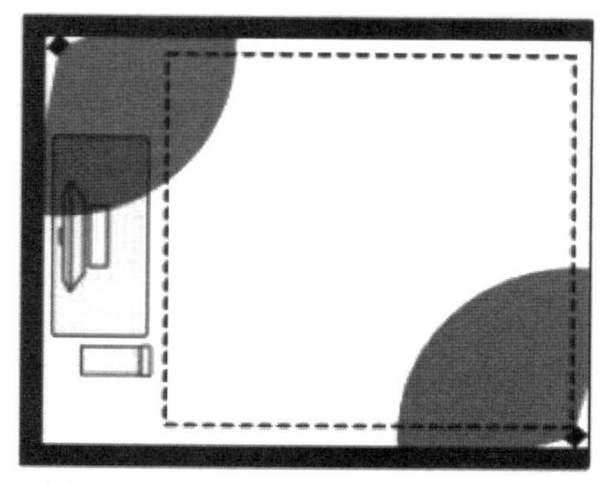

图 8-1 移开体验区多余物体

显示器、两个手柄控制器和两个定位基站。当设备正确连接且无故障时，图标显示绿色。当连接出现异常或中断时，图标显示为灰色。

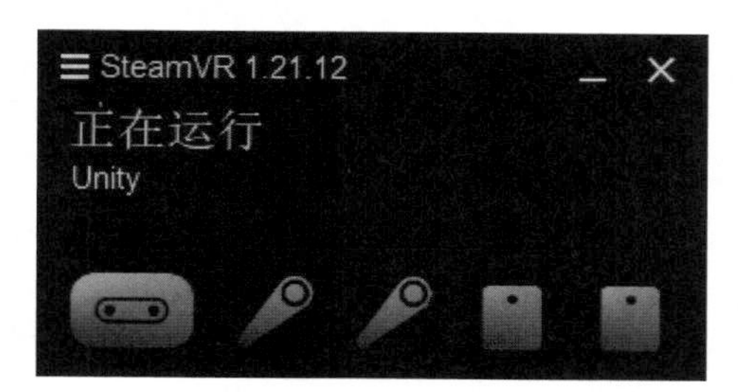

图 8-2 SteamVR 设备状态显示

当设备都已连接正常时，将进行体验区设置。首先需要确定操作空间的正面和侧面，使用控制手柄对准电脑显示屏，扳动扳机；然后将两个手柄水平放置，在电脑上选择“矫正地板”，设定地板位置；最后拿起手柄，沿着已清空定位区域，划定体验区。体验区设置完后才能进行操作方式设置：坐姿体验和站姿体验。

8.2.1.2 硬件设备交互

Unity-3D 引擎在虚拟体感交互系统中，HTC Vive 设备的线路连接以及接入 PC 端口模块十分重要。实现 HTC Vive 设备接入到 Unity-3D 引擎中的主要过程如图 8-3 所示。

在将 HTC Vive 的设备调试安装完成后，需要下载安装驱动 SDK，在确保 HTC Vive 设备接线完好的情况下启动 SteamVR，实现数据传输，如图 8-4 所示。SteamVR SDK（SteamVR Plugin）是一款专门服务于 VR 头显设备的 UnityPackage，需要在 Unity Asset Store（资源商店）中下载并导入到 Unity-3D

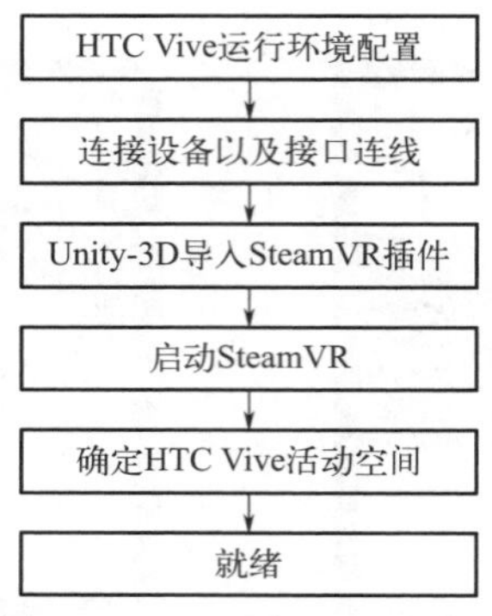

图 8-3 HTC Vive 配置过程

工程文件中实现应用。其包含许多场景开发中必要的脚本，例如 SteamVR_TrackedController. cs 是用于手柄按钮事件的接口。

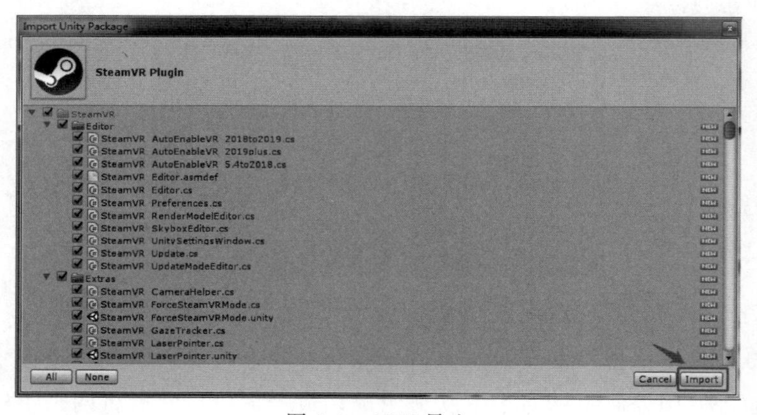

图 8-4 SDK 导入

开发者可以利用 SteamVR SDK 提供的类和方法实现行为数据的采集。SettingMenu 类需要获取手柄控制器的控制方法，封装系统菜单中各项指令，实现各种功能。Identification Tag 类实现通过 HTC Vive 设备管理三维空间中物体的行为，Identification Tag 类需要获取手柄按键的按下和抬起事件，完成模型、UI 的指令。

运用手柄开发交互，需要加载虚拟现实交互插件 SteamVR Plugin 和 VRTK。该插件可通过 Unity Asset Store 免费下载，然后将插件资源包导入至变电站仿真培训系统的工程文件中。其次，将代表用户的 Prefab 置入虚拟综采工作面场景中并确定初始位置。该 Prefab 中包含三个子对象，即 Camera (head)，Controller (left) 和 Controller (right)，分别对应 HTC Vive 设备中的头盔和两个操作手柄，如图 8-5 所示。设置完成后，用户可以通过头显的移动在虚拟综采工作面场景中进行移动，同时还可以 360°旋转观察场景。

在系统中，除了通过键盘实现移动，还能通过左手柄来实现角色在虚拟场景中的移动。为实现正常漫游，需要使用 VRTK 插件中的控制移动脚本 Touchpad _ Walking，该脚本能通过监听手柄上边 Touchpad 键操纵指令，根据触摸板的触碰位置控制用户的移动方向。将其附加到代表左手柄的预制体上，然后修改脚本参数，设置头戴显示器指向为前进的正方向，即可通过手柄实现正常漫游，如图 8-6 所示。

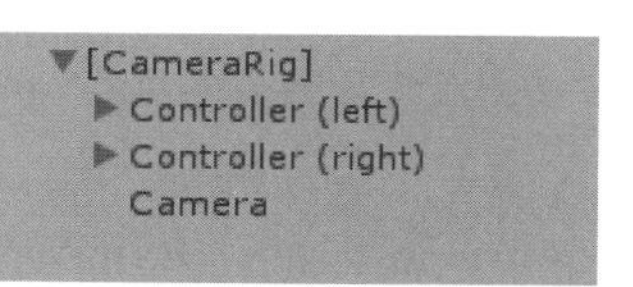

图 8-5 HTC Vive 预制体

在本交互场景中，右操控手柄被设计为交互手柄，负责为用户提供在场景中与可交互物体进行交互的功能。将 VRTK 的 VRTK_Controller Events 脚本挂载在场景中代表右操控手柄的 Controller（right）对象上，对右手柄上的按钮事件进行监听，包括 Touchpad 键、Grip 键、Trigger 键、ApplicationMenu 键的按压。将 VRTK 中的 VRTK _ Interact Touch、VRTK_Interact Grab、VRTK_Interact Use 脚本挂载在场景中代表右操控手柄的 Controller（right）对象上，其中 VRTK _ Interact Touch 脚本为操控手柄提供对可交互物体进行触碰的功能，VRTK_Interact Grab 脚本为操控手柄提供对可交互物体进行抓取的功能，而 VRTK_Interact Use 脚本为操控手柄提供对可交互物体进行使用的功能。另外，将 Grip 键设置为抓取的触发键，将 Tigger 键作为使用的触发键。对可交互物体进行抓取的效果如图 8-7 所示。

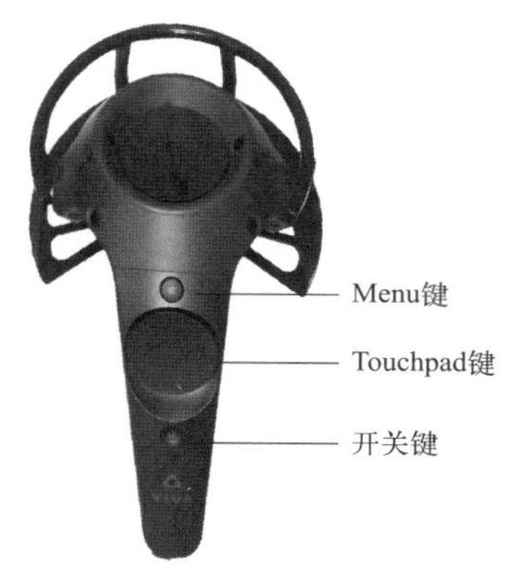

图 8-6 手柄按键

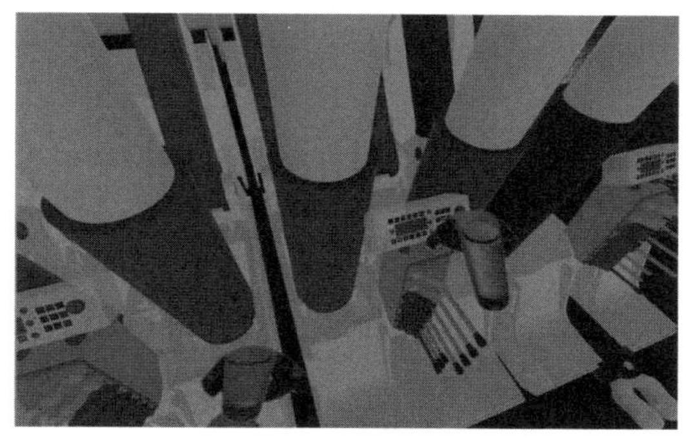
图 8-7 手柄交互

8.2.1.3 视角的大范围传送关键技术

在 VR 环境中，用户的大范围移动是通过手柄上发射出来的指示射线射到具体的点上去实现的。用户按下手柄上的按钮会从手柄上发射出一条射线指向场景中的某一点，当用户松开手柄上的按钮时就可以传送到射线所指的点的位置上。

在 Unity-3D 中提供的 VRTK 插件同样可以实现这个功能。首先需要在 HTC Vive 上挂载射线。在 LeftController 上添加 VRTK_Pointer 组件，VRTK_Pointer 组件可以处理射线的相关功能，其中 Activation Button 的属性默认为 Touchpad_Press，意味着按下 Touch 键来激活射线。这里需要注意 VRTK_Pointer 组件中的 Enable Teleport 选项，它是控制是否允许该手柄进行瞬移的，默认该选项是勾选。

从手柄发射的射线有两种可供选择：直线和贝塞尔曲线。直线对应的组件是 VRTK_SimplePointer，贝塞尔曲线本质上就是一种抛物线，对应的组件是 VRTK_BezierPointer。通常情况下直线用来与物体或者 UI 交互，贝塞尔曲线用来进行大范围的传送。因此，在 LeftController 上挂载 VRTK_BezierPointer 组件，在此组件内可以设置贝塞尔曲线的一系列参数，包括色彩、长度等。

完成了射线的设置后，下面需要对手柄的传送功能进行实现。在 VRTK 中提供了三种不同的传送方式：

VRTK_Basic Teleport：这个组件无法进行高度的改变，只能在用户原本的高度上进行传送，不会因为地形或者传送目标的高度变化而改变传送的高度。

VRTK_HeightAdjustTeleport：此组件相比 VRTK_Basic Teleport 组件可以使用户进行高度的改变，会自动地适应物体的高度变化。

VRTK_Dash Teleport：这个组件对 VRTK_HeightAdjustTeleport 组件的功能进行了拓展，在传送的过程中用户在虚拟场景中能感受到位移的变化，但如果速度设计不合适会使用户产生眩晕感。

综合对比上述 VRTK 中三种不同传送组件的功能和特点，本系统最终选择 VRTK_HeightAdjustTeleport 组件来实现大范围传送的功能，挂载到 LeftController 上即可实现，这里不做赘述，效果如图 8-8 所示。

本节主要介绍了虚拟综采工作面人机交互系统的硬件设备 HTC Vive 的关键技术，包括 HTC Vive 头盔、Lighthouse 激光定位和交互手柄三部分。接下来对 Unity-3D 脚本开发所用的计算机语言、开发软件、涉及脚本的交互功能进行了详细说明。最后对 HTC Vive 的相关设备进行调试安装，通过 Unity-3D 中的

图 8-8　大范围传送

SteamVR Plugin 和 VRTK 两个插件完成 HTC Vive 与虚拟综采工作面的联动，使硬件设备可以完成行走、抓取等交互行为。

8.2.2　基于 HTC Vive 的机械产品巡检培训技术

8.2.2.1　基于 HTC Vive 设备的系统 UI 设计

本节首先分析了基于 HTC Vive 设备的 VR 界面设计原则，利用 Unity-3D 平台按照上述设计原则，对虚拟综采工作面巡检培训系统界面进行研究设计，最终将各场景界面按照逻辑顺序完成整合，实现基于 HTC Vive 设备的系统 UI 设计。设计流程如图 8-9 所示。

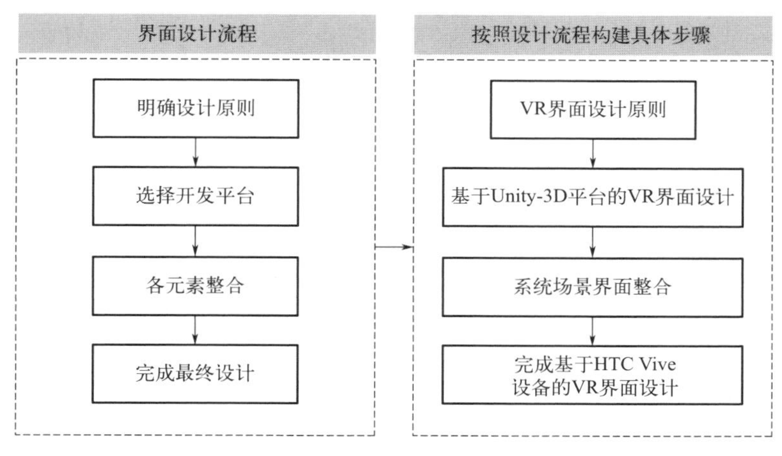

图 8-9　基于 HTC Vive 设备的系统 UI 设计流程图

（1）VR界面设计原则

VR界面是以传统UI设计（界面设计）为基础进行的界面设计，具有三维视觉感受，属于虚拟UI的一种。虽然VR界面在视觉上有更强的沉浸性且呈现载体不同，但在创作时，仍遵循传统UI设计人性化、简易性和一致性等设计原则。结合HTC Vive头戴显示器设备特点，本系统的VR界面设计按照以下原则进行：

① 明确用户。虚拟综采工作面巡检培训系统主要针对矿下巡检人员，包括支架检修工、采煤机检修工和刮板输送机检修工等人员。

② 逻辑清楚。本系统界面按照功能可分为三个层级：一级界面包括两个子界面；二级界面包括三个子界面；三级界面包括九个子界面。HTC Vive头显设备长时间使用会产生晕动病，因此多次反复且目的不明确的场景跳转，会使学员产生不适感，故本系统对界面操作顺序研究分析，学员在培训时按照“设备认知—巡检培训—事故模拟—测评模式”顺序进行学习，因此界面操作逻辑主线为“一级界面—二级界面—三级界面—一级界面”，如图8-10所示。

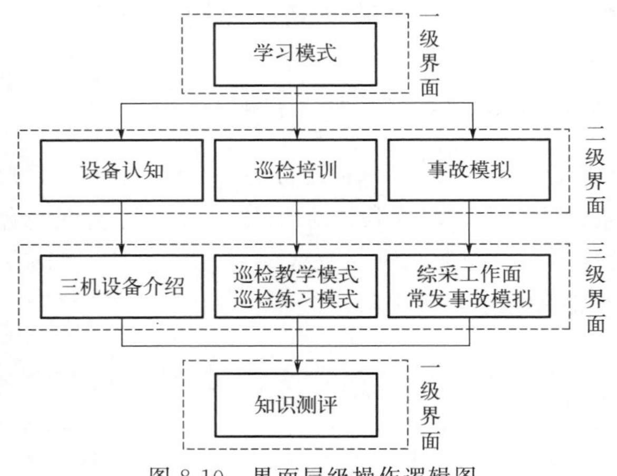

图8-10 界面层级操作逻辑图

③ 交互性。界面主要是实现用户和虚拟载体（如电脑、手机和软件界面等）之间的交互，简称人机交互。因此，VR界面设计不光是对载体中各种元素的组合和展现，更重要的是注重用户的体验感。界面交互是环环相扣的，在明确主线的基础上，让用户自己选择模式，增加用户与界面的互动，激发学员学习兴趣。

④ 界面简洁清晰。简约设计不仅仅是一种流行趋势，从用户体验上看，简约的界面可以去掉很多无关的干扰信息，使UI更具易用性。有效的界面应该简洁明了，使用户能够识别它，知道如何使用，能够明白界面发出的具体指

令，并且成功地与界面产生有效交互。VR 界面的载体是 HTC Vive 头戴式显示器，在设计时还应注意与用户保持视觉距离，避免造成用户眩晕等不良感受，同时保证文字显示清晰，避免因距离过远而为用户阅读带来困难。

⑤ 整体性。整体性在本系统中是指界面设计中画面的统一性和一致性，即画面配色要统一，界面与界面之间要有衔接性。在设计时要注意区分主色调（主要颜色）和辅助色（烘托主色），避免对比度过高的颜色冲击，尽可能使界面看起来协调舒适，不要喧宾夺主。

(2) 基于 Unity-3D 的 VR 界面设计

UGUI 是 Unity4.6 版本后开始被集成到 Unity 编译器中的 UI 系统。该系统能够快速便捷地实现虚拟场景中的界面设计，所有 UI 元素都必须在 UI 画布（Canvas）中进行绘制，以实现 UI 控件的渲染显示。Unity-3D 画布（Canvas）渲染方式有 3 种，分别是 Screen Space-Overlay，Screen Space-Camera 和 World Space。在 Screen Space-Overlay 模式下，Canvas 将作为 2D 图像直接渲染显示在场景界面上并处于最前方，不受其他物体遮挡，即使没有相机也可以看到其内容。在 Screen Space-Camera 模式下，Canvas 可以指定渲染的相机，并能按照相机距离 Canvas 的远近以及相机范围进行动态缩放，最终实现在场景界面上的显示效果；当有场景内物体比 Canvas 距离相机更近时，该物体会显示在 Canvas 前方，同理距离相机比 Canvas 远的物体将会被遮挡。在 World Space 模式下，Canvas 会像 3D 物体一样位于虚拟场景中，通过设置其位置和大小，可以使 Canvas 与场景内其他物体一样，达到融入场景的显示效果。

综上，本系统在设计传统界面时采用前两者结合渲染方式，在设计 VR 界面时采用后两者结合渲染方式。首先在 Hierarchy 面板右键 UI-Canvas 创建显示画布，导入插件 CurvedUI，为已设置好的 Canvas 添加 CurvedUISettings 脚本，即可将已经创建好的 UI 曲面化。曲面 UI 的创建旨在提高学员的视觉感受，更加贴合 VR 头戴式视场角。传统界面和曲面 VR 界面效果图分别如图 8-11 和图 8-12 所示。

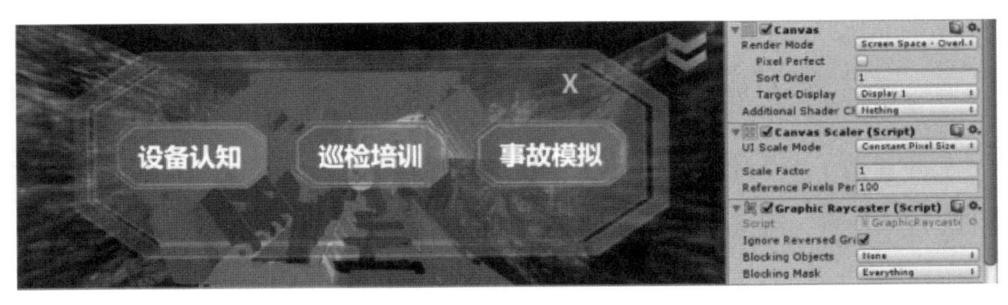

图 8-11　传统界面及 Canvas 渲染模式

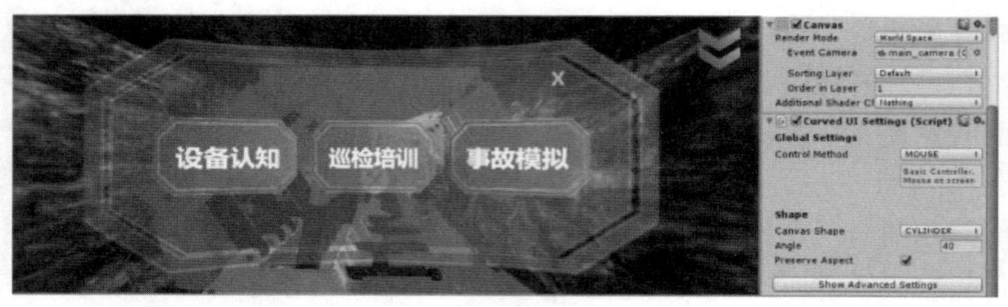

图 8-12　曲面 VR 界面及 Canvas 渲染模式

（3）系统界面整合

依据上述 VR 界面设计原则，本系统在已搭建好的传统界面基础上，对三个层级界面进行了优化设计，并将系统界面进行整合，如图 8-13、图 8-14 和图 8-15 所示。首先，为了使 VR 界面更加具有沉浸性，需将 VR 界面与虚拟环境中模拟人眼的相机设置一定的距离，避免学员在学习时因界面过近而导致视觉疲劳，从而影响学习效果。其次，还要避免 VR 界面影响手柄交互操作，因此将 VRUI 按照功能进行分类整合，对具有提示功能的 UI 予以一直显示状态；对具有交互功能的 UI 予以交互后隐藏状态，以设备认知场景为例，UI 点击效果如图 8-16 所示。最后，传统 PC 端场景切换对学员视觉冲击性并不大，但在 VR 端场景不断切换带来的不同视角，容易使学员产生眩晕，故在整合界面的同时，也要整合场景，同一场景可实现的功能避免多场景跳转，尽可能用传送代替画面跳转；对于不可合并必须跳转切换的场景，可以采用异步加载界面过渡。

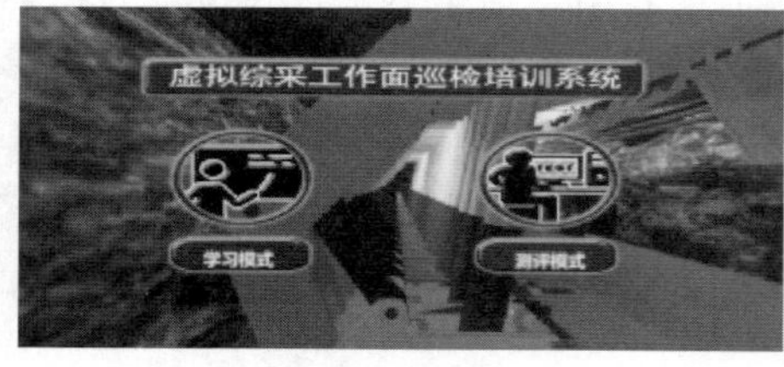

(a) PC版一级界面

(b) VR版一级界面

图 8-13　一级界面优化对比图

(a) PC版二级界面

(b) VR版二级界面

图 8-14　二级界面优化对比图

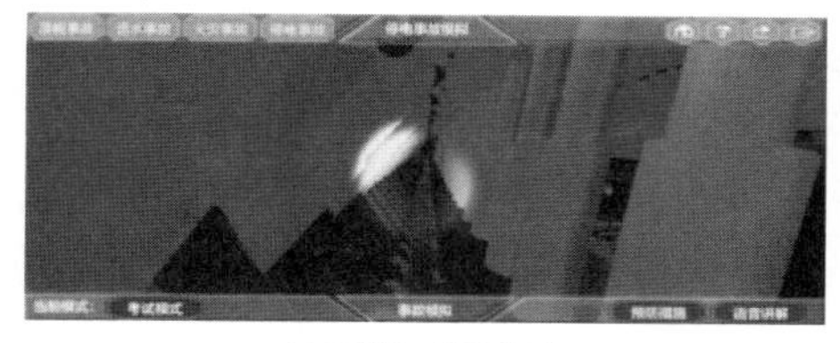

(a) PC版三级界面

(b) VR版三级界面

图 8-15 三级界面优化对比图

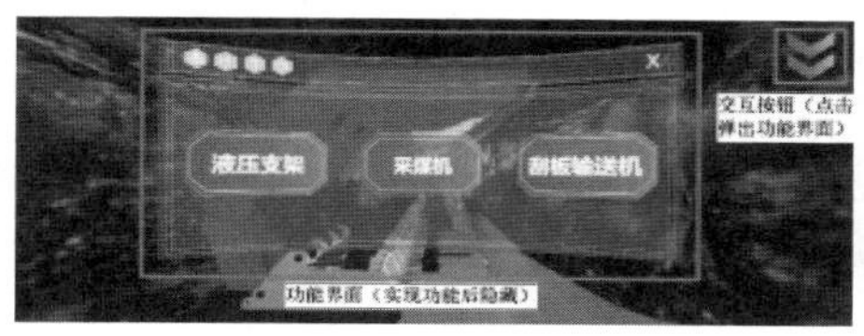

(a) 交互界面显示状态

(b) 交互界面隐藏状态

图 8-16 VR 界面功能设计

8.2.2.2 基于 HTC Vive 设备的人机交互设计

本节首先研究了 HTC Vive 设备与 Unity-3D 平台的对接技术，在完成设备对接后，利用人机交互技术对系统交互方式进行优化设计。人机交互（简称 HCI）研究系统与用户之间的交互关系，其主要目的是通过对系统的优化改进更好地满足人的需求。本课题组研究的虚拟综采工作面巡检培训系统，旨在让学员在安全环境中了解综采环境、设备工作原理和事故预兆等知识，按照人机交互中“以用户为中心”这一设计原则，学员应能够自主漫游场景并实现相应操作，以达到上述学习目标。故本节结合 HTC Vive 设备，对虚拟场景中人物的场景漫游技术和手柄交互技术进行研究，最终完成基于 HTC Vive 设备的人机交互设计，实现对本系统交互方式的优化。设计流程图如图 8-17 所示。

（1）设备对接技术

本实验选用课题组虚拟实验室 HTC Vive Pro 专业版为实验设备。HTC Vive Pro 专业版基础套装包括：头戴式设备、Vive Pro 串流盒、Vive 定位器 2 个和操控手柄 2 个。HTC Vive 可提供沉浸式虚拟现实体验，在课题实验中能够与基于 Unity-3D 搭建的虚拟综采工作面对接，实现虚拟场景漫游功能；同时，利用 HTC Vive 官方提供的插件可实现人机交互，通过手柄操作完成基础交互功能。

本系统采用 Unity-3D 开发平台，将 HTC Vive 设备与 Unity-3D 对接需从

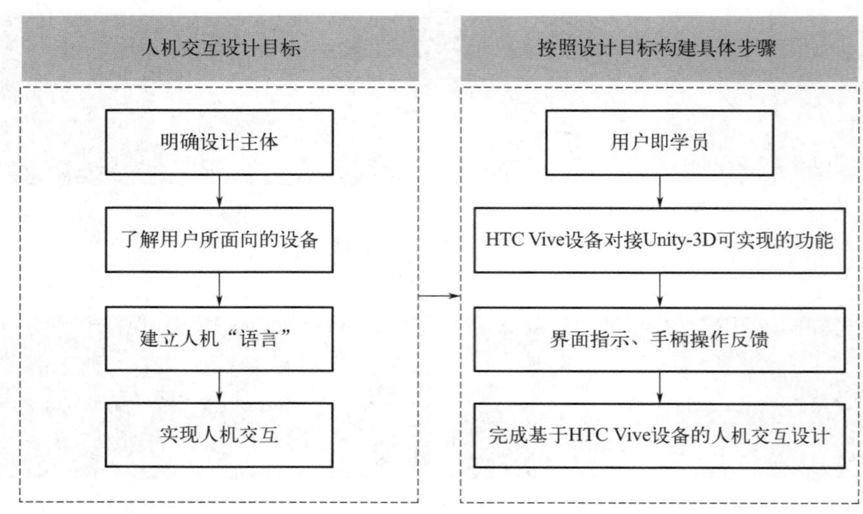

图 8-17　基于 HTC Vive 设备的人机交互设计流程图

以下两方面完成设置：

① 设备安装。在使用设备前要完成基础设置，首先确保有足够的房间空间，选择好区域；其次安装定位器，将 Vive Pro 串流盒与头戴式设备和电脑设备连接；最后在 SteamVR 应用程序中按照提示说明完成设置。

② 资源导入。在 Unity Store 中下载 SteamVR Plugin 和 Vive Input Utility 两个插件，在 Unity 开发场景资源中导入以上两个插件；删除场景中的原摄像机，新建一个空的游戏对象，可以改名叫做 VR，将 CameraRig 以及 Vive-Pointers 拖入场景作为其子对象，即可完成资源导入。

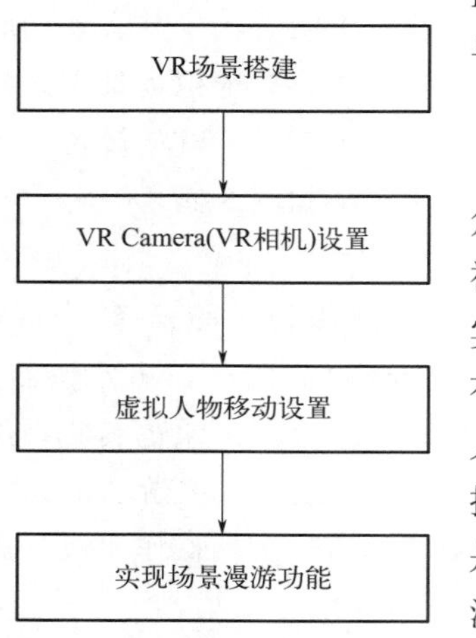

图 8-18　场景漫游实现流程图

（2）场景漫游技术

VR 场景和传统电脑端 3D 场景，在人物视角范围和移动方式上都有区别。VR 场景中人物视角可以随人物转动而 360°转动，且可以通过真实人物移动改变位置；传统电脑端 3D 场景视角有一定限制，通常不能直接看到身后，需要控制人物转向，在移动方式上采用键盘或者鼠标点击控制。针对 VR 场景特点，本系统场景漫游主要是指第一人称沉浸式漫游。场景漫游功能的实现流程如图 8-18 所示。

第一步：搭建 VR 场景。VR 场景搭建主要指一级界面、二级界面和答题界面三部分的场景搭建，其余场景均在虚拟综采工作面场景中设置。将现有场景相机模式由 Screen Space-Overlay 设置为 World Space 时，头戴显示器渲染环境为默认 Skybox（天空盒），此时需为界面搭建一个新的环境以增加用户体验感。VR 场景可以通过导入模型进行渲染或设置 Skybox 等方式创建，搭建方式多样且灵活。本系统针对仅需界面操作的场景采用 Sphere 环境球构建，以提高渲染效率，降低场景运行负担；对需要人物漫游且有操作功能的场景采用模型导入的方法构建。本节主要针对通过 Sphere 环境球构建 VR 场景展开说明，对于模型导入搭建虚拟场景方法本小节不再赘述。首先在场景内添加一个 Sphere，设置合适大小将 Canvas 包裹即可；其次将导入图片资源 Texture Shape 设为 Cube；最后创建新的材质球，将 Shader 模式设为 Skybox-Cubemap 并拖入设置好的图片资源，Render Queue 设为 Transparent 赋给 Sphere 即可完成 VR 场景搭建。Sphere 设置参数如图 8-19 所示。

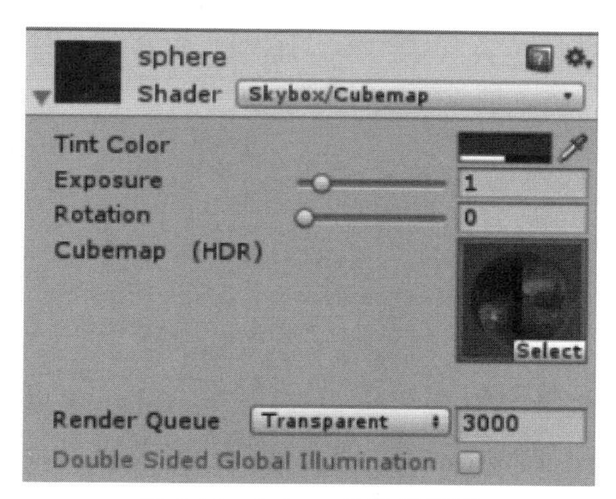

图 8-19 Sphere 设置面板图

第二步：VR 相机设置。VR 相机用来模拟虚拟场景中人物的视角，设置方法有两种。方法一：在事先导入的资源包 SteamVR Plugin 中找到 SteamVR-Prefabs-［CameraRig］拖入场景，删除场景内原有 Camera，为预制体 VR 相机添加 Steam VR_Play Area 脚本，设置虚拟人物可活动范围，运行场景，学员即可在范围内自由移动。方法二：为场景内已有相机添加 Steam VR_Camera 脚本，首先，点击 Expand 给相机添加两个控制器，在相机上添加一个空物体 LeftController，再添加一个子物体 Model，给 LeftController 添加获取位置脚本 TrackedObject，设置 Index 为 None，再复制 LeftController 更名为 Right-Controller，即可完成两个控制器的设置；其次，在 Camera 上添加脚本 Controller Manger，将两个控制器拖进去；最后，为 Camera 添加 Steam VR_Play Area 脚本，设置可活动区域，如图 8-20 所示。综上，方法一可以快速完成 VR 相机的设置，若要修改已经挂载很多脚本的相机，使用方法一则需要再为预制体相机添加脚本，方法二即可解决这一问题。在本系统中，对于已挂载功能的相机，使用方法二实现人物的场景漫游功能；对于只具备显示功能的相机则采用方法一。

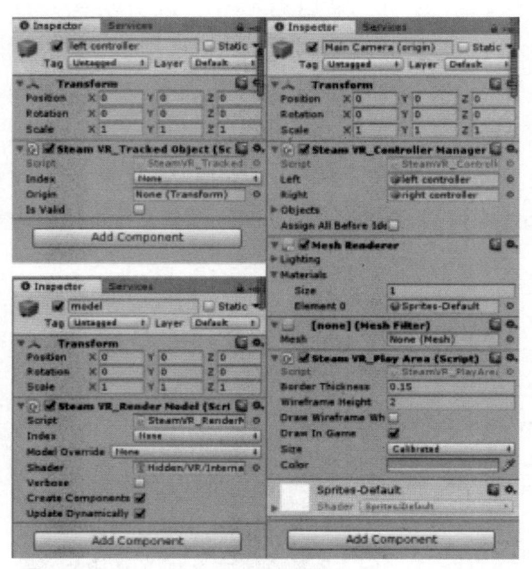

图 8-20　从原相机修改 VR 相机设置面板组

第三步：虚拟人物移动设置。为［CameraRig］相机添加 Steam VR _ Play Area 可以设定人物移动区域，在此范围内人物可以自由移动。由于实际场地有限，一般情况下不能满足 VR 内场景大小，为解决人物移动受限于场地问题，需要在场景内设置传送功能。传送功能的实现方式有两种：其一是为要传送的物体添加资源包内 Teleportable 脚本，设置 VivePointers-EventRaycaster，选择 Raycast Mode 为 Projectile，在 EventRaycaster 里添加 Projectile Generator 脚本即可；其二是导入 VRTK 资源包，将设置好的相机作为添加有 VRTK _ SDK Manager 脚本的子物体，为 LeftController/RightController 添加 VRTK _ Controller Events、VRTK _ Pointer 和 VRTK _ Straight Pointer Renderer 脚本，创建空物体添加 VRTK _ Basic Teleport 脚本，设置完成后即可实现基础传送功能。本系统使用 VRTK 插件即方法二实现场景内传送效果，如图 8-21 所示。

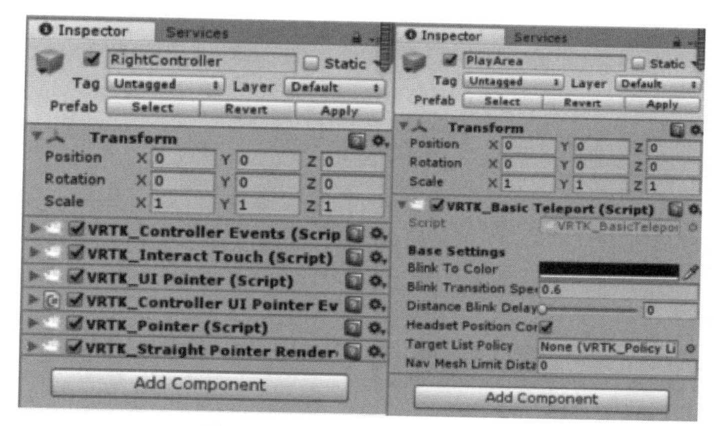

图 8-21　传送效果实现设置图

（3）手柄交互技术

操作手柄作为 HTC Vive 设备的重要组成部分，主要包括 Menu Button（主菜单按钮）、Trackpad（触摸板）、System Button（系统键）、Trigger（扳机键）和 Grip Button（拾取键），如图 8-22 所示。本系统主要对 Trackpad（触摸板）和 Trigger（扳机键）进行开发。通过触摸板发射射线，确定手柄射线是否被 Button 接收，扳机键点击确定操作，以此实现手柄交互。

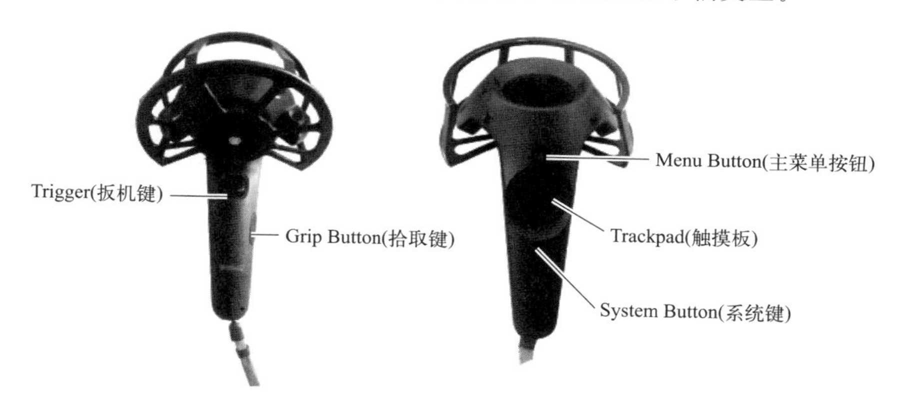

图 8-22　HTC Vive 手柄按键功能介绍图

在实现场景漫游功能的基础上，即可对原有人机交互功能进行优化设计。本系统优化以 HTC Vive 设备为载体，该设备主要通过手柄实现人机交互，通过为需要点击的 Button 添加 Trigger_Control 脚本可将原有鼠标点击功能变为手柄点击功能，在此基础上即可完成基于 HTC Vive 设备的操作方式优化设计。首先将原有相机［CameraRig］设为添加有 VRTK_SDK Setup 脚本的子物体，并将 SDK Selection 设为 SteamVR；其次将已经设置好的相机作为添加有 VRTK_SDK_Manager 脚本的子物体，并完成 LeftController/RightController 设置；最后将已设置好的 Controller 拖入 VRTK_SDK_Manager-Script Aliases 中即可完成手柄设置。手柄点击效果如图 8-23 所示。

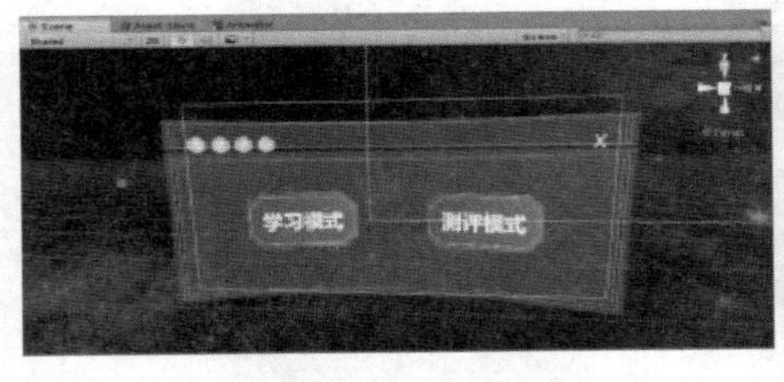

(a) 手柄点击无效效果图

(b) 手柄点击有效效果图

图 8-23　手柄点击效果图

本系统利用手柄交互优化并实现了以下系统功能：

① 点击反馈功能。点击反馈主要是指手柄点击按钮，通过按钮状态判断是否产生交互，从而进行信息反馈。较鼠标点击而言，手柄点击交互感更强，能够丰富学员的学习形式。

② 信息提示功能。信息提示功能能够为学员展示三机设备、帮助按钮和事故预兆提示等信息，优化信息提示功能能够让学员在沉浸环境中更好地理解学习内容。

③ 语音讲解功能。头戴式显示器具有更强沉浸性的同时，也有容易眩晕等缺点，语音讲解可以减少学员的阅读负担，实现沉浸式教学。

④ 三机设备动画展示。为提升学员学习效果，将综采三机设备工作状态作为动画，以动画展示为主，文字和语音提示功能为辅，更加全面地向学员介绍综采工作面设备。

⑤ 控制人物移动。此部分将原有鼠标键盘控制人物移动方式优化为手柄射线控制移动，手柄移动更为快捷，可直接传送到指定目标地点，增加学员学习趣味性。

8.2.2.3　系统优化结果分析

(1) 系统优化对比

虚拟综采工作面巡检培训系统的搭建旨在为学员带来更好的培训效果，VR 开发需要反复测试实验效果，PC 端则可在计算机平台上多次测试，方便开发者调试，也不需限制必须有头戴显示器，因此本系统将 PC 端作为开发基础。在调试好基本功能以后，在此基础上开发 VR 端更省时省力，只需更改界面和交互方式即可实现多设备使用，不用重新搭建场景和设置功能。VR 版在 PC 版基础上从两方面进行了改进优化。

① 界面优化对比。通过对比 PC 版和 VR 版界面，从图标设计、色彩搭配和界面布局三方面进行比较，如表 8-1 所示。本系统 PC 版的界面设计，为使学员易于了解图标的功能，将图标设计为通俗易懂型，如提示帮助功能直接使用问号形状作为图标，便于学员理解；同时在色彩搭配上突出文字对比，使学员阅读文字时更加清晰，减少学员阅读负担；在学员学习时避免人物视角被界面遮挡，因此将功能按钮放置于界面上下两端。因显示设备不同，学员在使用 VR 版界面时，视觉距离为事先设定好的，因此图标要清晰简洁，便于学员察觉识别；色彩对比不可太强烈，避免对学员视觉造成冲击，影响学习效果；将功能按钮放置于界面中部，方便学员直接点击交互。以巡检培训场景为例，PC 版和 VR 版界面效果图分别如图 8-24 和图 8-25 所示。

表 8-1　PC 版、VR 版界面优化对比表

版本类型	图标设计	色彩搭配	界面布局
PC 版	侧重识别性、独特性和通用性	配色统一、对比鲜明（主要指文字与背景配色）	功能区域位于界面上下部；弹框内容位于界面中部
VR 版	侧重简洁性、注目性和交互性	主次分明、对比柔和（主要指文字与背景配色）	功能区域位于界面中部；指示部分位于界面上下部

图 8-24　PC 版巡检培训场景界面

② 功能优化对比。通过对比 PC 版和 VR 版界面，从人物的漫游方式、移动方式和人机交互方式三方面进行比较，如表 8-2 所示。本系统 PC 版能够通过第一人称漫游实现巡检培训中案例展示和练习功能，通过指定视角可实现对三机设备基础知识的学习功能，利用鼠标键盘操作即可实现界面指示功能。VR 版通过第一人称漫游实现学员沉浸式学习功能，利用手柄交互实现传送

功能。

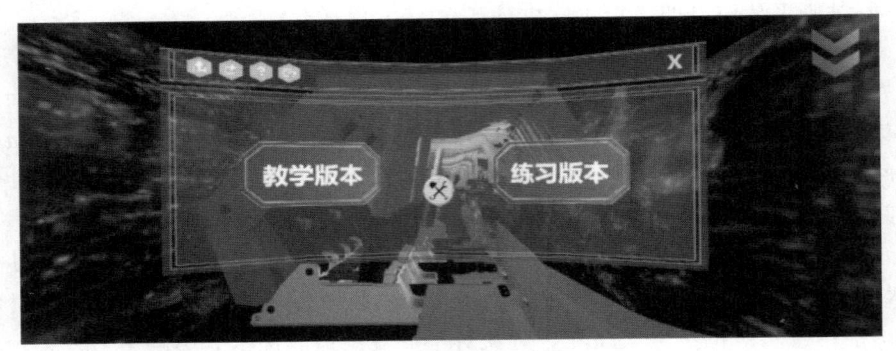

图 8-25 VR 版巡检培训场景界面

表 8-2 PC 版、VR 版功能优化对比表

版本类型	漫游方式	移动方式	人机交互方式
PC 版	第一人称和指定视角漫游（鼠标控制）	键盘操作	鼠标点击
VR 版	第一人称视角漫游（用户头部转动控制）	跟随用户运动和传送移动	手柄交互

（2）结果分析

通过上述对比分析 PC 版和 VR 版在界面和功能两方面的侧重点，总结二者在用户体验上的优缺点，如表 8-3 所示。从视觉感受上来说，PC 版漫游方式更灵活，VR 版长时间佩戴可能会造成视觉疲劳和眩晕感，但 VR 版更具沉浸性，让学员更加真实地体验虚拟综采工作面巡检培训环境，加深学员印象，增强学习效果。从操作方式上来说，PC 版操作方式简单，便于学员接受，通过鼠标键盘实现预设功能即可实现学习目标，VR 版需要学员去了解手柄按键对接功能，才可以完成学习目标，但 VR 版在学习中更具趣味性，能够调动学员的积极性，将被动学习变为主动学习，更容易提升学员的学习效果。

表 8-3 PC 版、VR 版用户体验优缺点对比分析表

用户体验优缺点分析		PC 版	VR 版
视觉感受	优点	灵活性高	沉浸性强
	缺点	学习记忆不深刻	易导致眩晕感
操作方式	优点	简单易上手	趣味性高
	缺点	交互方式单一	需了解按键功能

本节基于 HTC Vive 设备在 PC 端基础版本上对界面和交互方式作出优

化，通过对比分析 PC 版和 VR 版在界面和交互方式上的差异，总结得出两个版本在用户体验上的优缺点。

8.3 基于 Kinect 的机械产品人机交互技术

8.3.1 基于 Kinect 体感交互的机械产品虚拟操纵技术

8.3.1.1 虚实融合操纵整体框架

在完成了多种类型的综采设备虚拟操纵场景构建及虚拟矿工模型构建后，为进一步实现虚拟现实融合，实现在虚拟场景内虚拟矿工动作随真人动作同步进行的目的，本节将从 Azure Kinect 的人体追踪 SDK 中机器人的骨骼关节、骨骼的绑定技术、骨骼数据的采集与存储等几个方面详细介绍其实现过程。下面是虚实融合操纵关键技术框架，如图 8-26 所示。

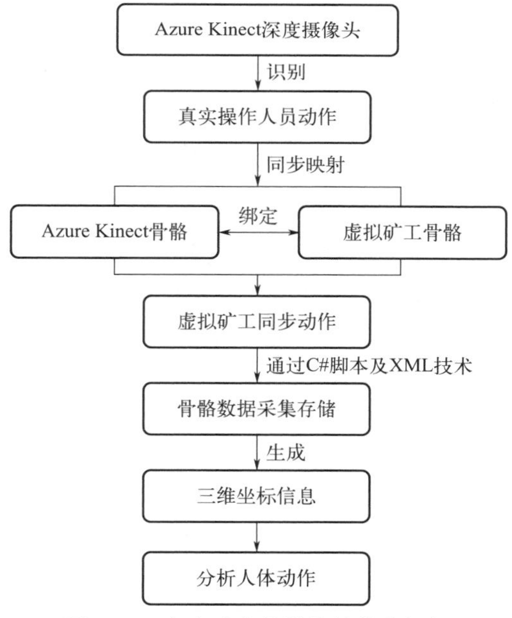

图 8-26 虚实融合操纵关键技术框架

8.3.1.2 机器人中间件人体跟踪技术

机器人中间件是 Unity-3D 与 Azure Kinect 连接并实现于 Unity-3D 引擎中显示人体跟踪的关键技术。

Azure Kinect DK 开发环境由用于访问设备的传感器 SDK、用于实现 3D 人体跟踪功能的 SDK 和基于启用话筒功能和 Azure 云的语音服务的 SDK 组成。图 8-27 为 Azure Kinect 的开发环境组成图，其中框出的为本章主要用到的身体追踪 SDK（Body Tracking SDK），为了实现 Azure Kinect 设备的人体跟踪功能，PC 端需下载 Body Tracking SDK。

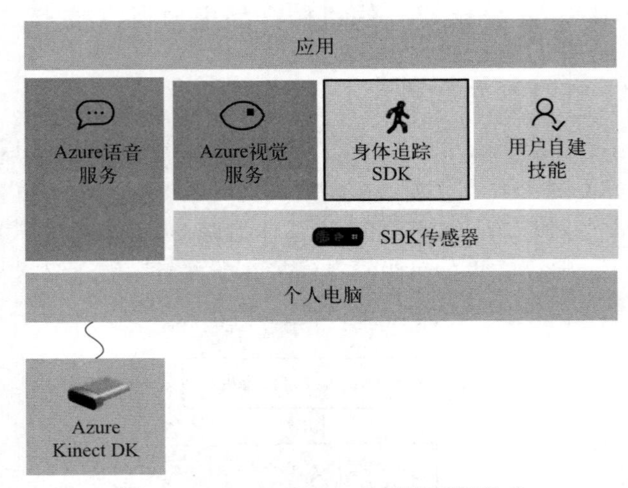

图 8-27　Azure Kinect 的开发环境组成

在 Kinect 的发展史上，其“家族成员”Kinect V2 已经实现了人体追踪的功能，但新的 Azure Kinect 对于人体识别的精度更高，这是由于它是在深度学习的基础上来进行人体跟踪。身体跟踪 SDK 提供用户图像分割功能，能够观察并估计人体的 3D 骨骼关节和关键点的位姿，以此提供每个人体的唯一标识，从而实现对动作的准确追踪。此外，Azure Kinect 这个新一代的设备还可以识别出身体的正、背面。

身体跟踪 SDK 可以实现 Azure Kinect 3D 追踪正在移动或处于固定位置的人体。图 8-28 为 Azure Kinect 身体跟踪识别 SDK 效果。

Azure Kinect 是通过深度摄像头实现人体跟踪的，其中由于深度摄像头在控制访问时有宽或窄两种 FOV 视野，所以在实际空间内获取的数据更为精准。图 8-29 为 Azure Kinect 深度摄像头识别效果。

由于本章是在 Unity-3D 引擎上完成矿井虚拟环境的搭建，因此 Azure Kinect 的人体追踪功能同样需要在 Unity-3D 中实现，这里需要用到中间件（Middle Ware）。本章选择了微软开发的名为 sample_unity_bodytracking 的中间件项目实现平台的人体识别与追踪，此中间件可在官方平台下载使用。

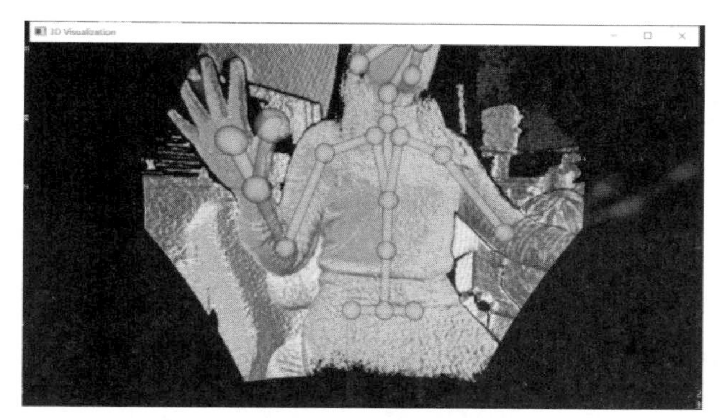

图 8-28　Azure Kinect 身体跟踪识别 SDK

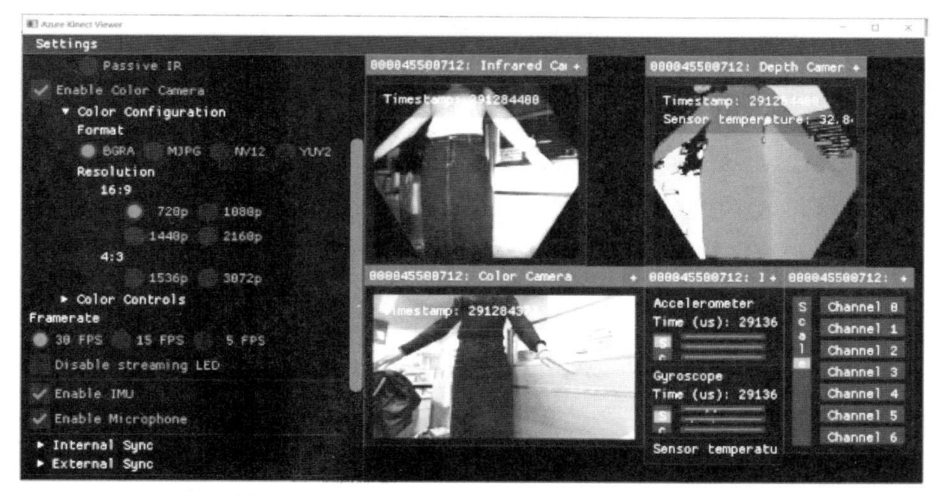

图 8-29　Azure Kinect 深度摄像头识别效果图

使用时需首先获取库的最新 NuGet 包：在 Unity-3D 中打开 sample_unity_bodytracking 项目，确保 Unity-3D 编辑器指定的 IDE 为 Visual Studio，在编辑器环境下，使用 Visual Studio 打开项目，选择 Tools→NuGet Package Manager→Package Manager Console。

接下来在控制台的命令行中键入 Update-Package-Reinstall，将最新的库放在 sample_unity_bodytracking 下的 Packages 文件夹中。然后打开 Unity-3D 工程文件根目录，双击执行 MoveLibraryFile.bat，该步骤会将相关库添加到工程 Plugins 目录下。完成上述操作后便可在 Unity-3D 平台开始运行。

运行时需首先将 Azure Kinect 连接到电脑及电源，打开 Unity-3D 项目，在 Scenes 下选择“Kinect4AzureSampleScene”，点击“Play”按钮启动，此

时 Unity-3D 界面中将会显示出带有骨骼点的机器人或红色圆柱机器人，两种显示可自由切换，如图 8-30 所示。其中本章用到的 Unity-3D 版本为 2019.4.13f1c1。

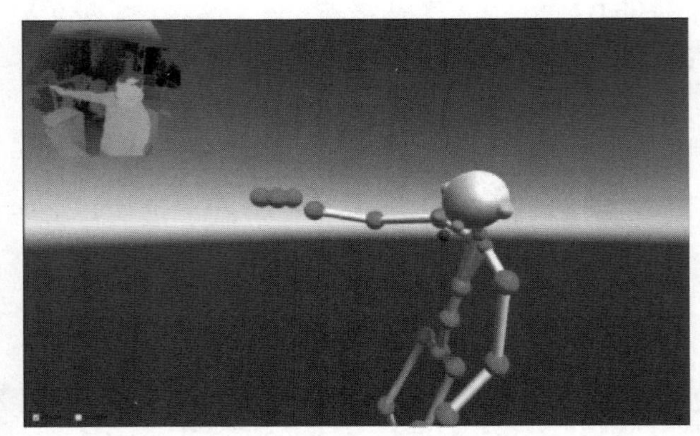

图 8-30 Azure Kinect 中间件机器人

sample _ unity _ bodytracking 包含了 Azure Kinect 和 Unity-3D 联合开发所必需的脚本等。项目中主要包含的资源如表 8-4 所示。

表 8-4 联合开发资源

资源	功能
Dynamics Manager Asset	动态管理
Editor Build Settings Asset	编辑器构建设置
Blank Animator Controller	机器人的样本场景
Skeleton Position	骨骼位置获取
Kinect4Azure Tracker Prefab	追踪的所有预制内容
Tracker Handler	跟踪器处理程序

使用合适的中间件可以灵活高效地为应用软件提供运行和开发的环境，帮助便利地完成 Azure Kinect 和 Unity-3D 联合开发的功能，对于系统搭建具有重要的辅助意义。

8.3.1.3 关节分析技术

骨骼追踪技术是通过 Azure Kinect 设备获得其视野范围内人体关节点的三维坐标位置的技术，它不同于传统摄像头，它是基于人体深度信息来定位人体关节的追踪技术。

Azure Kinect 人体跟踪的骨架由 32 个关节组成。关节层次结构按照从人体中心向四肢的流向分布，每个骨骼都是由父关节连接到子关节。图 8-31 展示了关节的位置及连接层级。

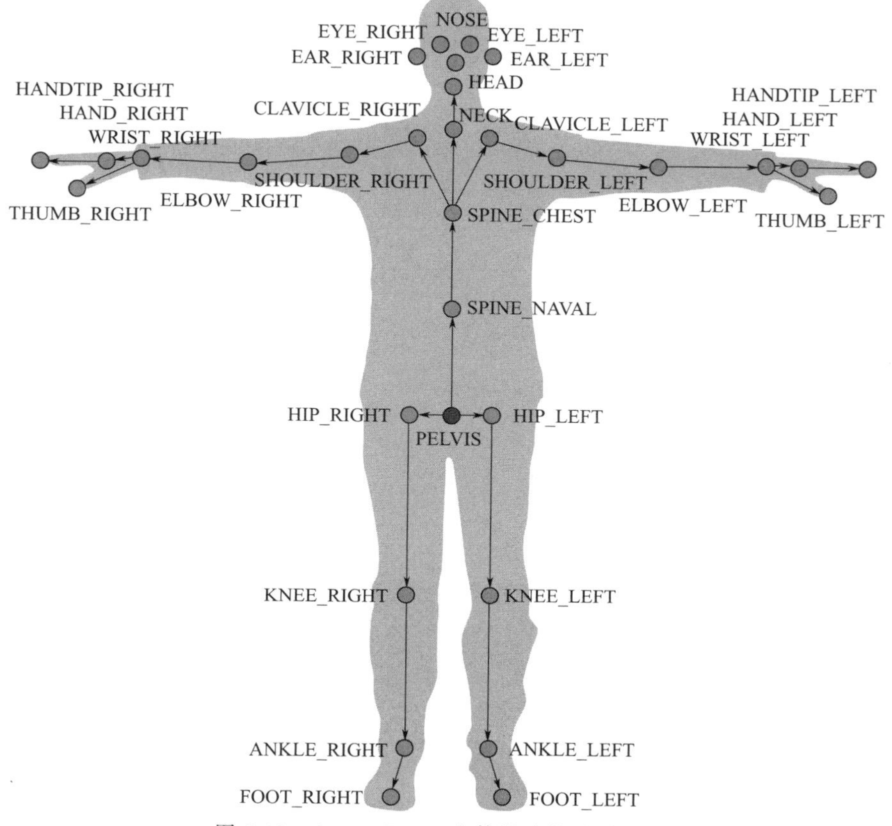

图 8-31 Azure Kinect 人体跟踪骨骼关节点

在前面介绍的连接 Azure Kinect 与 Unity-3D 的中间件中，基于 Kinect4AzureSampleScene 的机器人的骨骼控制也以 PELVIS 等 32 个关节进行，表 8-5 展示了关节的编号与命名。这 32 个关节涵盖了人体活动的主要组成部位。

表 8-5 32 个关节的名称及父子关系

编号	名称		
	英文	中文	父关节
0	PELVIS	骨盆	—
1	SPINE_NAVAL	腰椎	PELVIS
2	SPINE_CHEST	胸椎	SPINE_NAVAL
3	NECK	脖子	SPINE_CHEST
4	CLAVICLE_LEFT	左锁骨	SPINE_CHEST

续表

编号	名称		
	英文	中文	父关节
5	SHOULDER_LEFT	左肩膀	CLAVICLE_LEFT
6	ELBOW_LEFT	左肘	SHOULDER_LEFT
7	WRIST_LEFT	左腕	ELBOW_LEFT
8	HAND_LEFT	左手	WRIST_LEFT
9	HANDTIP_LEFT	左手指尖	HAND_LEFT
10	THUMB_LEFT	左手拇指	WRIST_LEFT
11	CLAVICLE_RIGHT	右锁骨	SPINE_CHEST
12	SHOULDER_RIGHT	右肩膀	CLAVICLE_RIGHT
13	ELBOW_RIGHT	右肘	SHOULDER_RIGHT
14	WRIST_RIGHT	右腕	ELBOW_RIGHT
15	HAND_RIGHT	右手	WRIST_RIGHT
16	HANDTIP_RIGHT	右手指尖	HAND_RIGHT
17	THUMB_RIGHT	右手拇指	WRIST_RIGHT
18	HIP_LEFT	左髋部	PELVIS
19	KNEE_LEFT	左膝	HIP_LEFT
20	ANKLE_LEFT	左脚踝	KNEE_LEFT
21	FOOT_LEFT	左脚	ANKLE_LEFT
22	HIP_RIGHT	右髋部	PELVIS
23	KNEE_RIGHT	右膝	HIP_RIGHT
24	ANKLE_RIGHT	右脚踝	KNEE_RIGHT
25	FOOT_RIGHT	右脚	ANKLE_RIGHT
26	HEAD	手	NECK
27	NOSE	鼻	HEAD
28	EYE_LEFT	左眼	HEAD
29	EAR_LEFT	左耳	HEAD
30	EYE_RIGHT	右眼	HEAD
31	EAR_RIGHT	右耳	HEAD

8.3.1.4 三维虚拟矿工模型与机器人绑定关键技术

上文分别介绍了三维虚拟矿工模型的建立蒙皮与 Azure Kinect 设备识别到的人体骨骼。本节将虚拟矿工模型导入 Unity-3D 中，通过骨骼对应的方式建立与机器人的连接，通过C＃将机器人的骨骼动态与虚拟矿工进行绑定，进而完善虚拟操纵场景。

（1）关节位置对应匹配

要想实现虚拟矿工与设备机器人关节位置匹配，需要用C＃脚本获取，如图8-32所示为所使用的代码。因骨骼关节较多，这里只展示部分代码，剩余部分以同样的方式依次继续为三维虚拟矿工及机器人关节命名。

```
public class NewBehaviourScript：MonoBehaviour
{
  //矿工模型
  public Transform Pelvis；
  public Transform Spine；
  public Transform Spine1；
  ……
  //机器人
  public Transform pelvis；
  public Transform spineNaval；
  public Transform spineChest；
  ……
```

图8-32 关节命名方式

将关节分别命名后，接下来继续通过C＃脚本对其进行匹配位置。这里的transform可以替换为GameObject，其关节在Unity-3D中属于游戏物体，因此使用两种方式编辑脚本实现的效果一致。代码内容如图8-33所示。完成关节位置的对应转换可以实现虚拟矿工的关节点随机器人做动作时移动。

```
void Update()
  {
      pelvis.transform.position = Pelvis.transform.position；
      spineNaval.transform.position = Spine.transform.position；
      spineChest.transform.position = Spine1.transform.position；
      ……
      eyeRight.transform.position = Eye_R.transform.position；
  }
}
```

图8-33 关节位置匹配

（2）关节角度对应匹配

前面实现了关节的位置匹配，但由于人在产生动作时处于三维空间，关节运动状态不只是单一平移，还有旋转及角度的配合，如果仅仅对位置做出转换，矿工在运动时会出现姿态扭曲变形。

在已经为虚拟矿工模型及机器人关节命名的基础上，继续完成其关节角度的对应匹配，代码内容如图 8-34 所示。

```
{
        pelvis.transform.rotation = Pelvis.transform.rotation;
        spineNaval.transform.rotation = Spine.transform.rotation;
        spineChest.transform.rotation = Spine1.transform.rotation;
        ......
        eyeRight.transform.rotation = Eye_R.transform.rotation;
}
```

图 8-34　关节角度匹配

（3）实现动作同步

将代码挂在虚拟矿工模型上，会出现赋值匹配列表，依次将骨骼关节名称进行拖动匹配对应，实现关节与关节之间的绑定。骨骼关节的匹配列表如图 8-35 所示。图 8-35 中，左列为虚拟矿工关节名称，右列为中间件机器人关

图 8-35　Unity-3D 界面关节对应匹配

节名称，完成关节的一一对应后，虚拟矿工模型与机器人之间的骨骼匹配结束。

将虚拟设备连接并启动运行后，完成骨骼绑定的虚拟矿工模型关节随中间件中的机器人关节同步动作，虚拟矿工实现与设备采集到的真人动作同步。

8.3.1.5 数据获取与存取关键技术

在设备连接后，Unity-3D中的机器人动作为真人动作的虚拟表现，为达到数据的准确性，提取数据时将直接提取机器人的关节点，避免了三维矿工模型在绑定时的误差和局限性。

本节数据获取的办法是采用C＃脚本控制采集的关节点，采集到的数据将自动集成为.xml文件，再通过数据整理与选取，将点放于三维坐标系中，生成三维坐标模型，以供后文研究使用。

（1）关键点标记方法

完成数据采集首先要在C＃脚本中规定数据储存的路径，进而描述数据存储的数组，并对要提取的关节点进行定义，其中在Unity-3D中的关节都为游戏物体（GameObject），如图8-36所示。这样就完成了要提取的关键数据点的标记。

```
public class DataCollect：MonoBehaviour
{
    private string path;
    private Vector3[] data;
    GameObject leftShoulder;
    GameObject leftElbow;
……
```

图8-36 关键数据点标记

（2）C＃数据提取方法

对要提取的点进行标记后，接下来需要完成为路径变量指定具体的路径，并对存储的数据进行初始化，规定数组的长度，能采集到的关节点有32个，这里可以根据具体研究的内容规定采集关节点的内容。本节研究设备的操纵，实际状态以站姿、蹲姿等为主，因此在采集关节点时规定采集内容为肩、肘、膝等17个躯干关节点，省略眼、耳等其余关节点。根据规定的关节点，将已提取的关节物体与游戏物体绑定。具体脚本如图8-37所示。

接下来采集物体的位置，将其储存到数组里，采集方式如图8-38所示。

然后将数组里的数据存储到函数中，设备每采集到人的一个动作，对应到

```
void Start()
{
    path = Application.dataPath + "/JointData.xml";
    data = new Vector3[17];
    leftShoulder = GameObject.Find("leftShoulder");
    leftElbow = GameObject.Find("leftElbow");
    ……
    head = GameObject.Find("head");
}
```

图 8-37　关节物体与游戏物体绑定脚本

```
void Update()
{
    data[0] = leftShoulder.transform.position;
    data[1] = leftElbow.transform.position;
    ……
    data[16] = head.transform.position;
    saveXML(data);
}
```

图 8-38　采集物体位置脚本

机器人中，在数据采集中视为一刀，数据采集则为刀号节点下存储节点信息。图 8-39 为函数具体实现脚本。

```
private void saveXML(Vector3[] jointdata)
{
    if (!File.Exists(path))
    {
        XmlDocument xmlDoc = new XmlDocument();
        XmlElement root = xmlDoc.CreateElement("ROOT");
        xmlDoc.AppendChild(root);
        XmlElement creat_position = xmlDoc.CreateElement("Joint");
        creat_position.SetAttribute("leftShoulder", jointdata[0].x.ToString()+","+ jointdata[0].
y.ToString()+","+ jointdata[0].z.ToString());
……
        root.AppendChild(creat_position);
        xmlDoc.Save(path);
    }
}
```

图 8-39　数据采集与存储函数脚本

关节数据存储为 XML 文件，每一个关节分别以 X、Y、Z 呈现其坐标点。其中 Y 轴为空间高度轴，X 轴和 Z 轴确定关节点的空间位置。关节点的单位为 m。数据采集的小数点为 3 位，可满足计算时换算单位后的数值精度要求。表 8-6 展示了采集到的动作关节三维坐标数据中随机的一组。

表 8-6 关节三维坐标点

名称	X	Y	Z
leftShoulder	−2.516	1.519	−0.355
leftElbow	−2.522	1.292	−0.448
leftWrist	−2.645	1.180	−0.567
leftHand	−2.713	1.141	−0.602
rightShoulder	−2.746	1.520	−0.199
rightElbow	−2.837	1.298	−0.131
rightWrist	−2.904	1.107	−0.180
rightHand	−2.873	1.085	−0.263
leftAnkle	−2.509	0.458	−0.317
leftHip	−2.556	1.119	−0.296
leftKnee	−2.561	0.781	−0.404
leftFoot	−2.552	0.333	−0.417
rightAnkle	−2.649	0.443	−0.186
rightHip	−2.685	1.120	−0.213
rightKnee	−2.722	0.771	−0.255
rightFoot	−2.716	0.337	−0.274
head	−2.627	1.667	−0.260

（3）骨骼关节相对坐标生成

提取的数据拖入 CloudCompare 中可以形成关节相对坐标，CloudCompare 是一个三维点云（网格）的编辑和处理软件，它直观地将不同点的三维坐标以全角度的方式呈现出来，也可以直接转换成点坐标的六视图。本节主要用到其点坐标呈现的功能。图 8-40 中的白色方块点为不同的关节点，通过坐标形成点与点之间的相对位置。

将点与点相连接，人体形态基本可见，可以清晰明了地看到被采集到的人

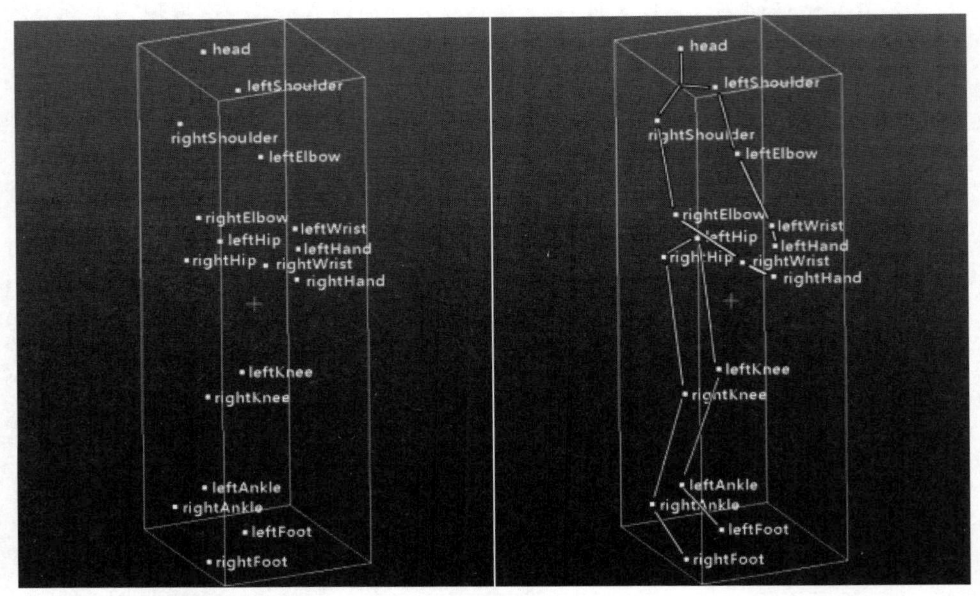

图 8-40　关节点相对坐标

的具体动作，包括但不限于手距地面的距离、膝盖的弯曲角度等。

本节主要介绍了综采设备基于体感交互的虚实融合的关键技术，包括三维虚拟矿工模型与机器人绑定的关键技术以及数据获取与存储的关键技术，同时本节将存储的数据通过三维坐标的方式生成点与点之间的相对位置，便于对人体操作时动作的研究，从而得到操纵系统的设计及改进数据依据。

8.3.2　基于 Kinect 体感交互的机械产品虚拟巡检技术

本节基于 Azure Kinect 传感设备的手势交互关键技术流程如图 8-41 所示。首先通过 Kinect 体感器捕获人体骨骼三维数据，然后设计系统交互手势集，建立手势数据库，再通过处理所获取的骨骼数据帧进行体态分析、提取手势特征，将特征数据用于手势的分类与识别，翻译为巡检操作的控制命令。

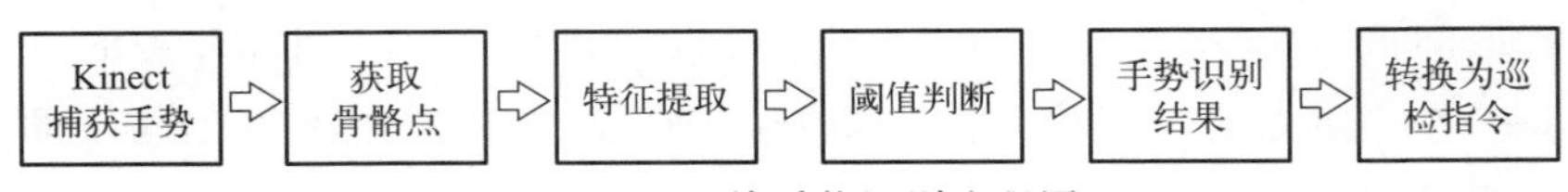

图 8-41　巡检手势识别流程图

前面已经介绍过 Azure Kinect 设备的功能原理以及人体骨骼点数据的获取方式，这里不再赘述，直接从手势采集开始介绍。

8.3.2.1 综采工作面巡检手势集设计

(1) 虚拟场景漫游手势集设计

虚拟远程干预需要巡检人员控制虚拟视角，在综采工作面进行第一人称漫游操作和虚拟液压支架控制操作。由于受Kinect的捕捉范围的限制，虚拟漫游并不能靠人的动作来同步驱动。因此，本系统采用了基于Kinect手势识别的场景漫游技术，很好地实现了虚拟视角的漫游与转向控制。虚拟视角实时追踪远程操作人员的手势动作，完成虚拟视角的前进、后退、向左靠、向右靠的功能。场景漫游技术首先捕捉人体骨骼数据，对产生的骨骼数据帧进行手势分析识别后，翻译成驱动场景漫游的指令。

手势是最基础和自然的交互方式，手势设计需符合操作者的行为习惯，从基础行为中衍生出来。只有符合了操作者实际生活中的使用习惯，才能够很快被操作者学会并应用。以虚拟场景漫游中靠右行的指令为例，靠右行并不是向右转弯，人们的习惯性方式是略抬小臂以示意，因此设计其手势为右臂向右侧抬起与身体呈45°。虚拟综采工作面漫游的完整控制手势如表8-7所示。

表8-7 虚拟综采工作面漫游手势设计

手势动作	系统指令
右臂向前抬平	向前走
左臂向左侧抬起与身体呈45°	靠左行
右臂向右侧抬起与身体呈45°	靠右行
左臂向左抬平	向左转
右臂向右抬平	向右转

(2) 综采设备操作控制手势集设计

现场巡检与虚拟远程干预还需要巡检人员操作控制液压支架、采煤机以排除设备故障，确保设备工作正常。本系统设计了基于UGUI用户操作界面的设备控制手势集，很好地实现了虚拟设备与物理样机的动作控制。设备巡检中，采煤机的主要动作有采煤机的移动、摇臂的旋转、调高油缸的伸长收缩与旋转、滚筒的旋转；液压支架的主要动作有护帮板的伸收、顶梁侧护板的伸收、立柱油缸的升降、平衡千斤顶的伸收、推移油缸的推溜、掩护梁侧推。液压支架控制台界面的部分手势命令如表8-8所示，图8-42为部分手势图示。

表 8-8 针对液压支架巡检的操作控制部分手势命令

系统指令		手势动作
单架旋转	顺时针 45°	小臂抬起伸于身体前侧自右向左挥动
	逆时针 45°	小臂抬起伸于身体前侧自左向右挥动
单架缩放	缩小	双手置于胸前，沿中心向两侧划动张开
	放大	双手置于胸前，沿两侧向中心划动合拢
护帮板动作		二级界面内，左臂于胸前向左或向右挥动至特定功能标签处握拳确认
顶梁侧护板动作		
立柱油缸动作		
平衡千斤顶动作		
推移油缸动作		
掩护梁侧推动作		

图 8-42 部分巡检手势

8.3.2.2 巡检手势数据库建立

构建手势数据库便于分析与管理每种手势动作的骨骼姿态。针对设计完毕的交互手势集，本节花费了大量时间以获取的 32 个关节点自建巡检手势的数据库，并使用该数据库中的数据集完成本节实验。图 8-43 为数据集内的部分手势指令模型。

此巡检手势数据库包含虚拟场景漫游手势与综采设备操作控制手势。一共

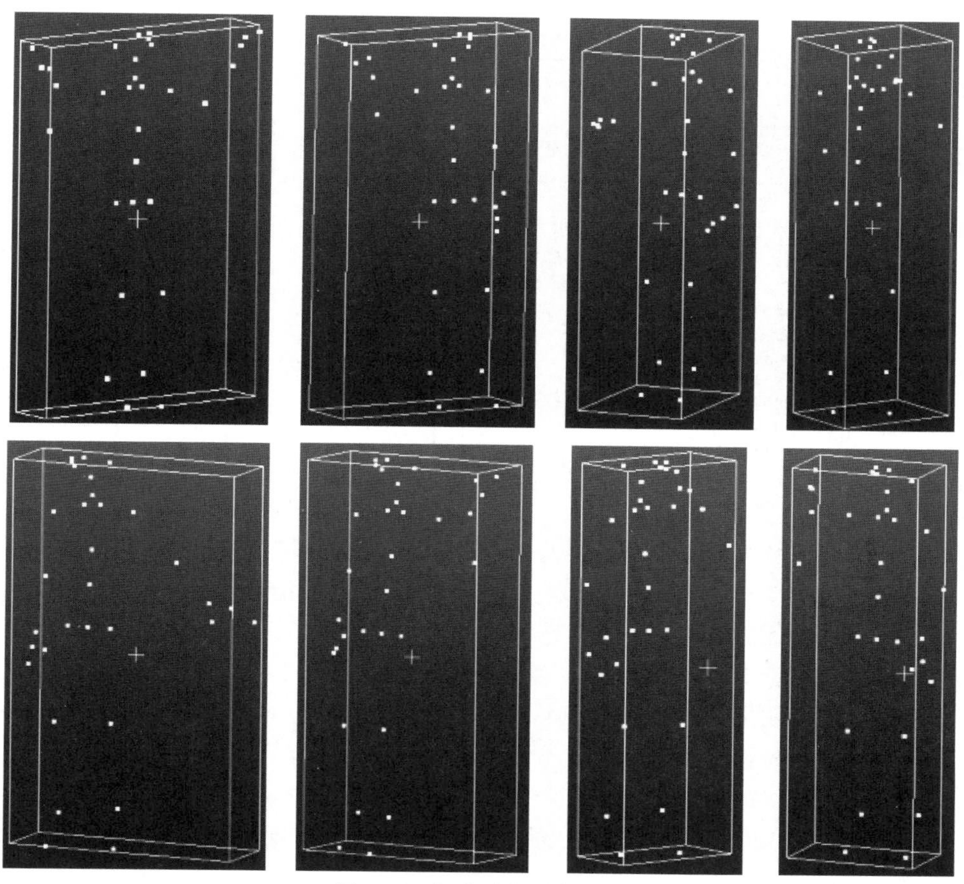

图 8-43 部分手势指令模型

有 10 名参与者，其中部分参与者为真实矿工，每个人对于每种手势采集 10 次，手势行为序列帧数为 25 帧。图 8-44 为采集的样本在数据库中的存储结构形式。

构建好的动作姿态库便于之后进行手势模板建立，计算出交互语义类别，触发虚拟系统的相应反馈。

8.3.2.3 手势交互动作特征提取

（1）特征提取原则

如何将骨骼数据进行特征提取是识别任务的关键步骤。

Azure Kinect 提供的骨骼数据是在骨骼坐标系下的三维点，能够描述当前人体处于骨骼坐标系下的位置，但是如果人或者 Kinect 的位置发生变化时，

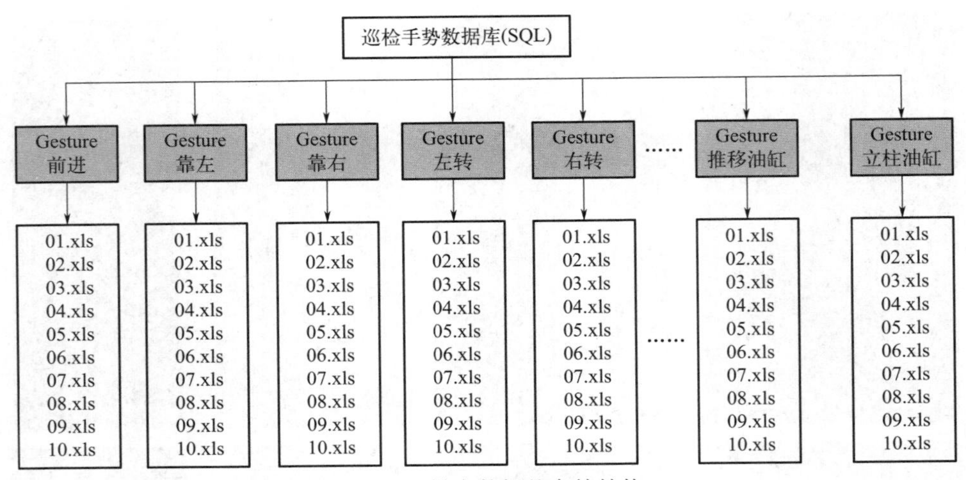

图 8-44　样本数据的存储结构

会导致坐标系及关节点数据发生变化。因此直接利用关节点数据无法建立一个能够描述一个动作的模型，必须将关节点数据转化成能够描述人体动作的特征。提取的特征需要满足要求：选取的行为特征必须满足平移不变性及缩放不变性，人相对于 Kinect 的位置发生变化时，提取的手势特征要能满足一定的不变性，不能发生偏移；同时，手势特征也不能受目标对象身高、体态差异的影响，在进行特征提取时应考虑不同人身高尺寸的差异。

各个关节点的位置定义了一个手势。更具体地来说，是某些关节点相对于其他关节点的位置定义了一个手势。由于 Kinect 的精度问题，即使通过一些平滑参数设置，从 Kinect 中获取的关节点数据要完全匹配也并不现实。因此，计算两个骨骼点的空间距离，并检验该距离是否在一个阈值内是较为合理的选择。角度原理也与之类似。

本节通过分析人体骨骼点信息，采用一种关键骨骼点间欧氏距离与角度值相结合的特征提取并以此特征集对巡检手势动作进行分类，方便之后的指令识别工作。

(2) 骨骼点相对距离系数计算

观察 Azure Kinect 传感设备所获取的人体骨骼点数据及骨架模型，发现对于某一动作，一些骨骼关节的变化并不会影响动作的生成，甚至没有发生角度和位移的变化。所以提取全部的骨骼数据特征用于识别除了维度过高而影响识别效果外，部分冗余特征也会产生影响，更无法实现实时识别。可见，这 32 个关节点对动作表达贡献度不同。其中，人体躯干部分的骨骼点数据较为稳定且定位较准确，其位移和角度变化不大。操作控制的交互动作主要依赖于上肢骨骼点的表达。舍弃头部、手部等对动作识别意义不大或距离相近产生干扰的骨骼点信息，最终选取 7 个动作幅度较大、运动轨迹较明显、对动作表征具有较大贡献度的骨骼点并编号处理。所选取的具体关键骨骼点及其编号对应关系如表 8-9。

表 8-9 较大贡献度骨骼点编号对应

编号	J_1	J_2	J_3	J_4	J_5	J_6	J_7	J_8
骨骼点名称	PELVIS	WRIST_LEFT	ELBOW_LEFT	SHOULDER_LEFT	WRIST_RIGHT	ELBOW_RIGHT	SHOULDER_RIGHT	NECK

对于任意两点 $J_i(x_i, y_i, z_i)$ 和 $J_j(x_j, y_j, z_j)$ 间的距离，可以通过式(8-1) 来计算：

$$d_{Ji\_Jj}=\sqrt{(x_i-x_j)^2+(y_i-y_j)^2+(z_i-z_j)^2} \tag{8-1}$$

取躯干部位的中心骨盆点 J_1（PELVIS）作为参考点，计算上肢骨骼点到骨盆点的立体空间内欧氏距离，即距离特征。d_{J1_J2} 表示左手腕点 J_2（WRIST _ LEFT）到骨盆点 J_1（PELVIS）的距离特征；d_{J1_J3} 表示左肘部点 J_3（ELBOW _ LEFT）到骨盆点 J_1（PELVIS）的距离特征；以此类推，提取 d_{J1_J2}，d_{J1_J3}，…，d_{J1_J7} 六个相对骨骼点 J_1（PELVIS）的距离特征。另有个别巡检手势动作需双手配合完成，仅靠单一的相对 J_1 的距离特征不足以描述左右手骨骼点间的相对距离变化情况，增加提取左手腕点与右手腕点之间的空间欧氏距离 d_{J2_J5}。

骨骼模型随着人体尺寸差异以及人相对摄像头的距离变化而变化，为降低这种差异的影响，取能够表示人体身高的脖子骨骼点（NECK）到骨盆点（PELVIS）的空间欧氏距离 d 对特征进行归一化处理，将前面得到的相对距离特征除以 d 得到归一化距离特征：

$$D_{Ji\_Jj}=\frac{d_{Ji\_Jj}}{d} \tag{8-2}$$

不同的巡检手势，其骨骼点的相对位置关系不同，对应的归一化距离特征的数值也就不同。在后续的手势识别中，不同的巡检手势由不同的距离特征组合共同表征。

以液压支架升柱手势某一帧为例，为方便计算且在对精度影响甚微的情况下，将获取的骨骼数据小数点后保留两位，其较大贡献度骨骼点的三维坐标数据如表 8-10。

表 8-10 液压支架升柱手势的主要骨骼点坐标

	J_1	J_2	J_3	J_4	J_5	J_6	J_7	J_8
X	−15.82	382.85	356.42	154.37	−201.83	−234.59	−152.30	−67.82
Y	90.02	−411.15	−209.97	−354.05	50.74	−125.11	−356.33	−405.32
Z	1157.97	1116.62	1197.95	1277.06	1163.29	1293.71	1192.76	1222.33

根据式(8-1)、式(8-2) 计算 d_{J1_J2}、D_{J1_J2} 如下：

$$d_{J1\_J2}=\sqrt{(15.82+382.85)^2+(90.02+411.15)^2+(1157.97-1116.62)^2}$$
$$=641.7312$$

$$d=\sqrt{(67.82-15.82)^2+(90.02+405.32)^2+(1157.97-1222.33)^2}$$
$$=502.2031$$

$$D_{J1\_J2}=641.7312/502.2031=1.277832049$$

针对这一手势，共提取 7 个相对距离特征，表 8-11 为液压支架升柱手势经过处理后的归一化距离特征参数及特征值，后续将基于这些骨骼点的归一化欧氏距离值进行巡检手势的表示与判定。

表 8-11 特征参数及特征值

编号	距离特征参数	距离特征值	归一化距离特征参数	归一化距离特征值
1	d_{J1_J2}	641.7312	D_{J1_J2}	1.2778
2	d_{J1_J3}	479.7374	D_{J1_J3}	0.9552
3	d_{J1_J4}	490.2433	D_{J1_J4}	0.9762
4	d_{J1_J5}	190.1934	D_{J1_J5}	0.3787
5	d_{J1_J6}	335.5085	D_{J1_J6}	0.6681
6	d_{J1_J7}	468.0427	D_{J1_J7}	0.9320
7	d_{J2_J5}	703.1534	D_{J2_J5}	1.4001

(3) 骨骼点角度的定义和计算

使用角度特征与距离特征结合识别精度会更高。可以将某些骨骼点连线之间的角度作为手势特征。任何三个骨骼点就可以组成一个三角形，使用三角几何就可以计算出它们之间的角度。

计算各组骨骼点的角度主要有两种方法。一是两点法，每一组角度只用到

两个骨骼点 J_i 和 J_j，以 J_i 为基准点，计算出两个骨骼点连线与基准点 X 轴方向的夹角，如下所示：

$$\theta=\arccos\frac{x_j-x_i}{d_{Ji-Jj}} \tag{8-3}$$

本节采用第二种计算方法，即三点法。选取需要计算的三个人体骨骼点 J_i、J_j 以及 J_k，利用前文所说明的式(8-1) 计算出两两之间的距离 d_{Ji_Jj}、d_{Ji_Jk} 以及 d_{Jj_Jk}。如图 8-45(a)，选取的三个骨骼点分别为 J_2、J_3、J_4，这三点组成三角形如图 8-45(b)，根据这三个点的坐标可以计算三个距离 a、b、c，从而使用反余弦定理[式(8-4)]便能求出各个骨骼点两两连线后的夹角：

$$\theta=\arccos\frac{a^2+b^2+c^2}{2ab} \tag{8-4}$$

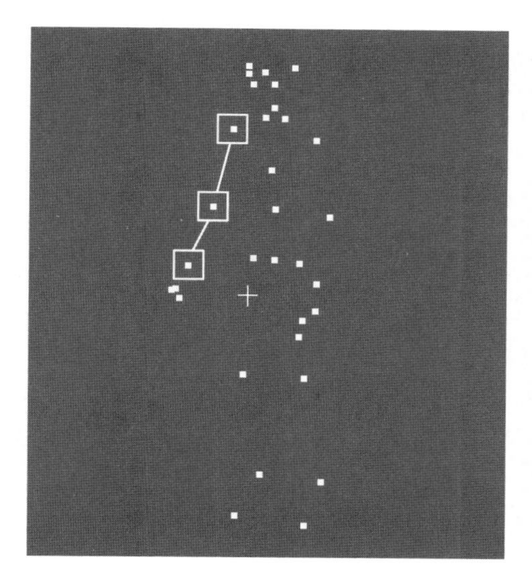

(a) 选取骨骼点

(b) 三角几何模型

图 8-45 三点法确定骨骼点空间距离

同样以液压支架升降柱手势为例，计算 d_{J2_J3}、d_{J2_J4}、d_{J3_J4}、$\theta_{J2\_J3\_J4}$：

$$d_{J2\_J3}=\sqrt{(382.85-356.42)^2+(209.97-411.15)^2+(1116.62-1197.95)^2}$$
$$=218.6035$$

$$d_{J2\_J4}=\sqrt{(382.85-154.37)^2+(354.05-411.15)^2+(1116.62-1277.06)^2}$$
$$=284.9670$$

$$d_{J3\_J4}=\sqrt{(154.37-356.42)^2+(209.97-354.05)^2+(1277.06-1197.95)^2}$$
$$=260.4567$$

$$\theta_{J2\_J3\_J4}=\arccos\frac{218.6035^2+260.4567^2-284.9670^2}{2\times218.6035\times260.4567}$$
$$=72.4068°$$

以此类推，表 8-12 为本节针对这一手势动作最终提取的 6 个角度特征参数及特征值。

表 8-12　骨骼点角度特征值

编号	角度特征参数	角度特征值
1	$\theta_{J2\_J3\_J4}$	72.4068°
2	$\theta_{J2\_J4\_J3}$	60.6029°
3	$\theta_{J3\_J2\_J4}$	46.9903°
4	$\theta_{J5\_J6\_J7}$	29.2170°
5	$\theta_{J5\_J7\_J6}$	114.9682°
6	$\theta_{J6\_J5\_J7}$	35.8148°

8.3.2.4　手势识别与交互实现

（1）手势识别与分类方法设计

提取手势特征后，如何利用特征值对巡检手势进行识别判断是研究的关键。手势表达是一个动态的过程，为了确定某一巡检手势中哪些特征参数值发生了改变，本节选取操作人员从手势开始到手势结束的 25 帧数据进行采集捕获并依据前文所述特征提取的方式进行计算，其中任意一帧都能够提取 7 个归一化距离特征及 6 个角度特征。

以液压支架升柱手势为例，图 8-46 为该手势采集的帧图像。图 8-47(a) 为该手势的采集过程中 7 个归一化距离特征随时间的变化值；图 8-47(b) 为 6 个角度特征随时间的变化值。

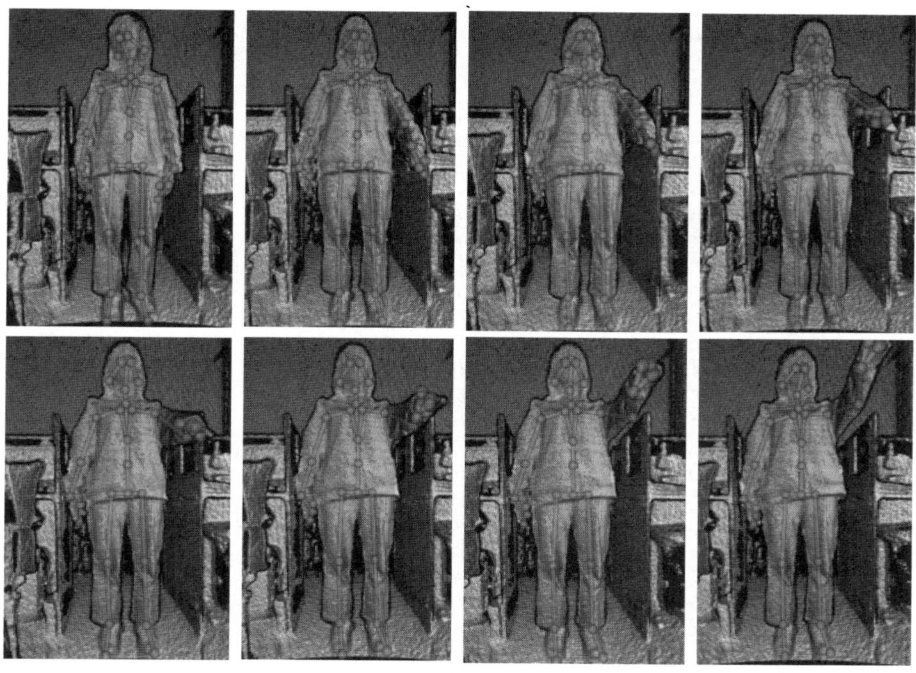

图 8-46　液压支架升柱手势帧图像

帧数	D_{J1_J2}	D_{J1_J3}	D_{J1_J4}	D_{J1_J5}	D_{J1_J6}	D_{J1_J7}	D_{J2_J3}
1	0.846062492	0.660379972	0.91354444	0.36682259	0.59392478	0.87231638	1.046591857
2	0.846081192	0.666696423	0.915750387	0.359174037	0.59411376	0.870510363	1.05811548
3	0.833217846	0.654944707	0.917886	0.372559905	0.590395007	0.867931979	1.084911735
4	0.832639213	0.65351743	0.918954546	0.36522667	0.586251446	0.86747342	1.083956954
5	0.832612949	0.65348565	0.9189372	0.365176443	0.586168518	0.86745979	1.083796817
6	0.845660148	0.648830241	0.917175373	0.366353252	0.577973406	0.865155847	1.078651049
7	0.829658304	0.660652531	0.929451972	0.36547202	0.569187305	0.864270708	1.065060762
8	0.885348887	0.677851049	0.92712098	0.362788666	0.572181547	0.855851723	1.110427362
9	0.948762106	0.712171164	0.923219854	0.356897443	0.574359968	0.861294014	1.168951431
10	1.027963161	0.745459673	0.922687837	0.366827768	0.588309656	0.870602702	1.234875648
11	1.107994405	0.799591524	0.952067045	0.362665124	0.614562174	0.893816725	1.304235549
12	1.179561922	0.88596357	0.972417112	0.365945159	0.635808362	0.903674367	1.376669427
13	1.234155574	0.933067166	0.968110159	0.359848406	0.635945418	0.905628062	1.407401863
14	1.252177604	0.943555658	0.965011467	0.365745021	0.655878995	0.908041706	1.436586704
15	1.275853795	0.948614973	0.97005984	0.361120599	0.650095421	0.934020381	1.45668997
16	1.276562467	0.949775278	0.969591835	0.362391293	0.649073846	0.93394155	1.455482797
17	1.276885306	0.950121028	0.969445202	0.362763233	0.648881886	0.933890782	1.455259469
18	1.285178887	0.961236363	0.981852809	0.35596363	0.64901854	0.939086704	1.477077692
19	1.293896449	0.954627006	0.97624259	0.351401515	0.620160422	0.924750329	1.499663181
20	1.277832049	0.955265734	0.976185277	0.378718129	0.66807338	0.93197898	1.486613703
21	1.287115631	0.960468029	0.98668534	0.372125369	0.6527332	0.937246214	1.493639961
22	1.290713751	0.958932083	0.983778698	0.382927306	0.672990519	0.937898108	1.491699003
23	1.289017815	0.9555266	0.983892804	0.383514608	0.675239274	0.938784593	1.492308076
24	1.284501368	0.949960361	0.982541593	0.383756864	0.67499792	0.938500055	1.488211457
25	1.274006529	0.936089106	0.969257318	0.37812372	0.674037402	0.904412693	1.459941836

(a) 归一化距离特征

图 8-47

帧数	$\theta_{J2\text{-}J3\text{-}J4}$	$\theta_{J2\text{-}J4\text{-}J3}$	$\theta_{J3\text{-}J2\text{-}J4}$	$\theta_{J5\text{-}J6\text{-}J7}$	$\theta_{J5\text{-}J7\text{-}J6}$	$\theta_{J6\text{-}J5\text{-}J7}$
1	94.82117436	37.99804638	47.18077926	115.0221397	29.19344074	35.78441957
2	94.46570573	38.14723705	47.38705722	115.485548	28.99100798	35.52344403
3	90.61541864	39.75239306	49.63218831	123.0103818	25.68472075	31.3048975
4	89.55472399	40.19090878	50.25436723	123.234823	25.58559484	31.1795822
5	89.55502809	40.19076794	50.25420397	123.2298224	25.58780401	31.18237354
6	83.39013724	42.7036342	53.90622857	120.8305886	26.64601022	32.52340117
7	82.94346033	42.88313429	54.17340538	122.9808502	25.69776144	31.32138837
8	75.51567881	45.80631177	58.67800942	121.2277679	26.47105616	32.30117594
9	83.27582179	42.74961743	53.97456079	120.2812236	26.88784169	32.83093467
10	77.84015999	44.90481092	57.25502909	116.97872	28.33776149	34.68351847
11	78.31296852	44.71986396	56.96716751	113.9072251	29.67984642	36.41292852
12	76.16879599	45.55434399	58.27686003	111.5205382	30.71804134	37.76142045
13	74.04234333	46.37065086	59.58700582	108.9065969	31.85002649	39.24337659
14	71.55346491	47.31055295	61.13598214	107.8732931	32.29595354	39.8307534
15	68.45384396	48.45498754	63.0911685	111.6141466	30.67741193	37.70844143
16	68.45904101	48.45307939	63.08787961	111.2759103	30.82421734	37.89987238
17	68.47303683	48.44798563	63.07897754	111.1752224	30.86789884	37.95687872
18	68.45286331	48.45533273	63.09180396	116.1137901	28.71634349	35.16986641
19	71.69365991	47.25807946	61.04826064	120.460661	26.80887126	32.73046776
20	72.40681235	46.99028058	60.60290706	114.9681659	29.21701175	35.8148224
21	73.36950159	46.62646037	60.00403804	116.6837474	28.46692991	34.84932272
22	73.96513613	46.4000569	59.63480698	113.361167	29.91775445	36.72107854
23	73.97556972	46.39610112	59.62832916	113.4828058	29.86477255	36.65242166
24	74.11811471	46.34177143	59.54011385	113.4007324	29.90052327	36.69874438
25	74.61582482	46.15167328	59.2325019	103.2321762	34.28702697	42.48079679

(b) 角度特征

图 8-47　液压支架升柱手势特征随帧数的变化

根据计算得出的数据值绘制了该巡检手势的距离特征变化折线图 8-48(a)及角度特征变化折线图 8-48(b)。由图可知，当巡检人员做出该手势时，距离特征 D_{J1_J2}、D_{J1_J3}、D_{J2_J5} 在一定范围内发生了明显的变化，角度特征也发生了一定范围内的波动。

本节用这些特征值的变化来定义巡检手势的分类方法。变化只要在规定的阈值范围内，就不会对巡检操作的执行产生影响，仍然为有效指令。因此，在捕获骨骼点数据后，根据手势特征值的阈值判断并匹配人体手势即可。对于不同的巡检手势，其发生变化的特征值不同，选取不同的特征组合用以表征。

(2) 巡检手势交互实现

经过对所有手势的数据大小和精度分析，本节将手势特征中距离特征的阈值大小设定为 0.1，将角度特征的阈值大小设定为 3°。巡检人员所做手势与设计的标准手势相比，其归一化距离特征值在 0.1 范围内且角度特征值在 3°范围之内，则成功识别该巡检手势。根据手势集的设计，识别的巡检手势转换为相应的系统指令，实现巡检手势交互。

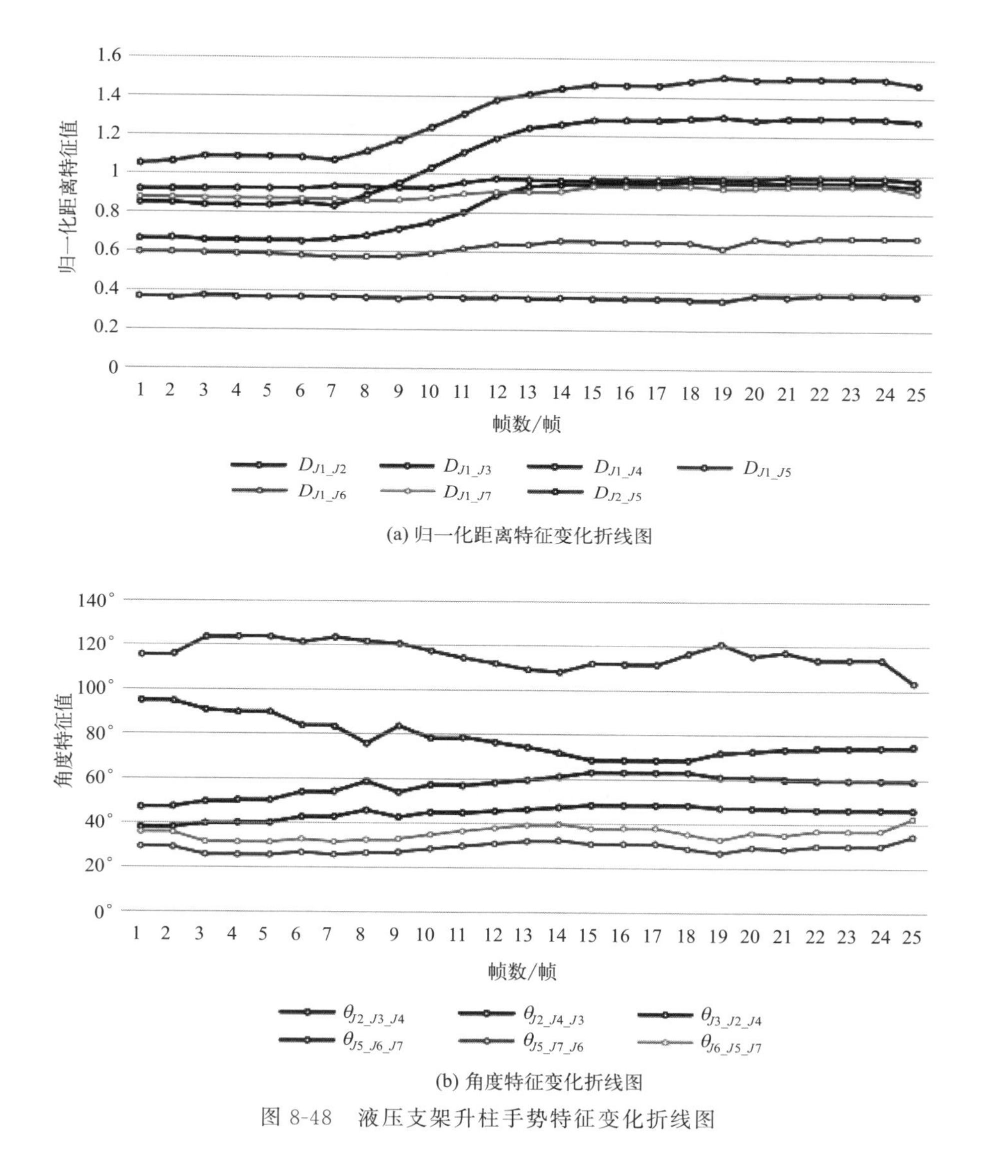

(a) 归一化距离特征变化折线图

(b) 角度特征变化折线图

图 8-48 液压支架升柱手势特征变化折线图

图 8-49 为模拟远程人员在地面或集中控制中心内通过手势交互在虚拟巡检系统中进行场景漫游时，系统根据手势语义分别执行前进、靠右行、向右转的命令。图 8-50 为模拟现场操作人员对真实样机进行巡检控制操作，液压支架样机执行升柱、降柱功能。

图 8-49 虚拟场景手势漫游

图 8-50 真实样机手势操控

第9章 基于Web的VR网络设计技术

将虚拟拆装和场景仿真等虚拟现实资源库资源通过网络共享，为煤矿机械装备企业，特别是中小企业，提供资源共享和技术支持是建立煤机装备虚拟现实装配网络化技术与系统的重要驱动。针对煤机装备领域，以提升设计与使用的创新能力为目标，以建立共享机制为核心，充分运用现代网络信息技术，整合和优化煤矿机械虚拟设计科技资源，搭建公益性、基础性和自主知识产权的煤机装备虚拟现实装配网络化技术与系统，主要用来实现和提供便捷的煤机装备虚拟拆装和典型场景仿真服务。

9.1 VR网络技术概述与规则

煤机装备虚拟现实装配网络化技术与系统，采用浏览器/服务器（Browser/Server，B/S）模式为基础，以具体的应用模块实现协同环境下的协同功能，并完成有效的数据与模型的管理。系统体系结构如图9-1所示。

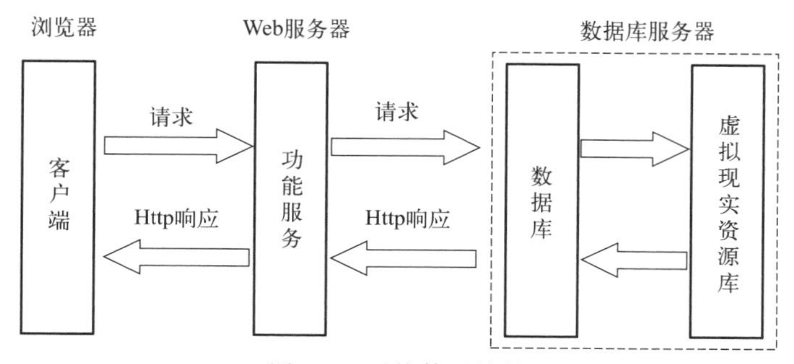

图9-1 系统体系结构

客户端：通过WWW技术，应用HTML、ASP等Web页面，VBScript等程序语言，结合ActiveX控件，为用户提供图形化用户接口。通过接口，客户端的用户完成对虚拟现实资源的操作、显示，从而实现与Web服务器之间的交互。

功能服务：主要是服务器端的各功能模块，可实现对虚拟现实资源的存取与检索等应用逻辑，它是系统的核心，包含虚拟拆装模块、场景仿真模块、文献模块等，以实现分析和数据管理等。

数据库服务器：提供虚拟现实服务过程中的模型、实例、资源等数据。

9.2 ActiveX 控件技术

利用 ActiveX 控件技术，使虚拟现实资源库的文件可以在网页中实现。目的是编写一个 MFC ActiveX 控件，在其中实现 OSG 窗口的显示和数据交互，并使用注册 OCX 的方法将 OSG 窗口嵌合到浏览器中，实现网页上的 3D 模型显示功能。

9.2.1 编写 OSG-ActiveX 控件

编写 OSG-ActiveX 控件的主要思路和步骤如下：

① 获取 MFC 窗口的句柄，并据此创建新的图形设备上下文 GC（Graphics Context）。

② 创建一个摄像机，并指定它所使用的 GC、视口（Viewport）和透视矩阵。

③ 将摄像机设定为视景器类（Viewer）的主摄像机，从而将 OSG 视景嵌合到指定的 MFC 窗口中。

④ OSG 的渲染循环不应当放在 MFC 的 OnDraw 或者 OnPaint 函数中，由于这两个函数只有在窗口需要重绘时才能收到消息，因此无法在其中执行 OSGViewer::Viewer::frame 来渲染场景。此时可以建立一个新的线程，在新线程中实现渲染循环，并在程序退出的时候及时终止线程。

9.2.2 服务器端控件发布

要在浏览器中观察 OSG 的场景，首先需要加载编译完成的 OCX 控件。通用的方法为：进入 Windows 命令行方式，并输入 regsvr32 OSGActiveX.ocx，系统会提示已经装入控件。卸载控件的命令为：regsvr32/u OSGActiveX.ocx。利用 Windows 自带的 VC 反编译工具（depends.exe）打开 OCX 文件，把此控件所需的 DLL 文件复制到系统文件夹（system32）下，以免控件运行时找不到必需的动态链接库。然后在 HTML 代码中采用一种较为简单的方法来即时注册 OCX 控件，以免给程序的调试带来麻烦。主要代码如下：

```
<OBJECT
  classid=  "clsid:9AB36F74-9505-4B3E-A9D6-6294F67C804D"
  id=OSGOcx codebase=OSGActiveX.ocx width=1000
  height=  680>
</OBJECT><BR>
```

注意，这里的 classid 是从源文件的 IMPLEMENT _ OLECREATE _ EX 一行中获取的。这样就完成了控件在服务器端的发布。

9.2.3 客户端环境配置

虚拟现实资源文件比较大，如果把它放到服务器端的话，一方面网络传输速度慢，另一方面会对服务器端造成巨大压力，从而很可能出现系统崩溃。所以本系统利用 FTP 把虚拟现实资源下载下来，按照后台数据库要求命名，并根据要求放到指定文件夹下，把此文件目录加入计算机环境变量中。例如，把 C:\ProgramFiles\OpenSceneGraph\data 这个路径加入到环境变量 OSG_FILE_PATH 中，代码如下：

```
OSG_FILE_PATH="C:\ProgramFiles\OpenSceneGraph\data"
```

9.3 基础界面设计

利用 ADO 技术连接数据库，在主目录 conn 文件夹下建立 conn.asp，代码如下：

```
    Dim Conn
    Set Conn=Server.CreateObject("ADODB.Connection")
    Conn.Open
"Driver={Sql Server};
Server=(local);UID=sa;PWD=******;Database=xiandaisheji"
```

这样就完成了与数据库的连接。

图 9-2 为刮板输送机虚拟拆装模块资源列表，它把数据库中 xunizhuangpei 表中编号 1 的数值为 2 的资源全部以列表形式展现了出来，按照 ID 由小到大进行排列，每页列 6 条，方便用户按照自己的需求对资源进行查看。所建立的数据库查询语句如下：

```
Sql=Select * from meijizhuangbei where bianhao1=2 order by ID Asc
```

其中左侧还具有搜索功能，用户可以选择输入代号或者是关键字就可以获

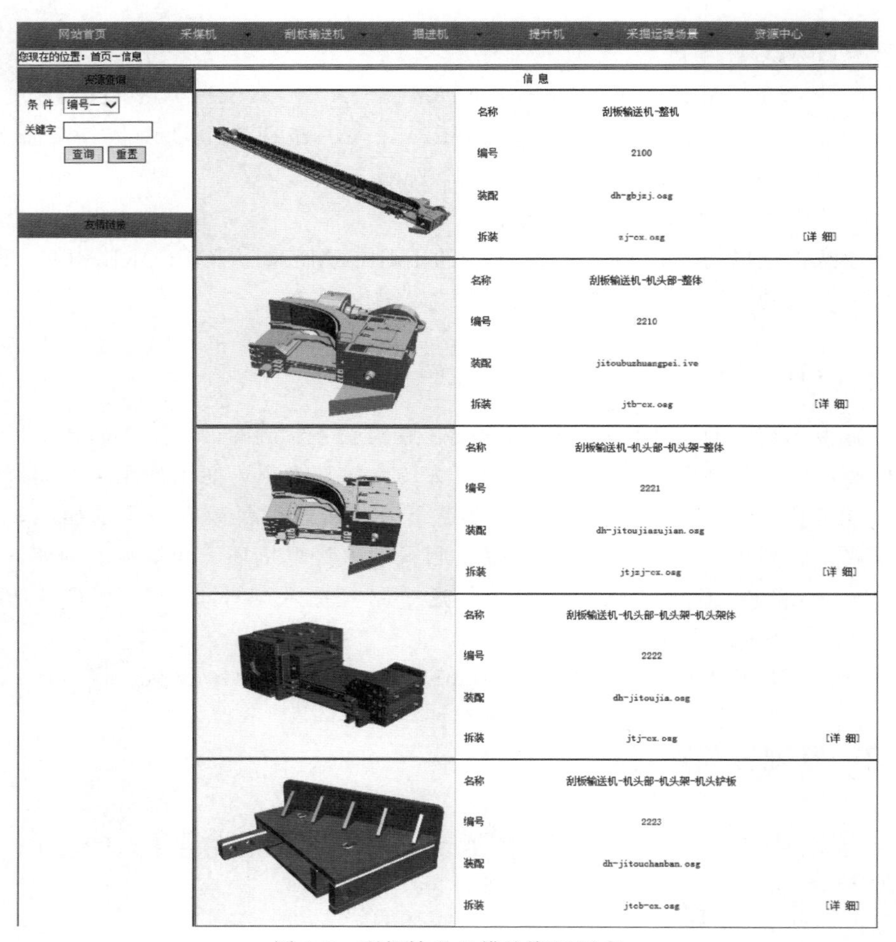

图 9-2　刮板输送机模块资源列表

得相对应符合条件的资源，实现了可视化的数据查询，主要通过以下代码实现：

```
<option value="bianhao1"<% If(InStr(Request("condition"),"bianhao1")>0)Then%>selected<%End If%>>编号 1</option>
<option value="name"<%If(InStr(Request("condition"),"name")>0)Then%>selected<%End If%>>名称</option>
……
<input name="Key" type="text" style="width:100px;border:1px solid" value="<%=Server.HTMLEncode(Request("Key"))%>">
```

9.4 后台数据库设计

采用 SQL SERVER2008 作为本系统的后台数据库软件，共设计五张表，即虚拟拆装模块表（xunizhuangpei）、场景仿真模块表（changjing）、管理员和用户登录表（User）、煤机装备信息表（meijizhuangbei）、文献信息表（wenxian），其中表 9-1 为虚拟拆装模块表。

表 9-1 虚拟拆装模块表设计

名称	字段名称	数据类型	数据长度	主键	非空
序号	ID	Int	—	是	是
名称	Name	Varchar	200	否	是
编号 1	Bianhao1	Varchar	20	否	是
编号 2	Bianhao2	Varchar	20	否	是
编号 3	Bianhao3	Varchar	20	否	是
编号 4	Bianhao4	Varchar	20	否	是
总编号	Bianhao	Varchar	100	否	是
组成	Zucheng	Varchar	2000	否	否
功能	Gongneng	Varchar	2000	否	否
图片名称	Img_name	Varchar	100	否	否
装配文件名	zhuangpei	Varchar	100	否	否
拆卸文件名	chaixie	Varchar	100	否	否

其中编号 1～4 是指所对应的级别和层次代号。编号 1 是最高级，数值为 1 时代表采煤机，2 代表刮板输送机，3 代表掘进机，4 代表提升机。而当编号 1 数值为 1 时，编号 2 数值为 1 时为整机，2 为破碎部，3 为截割部，4 为牵引部，5 为机架。采煤机模块编号含义如表 9-2 所示。

表 9-2 采煤机模块编号含义

编号 1	意义	编号 2	意义	编号 3	意义	编号 4	意义	总编号
1	采煤机	1	整机	1	整机拆装	0	无	1110
				2	整机运动	0	无	1120
		2	破碎部	1	整机	0	无	1210
				2	调高油缸	0	无	1220
				3	传动齿轮	0	无	1230
		3	截割部	1	整机	0	无	1310
				2	调高油缸	0	无	1320
				3	传动齿轮	0	否	1330

续表

编号1	意义	编号2	意义	编号3	意义	编号4	意义	总编号
1	采煤机	4	牵引部	1	整机	0	否	否
				2	外牵引	0	否	否
				3	内牵引	1	齿轮1	1431
						2	齿轮2	1432
						3	齿轮3	1433
		5	机架	1	整机	0	无	

9.5 公共服务版设计

由于虚拟现实文件较大，直接放到服务器端会造成网络阻塞等问题，下载到客户端进行应用又涉及保密问题，这是一对矛盾，急切需要进一步研究解决。

由于以上问题，建议本基于Web的系统可分为两类：一是在企业内部使用，企业完全获得权限，可以使用ActiveX控件对相应的虚拟现实资源进行操作，如鼠标切换、旋转等；二是对于非合作企业或者个人用户，虚拟现实资源涉及保密，所以，对本虚拟现实资源，从特定的角度用录屏软件进行相应的视频制作，具体就是对虚拟拆装部分进行特定角度的装配过程录像，而场景仿真则是从特定角度对场景动画进行制作。

9.5.1 选择视频录制软件

选择一款合适的视频录制软件。现有网络上的软件要么效果不好，要么需要付费，在进行了大约十个软件的使用后，发现“锐动天地”的录屏软件比较符合要求，效果不错。

9.5.2 选择播放的格式

视频播放格式主要有flash、mpg、avi等。经过比较，同样的一个视频，不同格式的文件大小不同，特点也不同：

① mpg格式文件较大，也较为清晰；

② avi格式比较小，清晰度也比较好；

③ flash格式比较小，清晰度一般。

9.5.3　网络播放代码与效果测试

分别在网上寻找了 flash、mpg、avi 等格式播放代码，对各种视频效果进行了测试。可以看出，avi 格式效果较好，mpg 格式最好，flash 格式较差。但是，flash 格式可以在部分手机上播放。图 9-3 为在华为手机上的测试效果图。

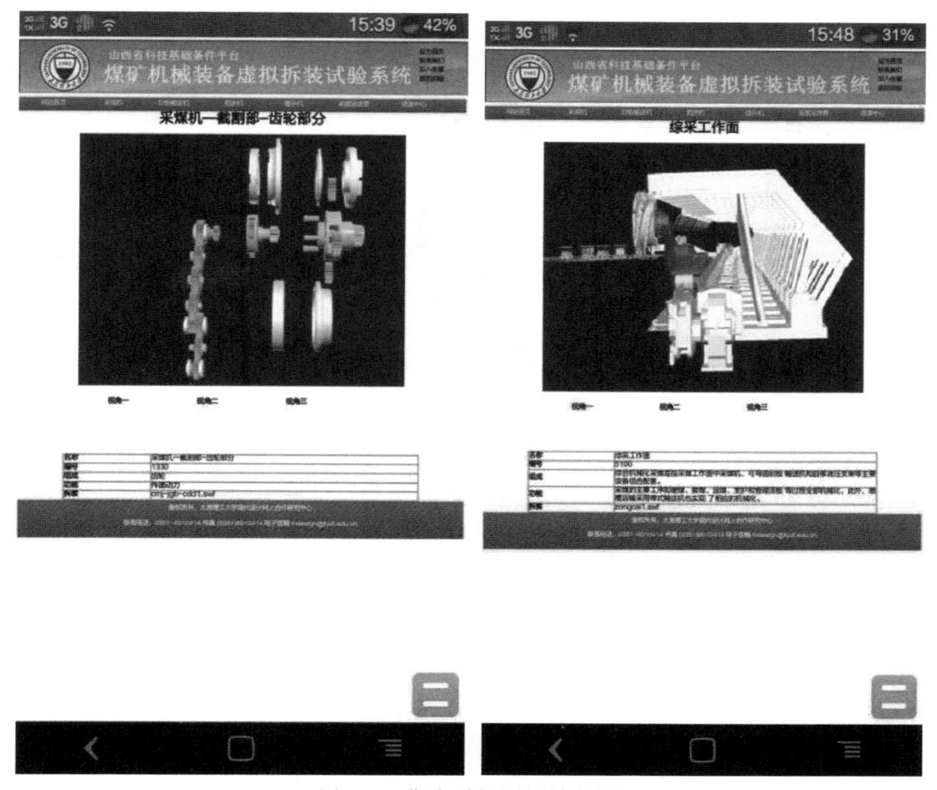

图 9-3　华为手机测试效果图

9.5.4　多视角播放

对每一个场景进行三个不同角度的录制，可以最大程度上使用户清晰地感受到每个装配与设备仿真场景，如图 9-4 为三个视角播放效果图。

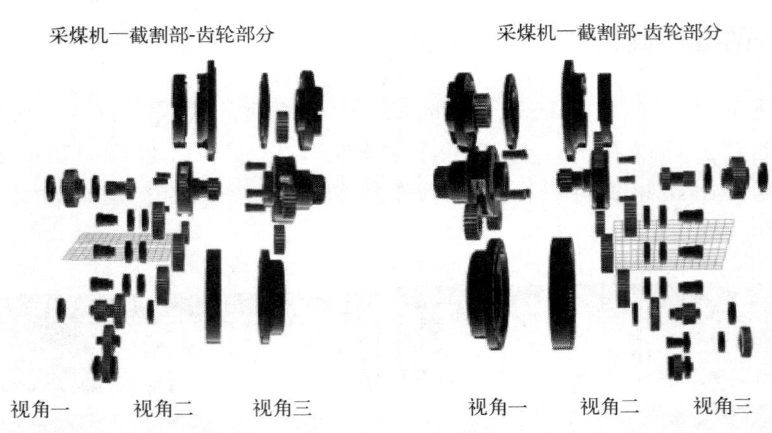

图 9-4　三个视角播放效果图

参考文献

［1］ BURDEA G C，COIFFET P. Virtual reality technology ［M］. John Wiley & Sons，2003.

［2］ BURDEA G C. Haptic feedback for virtual reality ［C］//Réalité virtuelle et prototypage（Laval，3-4 juin 1999），1999：87-96.

［3］ 邹湘军，孙健，何汉武，等．虚拟现实技术的演变发展与展望［J］．系统仿真学报，2004（09）：1905-1909.

［4］ 赵一飞，杨旺功．虚拟现实交互设计在实践教学中的应用研究［J］．北京印刷学院学报，2017，25（07）：113-114，118.

［5］ PELLAS N，MYSTAKIDIS S，KAZANIDIS I. Immersive virtual reality in K-12 and higher education：a systematic review of the last decade scientific literature ［J］. Virtual Reality，2021，25（3）：835-861.

［6］ 邹诗苑．虚拟现实技术在军事领域的应用［J］．飞航导弹，2014（07）：67-71.

［7］ SHAMSUZZOHA A，TOSHEV R，VU TUAN V，et al. Digital factory-virtual reality environments for industrial training and maintenance ［J］. Interactive Learning Environments，2021，29（8）：1339-1362.

［8］ 顾亚奇，王立锐．可供性视角下虚拟现实艺术的实践与思考［J］．美术研究，2022（02）：109-113.

［9］ 赵彬雨，吴桐，冯国和，等．虚拟现实医疗护理系统设计与应用的研究进展［J］．护理研究，2021，35（15）：2702-2705.

［10］ 杨南粤，李争名．基于"VR+"的新工科创新实践虚拟演练实验室构建［J］．实验技术与管理，2019，36（01）：130-133，147.

［11］ 韩伟力，陈刚，董金祥．面向个性化服务的虚拟设计系统［J］．计算机集成制造系统-CIMS，2001（12）：13-18.

［12］ 曹伟智，岳广鹏．3D技术下虚拟现实产品设计研究［J］．美术大观，2019（03）：124-125.

［13］ XING Y，LIANG Z，SHELL J，et al. Historical data trend analysis in extended reality education field ［C］//2021 IEEE 7th International Conference on Virtual Reality（ICVR），2021：434-440.

［14］ ROQUET P. The immersive enclosure：virtual reality in Japan ［M］. Columbia University Press，2022.

［15］ 李珩，李大千．VR虚拟现实在我国的行业应用及发展趋势——评《VR虚拟现实：商业模式+行业应用+案例分析》［J］．中国科技论文，2020，15（08）：978.

［16］ 赵沁平，怀进鹏，李波，等．虚拟现实研究概况［J］．计算机研究与发展，1996（07）：493-500.

［17］ 傅晟，彭群生．一个桌面型虚拟建筑环境实时漫游系统的设计与实现［J］．计算机学报，1998（09）：793-799.

［18］ 高文，陈熙霖，晏洁，等．虚拟人面部行为的合成［J］．计算机学报，1998（08）：694-703.

［19］ OTTOSSON S. Virtual reality in the product development process ［J］. Journal of Engineering Design，2002，13（2）：159-172.

［20］ GHINEA M，DEAC G C，DEAC C N，et al. The importance of virtual immersion in the rapid prototyping of industrial products ［J］. Journal of Physics：Conference Series，2021，1935

(1)：012010.

[21] CIPRIAN F A，ION T A，IOANA F A，et al. Virtual reality in the automotive field in industry 4.0 [J] . Materials Today：Proceedings，2021，45：4177-4182.

[22] KUO Y H，PILATI F，QU T，et al. Digital twin-enabled smart industrial systems：recent developments and future perspectives [J] . International Journal of Computer Integrated Manufacturing，2021，34 (7-8)：685-689.

[23] MARTIN G. VR training：virtual reality aircraft maintenance training advances [J] . Asia-Pacific Defence Reporter (2002)，47 (6)：32-34.

[24] 戴亿政，王进红，吴鹏辉，等 . 基于虚拟现实技术的食品机械设计平台 [J] . 食品与机械，2014，30 (04)：74-77.

[25] 刘平，何永荣，杨人凤 . 筑路机械设计中虚拟技术的应用 [J] . 筑路机械与施工机械化，2009，26 (05)：38-40.

[26] 魏巍，闫清东，王涛 . 全虚拟设计评价体系在坦克设计中的应用探讨 [J] . 系统仿真学报，2008 (S1)：88-92，96.

[27] 赵海晖，孟垂成，束奇 . 虚拟设计与仿真技术在石油机械设计中的应用 [J] . 工程图学学报，2007 (04)：1-5.

[28] 王凯湛，马瑞峻 . 虚拟现实技术及其在农业机械设计上的应用 [J] . 系统仿真学报，2006 (S2)：500-503.

[29] 苑严伟，张小超，吴才聪，等 . 农业机械虚拟试验交互控制系统 [J] . 农业机械学报，2011，42 (08)：149-153.

[30] 王建祥，慈翠荣，刘贤喜，等 . 玉米果穗收获机虚拟收获设计与仿真试验 [J] . 中国农机化学报，2022，43 (05)：7-13.

[31] 赵波，龚勉 . 基于虚拟现实技术的汽车转向系统设计与分析 [J] . 机械设计与制造，2006 (08)：165-167.

[32] 张林镗，辛献杰，崔冰，等 . 面向汽车产品设计的虚拟现实服务平台研究 [J] . 系统仿真学报，2014，26 (10)：2407-2411.

[33] 王建华，刘茂淳，翁敬怡，等 . 面向汽车构造教学的虚拟拆装实训教学平台 [J] . 实验室研究与探索，2018，37 (10)：254-257，265.

[34] 韩流，刘振侠，吕亚国，等 . 基于虚拟现实技术的航空涡扇发动机仿真系统 [J] . 计算机仿真，2009，26 (12)：57-61.

[35] 罗熊，孙增圻，郭国庆 . 基于分布式虚拟现实的高超声速飞行器仿真系统 [J] . 北京科技大学学报，2012，34 (01)：102-106.

[36] 曾伟明，缪远东，梁帆 . 面向任务过程的虚拟现实仿真座舱设计与实现 [J] . 指挥与控制学报，2022，8 (03)：318-324.

[37] 谢嘉成，王学文，李祥，等 . 虚拟现实技术在煤矿领域的研究现状及展望 [J] . 煤炭科学技术，2019，47 (03)：53-59.

[38] 谢嘉成，杨兆建，王学文，等 . 采掘运装备虚拟装配与仿真系统设计及关键技术研究 [J] . 系统仿真学报，2015，27 (04)：794-802.

[39] 孙晓存，王学文，李娟莉，等 . 煤矿机械装备虚拟拆装公共服务平台设计 [J] . 煤炭技术，2017，36 (07)：239-240.

[40] 罗陆锋，邹湘军，卢清华，等．采摘机器人作业行为虚拟仿真与样机试验［J］．农业机械学报，2018，49（05）：34-42.

[41] 高国雪，高辉，焦向东，等．基于Unity3D的焊接机器人虚拟现实仿真技术研究［J］．组合机床与自动化加工技术，2018（03）：19-22.

[42] 杜豪，杨岩，张成杰．虚拟现实技术在柔性上肢康复机器人中的应用［J］．计算机工程与应用，2020，56（24）：260-265.